"十二五"全国高校动漫游戏专业骨干课程权威教材

"子午影视课堂"系列丛书

1 **DVD**

全彩印刷

中文版
Premiere Pro
CS5 非线性编辑

子午视觉文化传播　主编

彭　超　景洪荣　王永强　编著

■ **专家编写**

本书由多位影视后期制作专家结合教学和实际应
用经验精心编写而成

■ **实用性强**

本书实例为影视制作项目再现，具有
极强的专业性、知识性和实用性

U0202282

海洋出版社

2013年·北京

内 容 简 介

本书是全面、系统、准确、详细地讲解影视动画后期非线性编辑软件 Premiere Pro CS5 的使用方法与技巧及其应用的教材。

全书共分为 10 章，主要介绍了非线性编辑基础知识；Premiere Pro CS5 的基本操作；菜单命令；常用面板与区域设置；编辑与动画设置；视频切换与特效，包括创建、调整与设置视频切换、视频切换类型、添加和设置视频特效、视频特效类型，以及视频变速、过渡变色、镜头闪白和地图穿梭 4 个特效范例的制作；高级视频处理，包括监视器调色、视频调色特效、插件调色、抠像、透明与叠加、键控特效，以及柔光色调、电影色调、小清新色调和淡雅色调 4 个 Looks 调色范例的制作；音频效果，包括调音台、音频调节、录音和子轨道、时间线面板合成音频、添加音频特效、5.1 声道音效设置等；字幕与字幕特技，包括新建字幕、标记的应用、设置文字效果、应用与创建风格化效果、字幕模板以及滚动字幕案例的制作过程；最后介绍了编码与文件的导出等内容。

超值 1DVD 内容： 13 个综合实例的完整影音视频文件、项目及素材文件。

适用范围： 适用于高等院校影视动画非线性编辑专业课教材；用 Premiere 进行影片非线性编辑处理等从业人员实用的自学指导书。

图书在版编目(CIP)数据

中文版 Premiere Pro CS5 非线性编辑/彭超、景洪荣、王永强编著. -- 北京 ：海洋出版社，2013.5

ISBN 978-7-5027-8539-0

Ⅰ. ①中… Ⅱ. ①彭…②景…③王… Ⅲ. ①视频编辑软件 Ⅳ.①TN94

中国版本图书馆 CIP 数据核字(2013)第 080340 号

总 策 划：刘斌		发 行 部：(010) 62174379（传真）(010) 62132549
责任编辑：刘斌		(010) 62100075（邮购）(010) 62173651
责任校对：肖新民		网 址：http://www.oceanpress.com.cn/
责任印制：赵麟苏		承 印：北京旺都印务有限公司
排 版：海洋计算机图书输出中心 申彪		版 次：2013 年 5 月第 1 版
出版发行：海洋出版社		2013 年 5 月第 1 次印刷
		开 本：787mm×1092mm 1/16
地 址：北京市海淀区大慧寺路 8 号（707 房间）		印 张：22.25 全彩印刷
100081		字 数：534 千字
经 销：新华书店		印 数：1~4000 册
技术支持：010-62100059		定 价：68.00 元（1DVD）

本书如有印、装质量问题可与发行部调换

Premiere是Adobe公司基于Windows和Macintosh平台开发的视频编辑软件，经过多年的开发与更新，其功能不断地扩展，也是众多视频编辑软件中兼容性较好的一款软件，它还可以与Adobe公司推出的其他软件相互协作完成更优秀的视觉效果，深受广大影视制作人员和电脑美术爱好者的喜爱。

全书共分10章，包括非线性编辑基础知识、Premiere Pro CS5基本操作、菜单命令、常用面板与区域设置、编辑与动画设置、视频切换与特效、高级视频处理、音频效果、字幕与字幕特技和编码与文件导出等内容。

本书随书附带超大容量DVD多媒体教学，可以让您在专业老师的指导下轻松学习、掌握Premiere软件的使用。读者学习时可以一边看书一边观看DVD光盘的多媒体视频教学，在掌握平面设计创作技巧的同时，享受着学习的乐趣。整个学习过程紧密连贯，范例环环相扣，一气呵成。

为了能让更多喜爱影视制作、视频编辑、多媒体制作等领域的读者快速、有效、全面地掌握Premiere在影视制作方面的使用方法和技巧，"哈尔滨子午视觉文化传播有限公司"、"哈尔滨子午影视动画培训基地"、"哈尔滨子午部落格影像传媒有限公司"的多位专家联袂出手，精心编写了本书。

本书主要由彭超老师执笔，齐羽、唐传洋、王永强、景洪荣、谭玉鑫、李浩、漆常吉、黄永哲等老师也参与了编写工作。另外也感谢张国华、解嘉祥、荆涛、张天麒、周旭、左铁慧、李刚、孙颜宁、孙鸿翔、侯力等老师在本书编写过程中提供的技术支持和专业建议。

如果在学习本书的过程中有需要咨询的问题，请访问子午视觉网站www.ziwu3d.com、子午部落格网站www.0451MV.com或发送电子邮件至ziwu3d@163.com了解相关信息并进行技术交流。同时，也欢迎广大读者就本书提出宝贵意见与建议，我们将竭诚为您提供服务，并努力改进今后的工作，为读者奉献品质更高的图书。

Contents
目录

第3章 菜单命令

第4章 常用面板与区域设置

第5章 编辑与动画设置

第6章 视频切换与特效

第7章 高级视频处理

第8章 音频效果

第9章　字幕与字幕特效

第10章　编码与文件导出

第1章
非线性编辑基础知识

本章主要介绍非线性编辑的基础知识，包括非线性编辑的概念、硬件设备支持、编辑行业应用、视频编辑尝试、非线性编辑软件介绍和影视媒体常用格式等。

1.1 非线性编辑

　　所谓"编辑"是指剪接和编辑，编辑常分为"线性编辑"与"非线性编辑"。要想了解"非线性编辑"的概念必须先了解"线性编辑"。

1.1.1 线性编辑

　　"线性编辑"是以磁带为编辑的方法，即连续的、带式的编辑。在传统的电视节目制作中，电视编辑是在编辑机上进行的。编辑机通常由一台放像机和一台录像机组成，编辑人员通过放像机选择一段合适的素材，然后把它记录到录像机中的磁带上，再寻找下一个镜头继续进行记录工作，如此反复操作，直至把所有合适的素材按照节目要求全部顺序记录下来；由于磁带记录画面是顺序的，无法在已有的画面之间插入一个镜头，也无法删除一个镜头，除非把这之后的画面全部重新录制一遍，这种编辑方式就叫做"线性编辑"，它给编辑人员带来很多的限制，编辑效率非常低，如图1-1所示。

图1-1　线性编辑系统

1.1.2 非线性编辑

　　"非线性编辑"是指利用计算机高效处理数字信号的功能，在计算机中对各种原始素材进行编辑操作，并将最终结果输出到计算机硬盘、磁带、录像带等记录设备上的一系列完整的工艺过程。由于原始素材被数字化存储在计算机硬盘上，信息存储的位置是并列平行的，与原始素材输入到计算机时的先后顺序无关。这样，我们便可以对存储在硬盘上的数字化音视频素材进行随意的排列组合，并可进行方便的修改，非线性编辑的优势即体现在此，其效率是非常高的，如图1-2所示。

图1-2　非线性编辑系统

"非线性编辑"的主要目的是提供对原素材任意部分的随机存取、修改和处理，而真正推动力来自视频码率压缩。码率压缩技术的飞速发展使低码率下的图像质量有了很大的提高，推动了"非线性编辑"在专业视频领域中的应用。

将影片采集至计算机后，使用多媒体编辑软件（如Premiere、EDIUS、VEGAS、Final cut、DPS Velocity等）进行编辑，都称为"非线性编辑"，因为在编辑的过程中，不需依照影片播放顺序来编辑，可以随意修改任意部分。

1.2　硬件设备支持

Premiere非线性编辑系统由Premiere软件与非编卡硬件组成，从而保证了系统的兼容性和稳定性。硬件设备不仅能支持采集与输出功能，支持编辑的影片在监视器上显示，还会提高和加深编辑影片的运算能力。

1.2.1　Matrox非编硬件

Matrox是加拿大知名的专业卡厂商，旗下产品包含三个大类，即绘图卡、医疗卡和视频采集卡。其中继RT2000/RT2500视频采集卡之后，新款的RT X10等型号更是成为市面上为数不多的低价位准专业级视频采集卡，如图1-3所示。

图1-3　Matrox公司

Digisuite非编卡是Matrox公司功能最强大的非线编板卡，它以五层实时处理、五个通道都可以独立设置多重特技支持了千变万化的特技制作。Digisuite LE卡是Digisuite卡的简化版，是一种性价比很高的全实时视音频处理卡。其与Digisuite卡相比，只支持四层实时处理（无直通视频层），不支持实时3D处理、倒放和音轨调音功能，字幕效果简单。Digisuite DTV卡和Digisuite RT2000卡是Matrox公司专门针对两个较为主流的数字视频格式、DV格式和MPEG-2格式而开发的，它们的基本编辑功能类似于Digisuite LE卡，二者的主要区别是DTV卡注重原始DV格式的采集、编辑、输出一体化，输出兼顾MPEG-2；RT2000卡则注重格式转换与兼容，支持多种格式的MPEG-1或MPEG-2输出，相应的减少了编辑方面的功能，如图1-4所示。

图1-4　Digisuite非编卡

1.2.2　Pinnacle非编硬件

Pinnacle公司有多种系列非线编板卡，其中较为专业的有ReelTime、ReelTime DV、ReelTime Nitro、ReelTime Nitro DV、ReelTime Nitro Plus、DC1000、DC1000DV、DVD1000，如图1-5所示。

图1-5　Pinnacle公司

ReelTime是一个较为经典的M-JPEG压缩格式非线编板卡，ReelTime Nitro在保持ReelTime全部特性的基础上，增加了实时的三维特技和实时字幕运动特技、支持实效的网络功能以及对更多第三方软件的支持，是实时三维特技产品与非线性编辑产品的完美结合。ReelTime DV和ReelTime Nitro DV则分别是它的DV版。ReelTime Nitro Plus是ReelTime Nitro与in:Sync Speed Razor4.5RT的完美结合，它在保留ReelTime Nitro全部特性的基础上，提供了更专业的编辑手段和更强大的网络功能。它是唯一支持双CPU的视频编辑产品，生成速度要比单CPU系统提高30%以上。

　　Miro Video DC1000是由美国Pinnacle公司推出的第一款基于MPEG-2压缩算法的高质量、广播级非线性视音频编辑产品，其最突出的优点在于引用了美国Pinnacle公司的"Smart Gop"专利技术，实现了对以高效MPEG-2算法所生成的数字运动视频图片组进行逐帧编辑的功能。DC1000卡经过软件升级后可得到有DV1394接口的DC1000DV卡和具有DVD刻录输出功能的DVD1000卡。

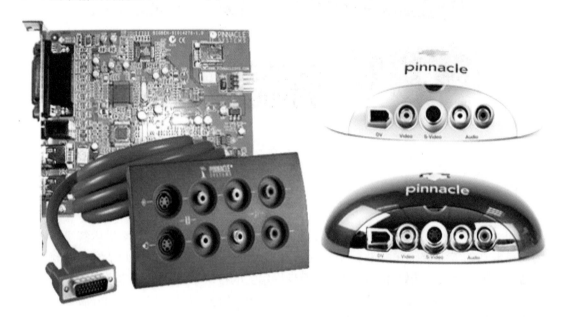

图1-6　Pinnacle非编卡

1.2.3　DPS非编硬件

　　DPS公司在加拿大成立，专门从事与广播电视行业相关的非编硬件的研发和制作，其公司的产品主要分布和销往欧美各国，如图1-7所示。

　　DPS公司于1993年推出有非编功能的动画录制卡PAR3100；1995年推出PVR3500；1997年推出SPARK(DV I/O卡)；1998年底推出RT5200/5250；1999年在香港成立了DPSChina分公司，主要负责DPS产品在中国香港和中国内地的推广及售后服务；1999年推出了"dpsVelocity"非线性编辑系统。2002年DPS全新推出的功能强大先进的DPS VelocityQ四通道全实时非线性编辑系统；2004年底

图1-7　DPS公司

推出了具有划时代意义的产品VelocityHD；VelocityHD可以完全做到无压缩，二、三维实时，是一款极高质量的高清非线编产品，在业界引起了轰动；2006年7月推出VELOCITY X无卡编辑软件，随后又相继推出一系列的高端非编系统，如图1-8所示。

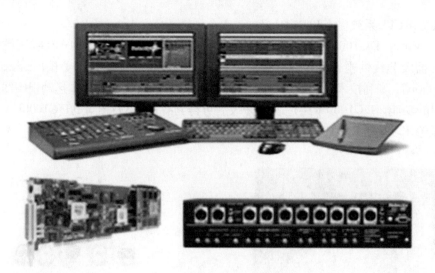

图1-8 DPS非编卡

1.2.4 Avid非编硬件

Avid（爱维德）技术公司提供从节目制作、管理到播出的全方位数字媒体解决方案。作为业界公认的专业数字化标准，Avid可以为媒体制作方面的专业人士提供从视频、音频、电影动画、特技到流媒体制作等多方面世界领先的技术手段，Avid非线编辑类产品在中国拥有大量客户群体。国内普遍使用的是低端的Avid Liquid和Avid Xpress Pro版本，而一些大型电视台则使用的是Avid MC系列以及更高端的产品，而且Avid已经全面支持高清信号的采编、混编。Avid 的产品可以用于电视制作、新闻制作、商业广告、音乐节目以及CD，而且还适用于企业宣传节目和大部分的影片制作，这使得Avid成为全球领先的非线性编辑系统的制造企业，如图1-9所示。

图1-9 Avid公司

如今，基于屡获如奥斯卡、格莱美、艾美奖等殊荣的技术，Avid又拓展了在数码媒体的共享存储及传播领域的应用。目前Avid不仅推出了以苹果机为载体的工作站，为了适应主流的操作系统，还推出了以PC为载体的工作站，建立在XP系统下的产品。Avid公司的Meridien采集卡和Breakout Box可以共同完成信号的采集与压缩、输入与输出工作，它们在Avid三个系列的非线编系统中（Meridien-based Xpress、Media Composer和Symphony systems）都是必须捆绑使用的。其中Meridien + BOB有DSI接口选件，但不支持DV1394接口。视频通道处理是由ABVB板卡来完成的，BOB从多个视频母线通道上引入所需的视频流，经过（AVR）压缩后送入ABVB处理，如图1-10所示。

图1-10　Avid非编卡

1.2.5　Canopus非编硬件

Canopus（康能普视）公司是针对个人电脑视频技术解决方案的领袖，开创了数字信号处理技术和为个人电脑编辑板卡设计高速数字模拟电路的先河，进一步加强了其在日本多媒体市场的主导地位。先进的技术与稳定用户群使Canopus在多媒体市场独占鳌头，如图1-11所示。

canopus

图1-11　Canopus公司

Canopus系列编辑产品自从上市以来，就以优异的图像质量、超强的稳定性、强大的多格式实时混编能力，为用户提供了实时的视音频编辑平台。Canopus公司旗下的EDIUS标清系列编辑产品主要包括DVStorm XA、EDIUS NX、EDIUS SP/SP-SDI、EDIUS SD等多款编辑产品，每款编辑产品都集成了EDIUS软件及特定的硬件，兼容DV、DVCAM、BetaCam、Digital BetaCam、IMX、DVCPRO50等多种传统前后期设备，并可与XDCAM、P2、Infinity等前后期设备快速组合成无带化编辑流程，可以满足不同标清节目制作的需要，如图1-12所示。

图1-12　Canopus非编卡

1.3 编辑行业应用

"非线性编辑"可以在许多行业中应用，主要包括电视节目制作、企业专题制作、会议影像制作、微电影制作、婚礼MV制作等影音编辑的工作。

1.3.1 电视节目制作

电视节目制作主要分成三个过程，分别是策划、拍摄、后期制作。其中的后期制作部分是指将拍摄素材编辑为较完整的电视节目，最常见的是将多机位拍摄内容编辑为一段独立影像，为拍摄的电视节目添加片头、片花、片尾、角标、文字等信息，如图1-13所示。

图1-13 电视节目制作

1.3.2 企业专题制作

企业专题制作是商业市场中较常见的项目，主要根据解说和配音将拍摄的素材进行组合，使视频素材可以根据音频的起伏与转折相互配合，在宣传企业的同时传达出影片节奏和美感，其功劳大部分都应归属于"非线性编辑"，如图1-14所示。

图1-14 企业专题制作

1.3.3 会议影像制作

会议影像制作所需要的"非线性编辑"功能相对较少，主要目的是将摄像机的录像带采集为数字文件，然后通过编辑控制影片的段落和时间长度，再将拍摄角度或不需要的镜头进行调整，如图1-15所示。

图1-15 会议影像制作

1.3.4 微电影制作

微电影制作是随着DV摄像机和单反视频的普及而诞生的，也就是微型电影，又称微

影。微电影是指专门运用在各种新媒体平台上播放并适合在移动状态与短时间休闲状态下观看的，具有完整策划和系统制作体系支持的具有完整故事情节的"微（超短）时"（30～300秒）放映、"微（超短）周期制作（1～7天或数周）"和"微（超小）规模投资（数千/万元每部）"的视频短片，内容融合了幽默搞怪、时尚潮流、公益教育、商业定制等主题，可以单独成篇，也可系列成剧，如图1-16所示。

图1-16 微电影制作

1.3.5 婚礼MV制作

婚礼MV制作是指在拍摄前期加入MV的元素，主要有新人恋爱故事、结婚筹备期和婚礼现场等不同时段。如近两年参加婚礼的朋友可能发现了，在结婚典礼开场时会放映一段介绍新郎新娘恋爱故事或者婚礼筹备花絮的影音资料，这也是婚礼进行前制作的MV，使婚礼的视觉效果呈现得更加浪漫，婚礼MV制作大量地使用了"非线性编辑"中的节奏编辑和后期调色，如图1-17所示。

图1-17 婚礼MV制作

1.4 视频编辑常识

视频编辑不只是单纯的设计编辑操作，还需要对模拟、数字信号、视频制式、帧、场、分辨率、像素比等常识有所了解。

1.4.1 模拟与数字信号

不同的数据必须转换为相应的信号才能进行传输。模拟数据一般采用模拟信号（Analog Signal）或电压信号来表示；数字数据则采用数字信号（Digital Signal），用一系列断续变化的电压脉冲或光脉冲来表示。当模拟信号采用连续变化的电磁波来表示时，电磁波本身既是信号载体，同时作为传输介质；而当模拟信号采用连续变化的信号电压来表示时，它一般通过传统的模拟信号传输线路来传输。当数字信号采用断续变化的电压或光脉冲来表示时，一般则需要用双绞线、电缆或光纤介质将通信双方连接起来，才能将信号从一个节点传到另一个节点。

模拟信号在传输过程中要经过许多设备的处理和转送，这些设备难免要产生一些衰减和干扰，使信号的保真度大大降低。数字信号可以很容易地区分原始信号与混合的噪波并加以校正，满足了对信号传输的更高要求。

在广播电视领域中，传统的模拟信号电视将会逐渐被高清数字电视（HDTV）所取代，越来越多的家庭将可以收看到数字有线电视或数字卫星节目，如图1-18所示。

图1-18　高清数字电视

节目的编辑方式也由传统的磁带到磁带模拟编辑发展为数字"非线性编辑"，借助计算机进行数字化的编辑与制作，不用像线性编辑那样反反复复地在磁带上寻找，突破了单一的时间顺序编辑限制。非线性编辑只要上传一次就可以多次编辑，信号质量始终不会变低，所以节省了设备、人力，提高了效率，如图1-19所示。

图1-19　非线性编辑系统

　　DV数字摄影机的普及使得制作人员可以使用家用电脑完成高要求的节目编辑，使数字信号逐渐融入人们的生活中，尤其当下渐渐兴起的单反视频类型，如图1-20所示。

图1-20　DV数字摄像机

1.4.2　视频制式

　　现在常见的视频信号制式有PAL、NTSC和SECAM，其中PAL和NTSC是应用最广的，下面详细介绍这三种视频信号制式的概念。

1. NTSC制式

　　NTSC电视标准的帧频为每秒29.97帧(简化为30帧)，电视扫描线为525线，偶场在前、奇场在后，标准的数字化NTSC电视标准分辨率为720×486，色彩位深为24比特，画面的宽高比为4:3，NTSC电视标准主要用于美、日等国家和地区。

2. SECAM制式

　　SECAM又称塞康制，是法文Sequentiel Couleur A Memoire的缩写，意为"按顺序传送彩色与存储"，1966年由法国研制成功，它属于同时顺序制。在信号传输过程中亮度信号每行传送，而两个色差信号则逐行依次传送，即用行错开传输时间的办法来避免同时传输时所产生的串色以及由其造成的彩色失真。SECAM制式的特点是不怕干扰并且彩色效果好，但兼容性差。它的帧频为每秒25帧，扫描线为625行并隔行扫描，画面的宽高比例为4:3，分辨率为720×576，采用SECAM制的国家主要有俄罗斯、法国、埃及等。

3. PAL制式

PAL电视标准的帧频为每秒25帧，电视扫描线为625线，奇场在前、偶场在后，标准的数字化PAL电视标准分辨率为720×576，色彩位深为24比特，画面的宽高比为4:3，PAL电视标准用于中国、欧洲等国家和地区。

1.4.3 帧与场

帧速率也称FPS，FPS是Frames Per Second的缩写，是指每秒钟刷新图片的帧数，也可以理解为图形处理器每秒钟能够刷新几次。如果具体到视频上就是指每秒钟能够播放多少格画面，越高的帧速率可以得到更流畅、更逼真的动画；每秒钟帧数（FPS）越多，所显示的动作就会越流畅。像电影一样，视频是由一系列的单独图像（称为帧）组成并放映到观众面前的屏幕上。每秒钟放映若干张图像，就会产生动态的画面效果，因为人脑可以暂时保留单独的图像，典型的帧速率范围是24～30帧/秒，这样才会产生平滑和连续的效果。

帧速率也是描述视频信号的一个重要概念，对每秒钟扫描多少帧有一定的要求。传统电影的帧速率为24帧/秒，PAL制式电视系统为625线垂直扫描，帧速率为25帧/秒，而NTSC制式电视系统为525线垂直扫描，帧速率为30帧/秒。虽然这些帧速率足以提供平滑的运动，但它们还没有高到使视频显示避免闪烁的程度。根据实验，人的眼睛可以觉察到以低于1/50秒速度刷新图像中的闪烁。然而，要求帧速率提高到这种程度，显著增加系统的频带宽度是相当困难的。为了避免这样的情况，电视系统全部采用了隔行扫描方法。

大部分的广播视频采用两个交换显示的垂直扫描场构成每一帧画面，这叫做交错扫描场。交错视频的帧由两个场构成，其中一个扫描帧的全部奇数场，称为奇场或上场；另一个扫描帧的全部偶数场，称为偶场或下场。场以水平分隔线的方式隔行保存帧的内容，在显示时首先显示第一个场的交错间隔内容，然后再显示第二个场来填充第一个场留下的缝隙。每一帧包含两个场，场速率是帧速率的二倍，这种扫描的方式称为隔行扫描，与之相对应的是逐行扫描，每一帧画面由一个非交错的垂直扫描场完成，如图1-21所示。

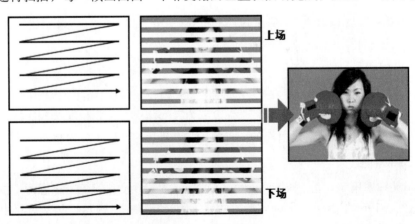

图1-21　交错扫描场

电影胶片类似于非交错视频，每次显示一帧，如图1-22所示。通过设备和软件，可以使用3-2或2-3下拉法在24帧/秒的电影和约为30帧/秒（29.97帧/秒）的NTSC制式视频之间进行转换。这种方法是将电影的第一帧复制到视频的场1和场2以及第二帧的场1，将电影的第二帧复制到视频第二帧的场2和第三帧的场1。这种方法可以将4个电影帧转换为5个视频帧，并重复这一过程，完成24帧/秒到30帧/秒的转换。使用这种方法还可以将24p的视频转换成30p或60i的格式。

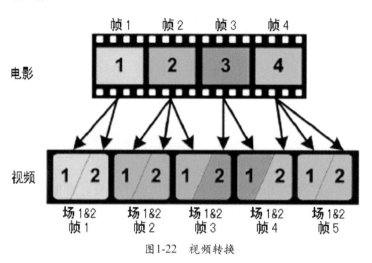

图1-22　视频转换

1.4.4　分辨率像素比

在中国最常用到的制式分辨率是PAL制式，电视的分辨率为720×576、DVD为720×576、VCD为352×288、SVCD为480×576、小高清为1280×720、大高清为1920×1080。

电影和视频的影像质量不仅取决于帧速率，每一帧的信息量也是一个重要因素，即图像的分辨率。较高的分辨率可以获得较好的影像质量。常见的电视格式标准的为4:3，如图1-23所示。

一些影片具有更宽比例的图像分辨率，常见的电影格式宽屏为16:9，如图1-24所示。

图1-23　标准4:3

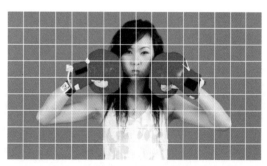

图1-24　宽屏16:9

传统模拟视频的分辨率表现为每幅图像中水平扫描线的数量，即电子光束穿越荧屏的次数，称为垂直分辨率。NTSC制式采用每帧525行扫描，每场包含262条扫描线；而PAL制式采用每帧625行扫描，每场包含312条扫描线。水平分辨率是每行扫描线中所包含的像素数，取决于录像设备、播放设备和显示设备。例如，老式VHS格式录像带的水平分辨率只有250线，而DVD的水平分辨率是500线。

一般所说的高清常指高清电视。电视的清晰度是以水平扫描线数作为计量，小高清的720P格式是标准数字电视显示模式，720条可见垂直扫描线，16:9的画面比行频为45KHz；大高清为1080P格式，1080条可见垂直扫描线，画面比同为16:9，分辨率更是达到了1920×1080逐行扫描的专业格式。

1.5 常用非线性编辑软件

随着计算机的高速发展，非线性编辑软件也得到了普及，常见的软件有Premiere、EDIUS、AVID、Vegas、Final Cut、会声会影等。

1.5.1 Premiere

Premiere是一款常用的视频编辑软件，由Adobe公司推出，其优点是编辑画面质量较好和良好的兼容性，可以与Adobe公司推出的其他软件协作。目前这款软件广泛应用于广告制作和电视节目制作中，如图1-25所示。

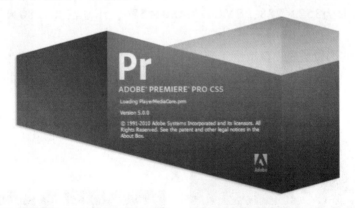

图1-25　Premiere软件

Adobe Premiere Pro CS5是目前最流行的非线性编辑软件，是数码视频编辑的专业工具，它作为功能强大的多媒体视频、音频编辑软件，应用范围不胜枚举，制作效果美不胜收，足以协助用户高效地工作。Premiere以其新的合理化界面和通用高端工具，兼顾了广大视频用户的不同需求，在一个并不昂贵的视频编辑工具箱中，提供了前所未有的生产能力、控制能力和灵活性，是视频爱好者使用最多的视频编辑软件之一，如图1-26所示。

图1-26 Premiere工作界面

1.5.2 EDIUS

EDIUS是日本Canopus公司推出的优秀非线性编辑软件，它专为广播和后期制作环境而设计，特别针对新闻记者、无带化视频制播和存储。EDIUS拥有完善的基于文件工作流程，提供了实时、多轨道、多格式混编、合成、色键、字幕和时间线输出功能。除了标准的EDIUS系列格式，还支持DVCPRO、P2、VariCam、Ikegami GigaFlash、MXF、XDCAM和XDCAM EX等视频素材，以及所有DV、HDV摄像机和录像机，如图1-27所示。

图1-27 EDIUS软件

EDIUS 6新增功能和性能改善能一如既往地帮助广电用户、独立制作人和专业用户优化工作流程，同时提高运行速度，可以支持更多格式并提高系统运行效率。EDIUS 6改善了快速灵活的用户界面，包括无限视频、音频、字幕及图形轨道，可以让用户使用任何视频标准，甚至能达到1080P50/60或4K数字电影分辨率，可实现对AVCHD、MXF等压缩格式和原码Sony XDCAM系列、Panasonic P2系列、Ikegami GF系列、Canon XF和EOS视频进行编辑，支持所有业界使用的主流编解码器的源码编辑，甚至当不同编码格式在时间线上混编时都无须转码。另外，用户无须渲染就可以实时预览各种特效。

在后期制作方面，EDIUS 6的功能也有所扩展，多机位编辑增加至16路ISO摄像机码流，可选择多种多画面显示方式。另外在视频遮挡、键和填充等高级编辑功能上也有所增强。

EDIUS 6提供了100多项全新功能，编辑引擎经过了微调以提供更好实时性能，再加上增强的代理编辑模式，带来了振奋人心的全新实时工作流程。它延续了Grass Valley的传统，展现了编辑复杂压缩格式时无与伦比的能力，进一步帮助用户将精力集中在编辑和创作上，不用担心技术问题，大多数EDIUS的功能都来源于用户对各种新特性的需求，让EDIUS解决方案成为后期制作更有价值的工具，如图1-28所示。

图1-28　EDIUS工作环境

1.5.3　AVID

Avid非线编辑类产品在中国拥有大量客户群体，国内普遍使用的是Avid Liquid和Avid Xpress Pro版本，而一些大型电视台则使用的是Avid MC系列以及更高的Avid 产品制作电视、新闻、商业广告、音乐节目以及CD，它更适用于企业宣传节目和大部分的影片制作，这使得Avid成为全球领先的非线性编辑系统的制造企业，如图1-29所示。

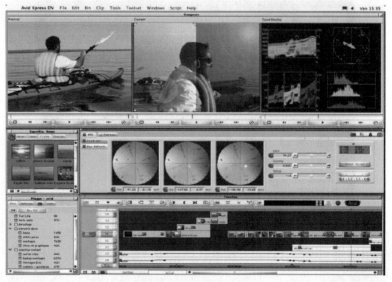

图1-29　Avid工作界面

在管理现今日益丰富的动态媒体方面，Avid 提供强大的服务器、网络、媒体工具，以便于国内外用户搜索文件、共享媒体、合作开发新产品。Avid的解决方案可使用户轻松实现媒体传播，无论是通过无线、电缆、卫星还是英特网均可实现。Avid 与众不同的端对端解决方案可集媒体创作、管理及发布于一身。

1.5.4 Vegas

Sony Vegas是一款专业影像编辑软件，现在被制作成为Vegas Movie Studio ，是专业版的简化而高效的版本，成为PC上最佳的入门级视频编辑软件。Vegas是一款整合影像编辑与声音编辑的软件，其中无限制的视轨与音轨，更是其他影音软件所没有的特性，更提供了视讯合成、进阶编码、转场特效、修剪及动画控制等。不论是专业人士还是个人用户，都可因其简易的操作界面而轻松上手，是数码影像、多媒体简报、广播等用户解决数码编辑之方案，如图1-30所示。

图1-30　Vegas软件

Sony Vegas具备强大的后期处理功能，可以随心所欲地对视频素材进行编辑合成、添加特效、调整颜色、编辑字幕等操作，还包括强大的音频处理工具，可以为视频素材添加音效、录制声音、处理噪声，以及生成杜比5.1环绕立体声。此外，Vegas还可以将编辑好的视频迅速输出为各种格式的影片，直接发布于网络，刻录成光盘或回录到磁带中。Vegas 提供了全面的HDV, SD/HD-SDI采集、编辑、回录支持，通过Blackmagic DeckLink 硬件板卡实现专业SDI采集支持，如图1-31所示。

图1-31　Vegas工作界面

1.5.5 Final Cut

　　Final Cut是Final Cut Studio中的一个产品，Final Cut Studio中还包括Motion Livetype Soundtrack等字幕、包装、声音方面的软件，这两个软件就是包含和被包含的关系，凭借精确的编辑工具，Final Cut几乎可以实时编辑所有影音格式，包括创新的ProRes格式，如图1-32所示。

图1-32　Final Cut软件

　　在Final Cut中有许多项目都可以通过具体的参数来设定，可以达到非常精细的调整，它支持DV标准和所有的QuickTime格式，凡是QuickTime支持的媒体格式在Final Cut中都可以使用，这样就可以充分利用以前制作的各种格式的视频文件。借助 Apple ProRes 系列的新增功能，Final Cut能以更快的速度、更高的品质编辑各式各样的工作流程，可以将作品输出到苹果设备、网络、蓝光盘和DVD上，使用重新设计的速度工具，轻松改变编辑的速度，如图1-33所示。

图1-33　Final Cut工作界面

1.5.6　会声会影

　　会声会影是一套操作简单且功能强悍的DV、HDV影片编辑软件，它不仅拥有完全符合家庭或个人所需的影片编辑功能，甚至可以挑战专业级的影片编辑软件。对于新老编辑用户，会声会影都会发挥创意无限的空间，如图1-34所示。

图1-34　会声会影软件

最新版的会声会影X4拥有创新的影片制作向导模式，只要三个步骤就可快速制作出DV影片，即使是入门新手也可以在短时间内体验影片编辑乐趣；同时操作简单、功能强大的会声会影编辑模式，从捕获、剪接、转场、特效、覆叠、字幕、配乐到刻录，可以使用户全方位编辑出好莱坞级的家庭电影，如图1-35所示。

图1-35　会声会影工作界面

1.6　影视媒体格式

影视媒体格式可以分为适合本地播放的本地影像视频和适合在网络中播放的网络流媒体影像视频两大类。尽管后者在播放的稳定性和播放画面质量上可能没有前者优秀，但网络流媒体影像视频的广泛传播性使之正被广泛应用于视频点播、网络演示、远程教育、网络视频广告等互联网信息服务领域。

1.6.1 AVI格式

AVI格式的英文全称为Audio Video Interleaved，即音频视频交错格式。它于1992年被Microsoft公司推出，随Windows3.1一起被人们所认识和熟知。所谓"音频视频交错"是指可以将视频和音频交织在一起进行同步播放。这种视频格式的优点是图像质量好，可以跨多个平台使用，但是其缺点是体积过于庞大，而且压缩标准不统一，播放器高低版本之间可能会出现格式不兼容的情况。不过利用插件和转换软件可以很容易地解决这一问题，AVI是众多视频格式中使用率最高的视频格式，如图1-37所示。

一个AVI文件主要是由视频和音频两部分构成。视频部分可以根据不同的应用要求，将AVI的视窗大小或分辨率随意调整，窗口越大视频文件的数据量越大，帧率也可以调整，而且与数据量成正比，是影响画面连续效果的主要参数；音频部分采用WAV音频格式，在AVI文件中视频和音频是分别存储的。

图1-37　AVI格式

由于AVI文件结构不仅解决了音频和视频的同步问题，而且具有通用和开放的特点，它可以在任何Windows环境下工作，还具有扩展环境的功能，用户可以开发自己的AVI视频文件，在Windows环境下随时调用。

AVI已成为PC机上最常用的视频数据格式，并且还成为了一个基本标准。在普及应用方面，数码录像机（DV）、视频捕捉卡等都已经支持直接生成AVI文件。原始的AVI文件格式无论是视频部分还是音频部分都是没有经过压缩处理的，虽然图像和声音质量非常好，但其体积一般都很巨大。也正因为此，其普及程度比不上MPEG-1等视频压缩格式，但在影像制作方面还是经常要使用到的。

1. DV-AVI压缩格式

DV的英文全称是Digital Video Format，是由索尼、松下、JVC等多家厂商联合提出的一种家用数字视频格式，目前非常流行的数码摄像机就是使用这种格式记录视频数据的。它可以通过电脑的IEEE 1394端口传输视频数据到电脑，也可以将电脑中编辑好的视频数据回录到数码摄像机中，其缺点是只支持标清媒体并其1小时容量约为12G。这种视频格式的文件扩展名一般也是AVI，所以习惯地叫它为DV-AVI格式。

2. 无压缩AVI格式

AVI只是一个格式容器，里面的视频部分和音频部分可以是多种多样的编码格式，也就是多种组合，而扩展名都是AVI。无压缩AVI能支持最好的编码去重新组织视频和音频，生成的文件非常大，但清晰度也是最高的，"非线性编辑"处理时运算的速度也非常快。

3. DivX AVI压缩格式

DivX AVI格式是第三方插件程序，对硬件和软件的要求不高，清晰度可以根据要求设置，文件容量非常小。DivX是一项由DivX Networks公司开发的类似于MP3的数字多媒体压缩技术。DivX基于 MPEG-4标准，可以把MPEG-2格式的多媒体文件压缩至原来的10%，更可把VHS格式录像带的文件压至原来的1%，无论是声音还是画质都可以和DVD相媲美。

4. Canopus HQ AVI压缩格式

Canopus HQ编码的AVI文件占用磁盘空间比较大，是一种变化比特率的编码，也就是说画面变化比较大时，文件量也会相应变大。同时，Canopus HQ编码的质量设置有低、普通、高和自定义几种方式，不同的质量设置也会影响文件的容量。Canopus HQ编码的文件容量要比无压缩格式的文件约小十倍，但图像质量下降只在2%～3%，是EDIUS用户常用的AVI压缩格式。

1.6.2　MPEG格式

MPEG的全名为Moving Pictures Experts Group/Motin Pictures Experts Group，中文译名是动态图像专家组，如图1-38所示。

图1-38　MPEG格式

MPEG标准主要有五个，即MPEG-1、MPEG-2、MPEG-4、MPEG-7及MPEG-21。该专家组建于1988年，专门负责为CD建立视频和音频标准，其成员都是视频、音频及系统领域的技术专家。后来，他们成功将声音和影像的记录脱离了传统的模拟方式，建立了ISO/IEC1172压缩编码标准，并制定出MPEG-格式，使视听传播方面进入了数码化时代。

1. MPEG-1压缩格式

MPEG-1标准于1992年正式出版，标准的编号为ISO/IEC11172，其标题为"码率约为1.5Mb/s用于数字存贮媒体活动图像及其伴音的编码"。MPEG-1压缩方式相对压缩技术而言要复杂得多，同时编码效率、声音质量也大幅提高，被广泛地应用在VCD和SVCD等低端领域。

2. MPEG-2压缩格式

MPEG-2标准于1994年公布，包括编号为13818-1的系统部分、编号为13818-2的视频部分、编号为13818-3的音频部分及编号为13818-4的符合性测试部分。MPEG-2编码标准囊括数字电视、图像通信各领域的编码标准，MPEG-2按压缩比大小的不同分成5个档次，每一个档次又按图像清晰度的不同分成4种图像格式，或称为级别。5个档次4种级别共有20种组合，但实际应用中有些组合不太可能出现，较常用的是11种组合。常见的DVD一般都采样此格式，常用在具有演播室质量标准清晰度电视SDTV中，由于MPEG-2的出色性能表现已能适用于HDTV，使得原打算为HDTV设计的MPEG-3还没出世就被抛弃了。

3. MPEG-4压缩格式

MPEG-4在1995年7月开始研究，1998年11月被ISO/IEC批准为正式标准，正式标准编号是MPEG ISO/IEC14496，它不仅针对一定比特率下的视频、音频编码，更加注重多媒体系统的交互性和灵活性。这个标准主要应用于视像电话、视像电子邮件等，对传输速率要求较低的4800～6400bits/s之间。MPEG-4利用很窄的带宽，通过帧重建技术、数据压缩，以求用最少的数据获得最佳的图像。利用MPEG-4的高压缩率和高图像还原质量，可以把DVD里面的MPEG-2视频文件转换为体积更小的视频文件。经过这样的处理，图像的视频质量下降不大但体积却可缩小几倍，可以很方便地用CD-ROM来保存DVD上面的节目。另外，MPEG-4在家庭摄影录像、网络实时影像播放方面也大有用武之地。

4. MPEG-7压缩格式

MPEG-7（它的由来是1+2+4=7，因为没有MPEG-3、MPEG-5、MPEG-6）于1996年10月开始研究。确切来讲，MPEG-7并不是一种压缩编码方法，其正规的名字叫做"多媒体内容描述接口"，其目的是生成一种用来描述多媒体内容的标准，这个标准将对信息含义的解释提供一定的自由度，可以被传送给设备和电脑程序。MPEG-7并不针对某个具体的应用，而是针对被MPEG-7标准化了的图像元素，这些元素将支持尽可能多的各种应用。可应用于数字图书馆，例如图像编目、音乐词典、广播媒体、电子新闻服务等。

5. MPEG-21压缩格式

MPEG在1999年10月的MPEG会议上提出了"多媒体框架"的概念，同年12月的MPEG会议确定了MPEG-21的正式名称是"多媒体框架"或"数字视听框架"，它以将标准集成起来支持协调的技术来管理多媒体商务为目标，目的就是理解如何将不同的技术和标准结合在一起、需要什么新的标准以及完成不同标准的结合工作。

1.6.3　MOV格式

MOV格式是美国Apple公司开发的一种视频格式，默认的播放器是苹果的QuickTime Player。它具有较高的压缩比率和较完美的视频清晰度等特点，但是其最大的特点还是跨平台性，即不仅能支持MacOS，同样也能支持Windows系列，如图1-39所示。

图1-39　MOV格式

MOV格式的视频文件可以采用不压缩或压缩的方式，其压缩算法包括Cinepak，Intel Indeo Video R3.2和Video编码。经过几年的发展，现在QuickTime已经在"视频流"技术方面取得了不少成果，最新发表的QuickTime是第一个基于工业标准RTP和RTSP协议的非专有技术，能在Internet上播放和存储相当清晰的视频/音频流。QuickTime是一种跨平台的软件产品，无论是Mac用户，还是Windows用户，都可以毫无顾忌地享受QuickTime带来的愉悦。利用QuickTime播放器能轻松地通过Internet观赏到以较高视频/音频质量传输的电影、电视和实况转播节目，现在QuickTime格式的主要竞争对手是Real Networks公司的RM格式。

1.6.4　RM格式

RM（Real Media）格式是Real Networks公司所制定的音频、视频压缩规范。它包含了音频流（Streaming Audio）文件格式的Real Audio和视频流（Streaming Video）文件格式的Real Video文件，是一种主要用于在低速率的网上实时传输音频视频信息的压缩格式。网络连接速率不同，客户端所获得的声音、图像质量也不尽相同，可以达到广播级的声音质量，如图1-40所示。

图1-40　RM格式

无论是QuickTime还是Real Media，考虑到它们的播放质量以及现在国内的网络速度，在网络上面实时播放视频节目是非常不实际的。如果把QuickTime和Real Media的技术应用在网络可视会议、往来可视电话等方面还是很不错的。

1.6.5　ASF格式

ASF格式是Micorosoft为了和现在的Real Media竞争而发展的一种可以直接在网上观

看视频节目的视频文件压缩格式。它的视频部分采用了先进的MPEG-4压缩算法，音频部分采用了微软发表的一种比MP3更好的WMA压缩格式，所以ASF的压缩率和图像质量都很不错。因为ASF是以一个可以在网络上面即时观赏的"视频流"格式存在的，所以它的图像质量比VCD差一点并不稀奇，但比同是"视频流"格式的RAM格式要好，如图1-41所示。

图1-41　ASF格式

1.6.6　FLV格式

FLV格式是FLASH VIDEO的简称，FLV流媒体格式是随着Flash MX的推出发展而来的视频格式。它形成的文件极小、加载速度极快，使得网络观看视频文件成为可能，它的出现有效地解决了视频文件导入Flash后，导出的SWF文件体积庞大，不能在网络上很好地使用等缺点，如图1-42所示。

图1-42　FLV格式

1.6.7　WMV格式

WMV格式是微软推出的一种流媒体格式，它是在同门ASF（Advanced Stream Format）格式基础上升级延来的，在同等视频质量下WMV格式的体积非常小，因此很适合在网上播放和传输。WMV文件将视频和音频封装在一个文件里，并且允许音频同步于视频播放，与DVD视频格式类似，支持多视频流和音频流，如图1-43所示。

图1-43　WMV格式

1.6.8　AVCHD格式

AVCHD格式是索尼（Sony）公司与松下电器（Panasonic）于2006年5月联合发表的高画质光碟压缩技术，AVCHD标准基于MPEG-4 AVC/H264视讯编码，支持480i、720P、1080i、1080P等格式，同时支持杜比数位5.1声道AC-3或线性PCM 7.1声道音频压缩，如图1-44所示。

图1-44　AVCHD格式

AVCHD格式整合了2003年出现的基于Mini DV磁带的HDV，以及在SD卡上存储视频内容的新方法。AVCHD格式在传统DVD格式和H.264压缩技术之间搭起一座桥梁，后者的压缩效率比MPEG-2标准高出一倍，而且视频信号质量也具有实质性改善。 AVCHD格式倡导者面临的一项挑战是缺少支持高清分辨率视频的低功耗、低成本H264编/解码器，但随着计算机处理能力的提升问题将迎刃而解。

1.6.9　XDCAM格式

XDCAM为索尼（Sony）公司在2003年所推出的无影带式专业录影系统，2003年10月开始发售SD系统商品，2006年4月开始发售HD系统。XDCAM格式使用数种不同的压缩方式和储存格式，虽然DVCAM及IMX独立型号有提供，很多标清XDCAM摄影机可简易切换IMX至DVCAM等格式，如图1-45所示。

图1-45　XDCAM格式

1.6.10　P2格式

P2格式是一种数码存储卡，是为专业音视频而设计的小型固态存储卡。P2卡符合PC卡标准（2型），可以直接插入到笔记本的卡槽中。卡上的音视频数据即刻就可以装载，每一段编辑都是MXF原数据文件，这些数据不需要数字化处理，就可以立即用于非线性编辑，或在网络上进行传送，如图1-46所示。

图1-46　P2格式

1.6.11　MXF格式

MXF格式是英文Material eXchange Format（素材交换格式）的缩写，是SMPTE（美国电影与电视工程师学会）组织定义的一种专业音视频媒体文件格式。MXF格式主要应用于影视行业媒体制作、编辑、发行和存储等环节，如图1-47所示。

图1-47　MXF格式

1.6.12　TGA格式

TGA（TaggedGraphics）文件格式是由美国Truevision公司为其显示卡开发的一种图像文件格式，已被国际上的图形、图像工业所接受。TGA的结构比较简单，属于一种图形、图像数据的通用格式，在多媒体领域有很大影响，是计算机生成图像向电视转换的一种首选格式，如图1-48所示。

图1-48　TGA格式

1.6.13　PNG格式

PNG图像文件存储格式的目的是试图替代GIF和TIFF文件格式，同时增加一些GIF文件格式所不具备的特性。其流式网络图形格式名称来源于非官方的"PNG's Not GIF"，它是一种位图文件存储格式，读成"ping"。PNG用来存储灰度图像时，灰度图像的深度可多到16位，存储彩色图像时彩色图像的深度可多到48位。PNG使用从LZ77派生的无损数据压缩算法。一般应用于JAVA程序中网页或S60程序中，原因是它的压缩比高，生成的文件容量较小，如图1-49所示。

图1-49　PNG格式

1.6.14　JPEG格式

JPEG格式是最常见的一种图像格式，其压缩技术十分先进，它用有损压缩方式去除冗余的图像和彩色数据，在获得极高的压缩率的同时能展现十分丰富生动的图像，换句话说，就是可以用最少的磁盘空间得到较好的图像质量，如图1-50所示。

图1-50　JPEG格式

1.6.15　BMP格式

BMP是英文Bitmap（位图）的简写，它是Windows操作系统中的标准图像文件格式，能够被多种Windows应用程序所支持。随着Windows操作系统的流行与Windows应用程序的开发，BMP位图格式理所当然地被广泛应用。这种格式的特点是包含的图像信息较丰富，几乎不进行压缩，但由此导致了它与生俱生来的缺点——占用磁盘空间过大。目前BMP在单机上比较流行，如图1-51所示。

图1-51　BMP格式

1.6.16　GIF格式

GIF是英文Graphics Interchange Format（图形交换格式）的缩写，顾名思义，这种格式是用来交换图片的。GIF格式的特点是压缩比高，磁盘空间占用较少，所以这种图像格式迅速得到了广泛的应用。最初的GIF只是简单地用来存储单幅静止图像（称为GIF87a），后来随着技术发展，可以同时存储若干幅静止图像进而形成连续的动画，使之成为当时支持2D动画为数不多的格式之一（称为GIF89a），而在GIF89a图像中可指定透明区域，使图像具有非同一般的显示效果，这更使GIF风光十足，目前Internet上大量采用的彩色动画文件多为这种格式的文件。但GIF有个小小的缺点，即不能存储超过256色的图像。尽管如此，这种格式仍在网络上大行其道，这和GIF图像文件短小、下载速度快、可用许多具有同样大小的图像文件组成动画等优势是分不开的，如图1-52所示。

图1-52　GIF格式

1.6.17　WAV格式

WAV是微软公司开发的一种声音文件格式，用于保存WINDOWS平台的音频信息资源，被Windows平台及其应用程序所支持。WAV格式支持MSADPCM、CCITT A LAW等多种压缩算法，支持多种音频位数、采样频率和声道，标准格式的WAV文件和CD格式一样，也是44.1K的采样频率、速率88K每秒、16位量化位数，如图1-53所示。

图1-53　WAV格式

1.6.18 MP3格式

MP3格式诞生于80年代的德国，所谓的MP3也就是指MPEG标准中的音频部分，是MPEG音频层。MPEG音频文件的压缩是一种有损压缩，MPEG3音频编码具有10∶1～12∶1的高压缩率，同时基本保持了低音频部分不失真，但是牺牲了声音文件中12KHz～16KHz高音频部分的质量来换取文件的尺寸，相同长度的音乐文件，用MP3格式来储存，一般只有WAV文件的1/10，而音质要次于CD格式或WAV格式的声音文件。MP3格式压缩音乐的采样频率有很多种，可以用64Kbps或更低的采样频率节省空间，也可以用320Kbps的标准达到极高的音质，如图1-54所示。

图1-54 MP3格式

1.6.19 WMA格式

WMA是由微软开发Windows Media Audio编码后的文件格式，在只有64kbps的码率情况下，WMA可以达到接近CD的音质。和以往的编码不同，WMA支持防复制功能，支持通过Windows Media Rights Manager加入保护，可以限制播放时间和播放次数甚至于播放的机器等。微软在Windows中加入了对WMA的支持有着优秀的技术特征，在微软的大力推广下，这种格式被越来越多的人所接受，如图1-55所示。

图1-55 WMA格式

1.7 本章小结

本章主要对"非线性编辑"的基础知识进行讲解，包括"线性编辑"和"非线性编辑"的概念，在硬件设备支持中对主流硬件进行介绍，还介绍了非线性编辑在电视节目制作、企业专题制作、会议影像制作、微电影制作、婚礼MV等行业的应用，并对视频编辑常识的"模拟与数字信号"、"视频制式"、"帧与场"、"分辨率像素比"进行了讲解。最后对当今常用的非线性编辑软件和影视媒体格式进行讲解。

1.8 习题

1. "线性编辑"和"非线性编辑"的区别有哪些？
2. 实时编辑硬件的作用有哪些？
3. 编辑可以应用于哪些行业？
4. 常用的视频分辨率像素比有哪些？
5. Premiere支持的常用视频格式有哪些？
6. 同一种AVI格式有哪些压缩解码？

中文版
Premiere Pro CS5
非线性编辑

第2章
Premiere Pro CS5
基本操作

本章主要介绍Premiere Pro CS5的基本操作,包括Premiere Pro CS5
简介、新增功能、运行环境、软件安装、基本操作和编辑要领等。

2.1 关于Premiere

Premiere是Adobe公司基于Windows和Macintosh平台开发的视频编辑软件,经过多年的开发与更新,其功能不断地扩展,也是众多视频编辑软件中兼容性较好的一款软件,可以与Adobe公司推出的其他软件协作完成更优秀的视觉效果。

Premiere对视频与音频的优秀编辑功能使它在视频制作领域应用广泛,主要应用在电影编辑、电视节目制作、视频广告制作和影音多媒体等方面,其简单易懂的操作界面使初学者比较容易掌握,也被广泛使用于个人影片制作。

2.2 Premiere软件历史

Adobe Premiere是目前最流行的非线性编辑软件,作为功能强大的多媒体视频、音频编辑软件,应用范围不胜枚举,足以协助用户更加高效地工作。

国内最早见的Premiere版本为5.0,它完全支持多处理器运行,无论是Windows NT平台还是Macintosh平台都支持具有MMX技术的芯片,这些都会加快渲染的速度。除此之外还提供更强的硬件支持,包括DPS影像压缩卡,如图2-1所示。

2001年3月Premiere更新为6.0版本,在软件功能上增加的并不多,但在使用习惯上做了较大的改变。主要体现在强大的DV支持,一步到位的Web页面输出,还有新增强的专业工具和无缝集成等,如图2-2所示。

图2-1　Premiere 5.0　　　　　　　　　　　图2-2　Premiere 6.0

2002年7月,Adobe公司发布了该软件的最新版本Premiere 6.5。Premiere 6.5与Adobe公司的其他产品(After Effects、Photoshop、Illustrator以及Streamline等)紧密集成,组成了一个完整的视频设计解决方案。Premiere 6.5的主界面与Premiere 6.0没有多少区别,但Premiere 6.5新增的实时预览功能、增强的字幕编辑器、功能强大的音频编辑工具以及新增的MPEG编码器"Adobe MPEG Encoder"和DVD制作工具,使Premiere的功能得到了一个飞跃,如图2-3所示。

Adobe Premiere Pro于2003年7月发布,也是通常人们称之为Adobe Premiere 7.0的新版非线性编辑软件。升级后的Premiere(较以前的4.0、4.2、5.0、5.5和6.0版本)功能更加强大,同时也增加了一些过渡功能。Premiere 7.0把Premiere软件推到了一个前所未有的高度，用户使用起来更加得心应手，如图2-4所示。

图2-3　Premiere 6.5

图2-4　Premiere Pro

2004年4月，Adobe公司又推出了Premiere Pro 1.5版本，通过引入独特的架构比Adobe Premiere Pro 更具优势，它允许用户编辑从DV到高清的所有级别影像信息，包括新增的支持HDV格式，如图2-5所示。

2006年1月Adobe公司推出了Premiere Pro 2.0，在外观上变化最大的就是启动界面的标志，其强大的功能提升与应用界面，还有支持众多的第三方插件，使现在许多用户还没有更新软件版本，一直使用Premiere Pro 2.0进行创作，如图2-6所示。

图2-5　Premiere Pro 1.5

图2-6　Premiere Pro 2.0

2007年8月Adobe公司推出了Premiere Pro CS3，Adobe Premiere Pro CS3作为高效的视频生产全程解决方案，目前包括Adobe Encore CS3和Adobe OnLocation CS3软件。从开始捕捉直到输出，使用 Adobe OnLocation能大大节省运算时间。通过与 Adobe After Effects CS3 Professional和 Photoshop CS3软件的集成，可扩大创意选择的空间，还可以将内容传输到DVD、蓝光光盘、Web和移动设备，如图2-7所示。

图2-7　Premiere Pro CS3

在随后推出的Premiere Pro CS4中，可以看到Adobe对Premiere投入的开发实力，其致力使Premiere达到一个崭新的高度，如图2-8所示。

2010年4月Adobe 公司推出了Premiere Pro CS5，它是一个创新的非线性视频编辑应用程序，也是一个功能强大的实时视频和音频编辑工具，是视频爱好者们使用最多的视频编辑软件之一，如图2-9所示。

图2-8　Premiere Pro CS4

图2-9　Premiere Pro CS5

2.3 Premiere Pro CS5简介

　　Adobe Premiere Pro以其新的合理化界面和通用高端工具，兼顾了广大视频用户的不同需求，在其视频编辑工具箱中，提供了前所未有的生产能力、控制能力和灵活性。Adobe Premiere Pro是一个创新的非线性视频编辑应用程序，是视频爱好者们使用最多的视频编辑软件之一。

　　Premiere Pro CS5软件需要安装在64位系统下，以更快速的64位操作系统平台为基础，它提供了更高效的预览和渲染功能，但对计算机的硬件要求较高，特别是对所支持的显卡的要求比较高。Premiere Pro CS5的启动界面如图2-10所示。

图2-10　启动界面

2.4 新增功能

　　Premiere Pro CS5新增了很多实用的功能和特性，对软件的功能进行了完善，使其可以完美地应用于不同的视频领域。其打开项目更快，制作高清和2K、4K高分辨率的画面更加流畅，可播放的效果更加复杂，如图2-11所示。

　　Premiere Pro CS5中的新增功能主要提升性能为新的回放引擎优化系统测试新引擎；其中，新的非磁带格式支持red的R3d格式导入与OnLocation导入等，加入了多个高清摄像机的素材导入，其中有引人关注的red，还有DSLR格式的加入，可以与EOS MOVE更完美地结合，如图2-12所示。

图2-11　高分辨率画面　　　　　　　　　　图2-12　非磁带格式

　　Premiere Pro CS5可以直接导入DVD素材，但需要注意的是DVD前2个素材分别是实验素材和目录图片，可以不进行导入。

　　新的Ultra Key特效支持GPU加速；从脚本到屏幕的快速转移，从脚本到屏幕的流程加强利用语音分析的参考脚本设置搜索点；编辑增强从DVD导入使用新的编辑工具更精确的控制关键帧使用人脸侦测定位编辑从Final Cut Pro和Avid的Media Composer转移工程；改进了直接导出使用Adobe Media Encoder系统。

　　Adobe水银引擎可以得到更快的预览与渲染速度，无疑是Premiere编辑软件一个绝佳的竞争力，能完美地提供快速预览和渲染速度，但只支持部分专业显卡与部分高端显卡。目前支持的显卡有GeForce GTX 285、GeForce GTX 470、GeForce GTX 570、GeForce GTX 580、Quadro FX 3700M、Quadro FX 3800、Quadro FX 3800M、Quadro FX 4800、Quadro FX 5800、Quadro 2000、Quadro 2000D、Quadro 2000M、Quadro 3000M、Quadro 4000、Quadro 4000M、Quadro 5000、Quadro 5000M、Quadro 5010M、Quadro 6000、Quadro CX。

　　通过新增加的Ultra Key抠像功能，可以更好地融入抠像技术，减少了后期软件Adobe After Effects的介入，可以独立完成更高要求的影片制作，从而节省了制作时间，如图2-13所示。

图2-13　Ultra Key抠像

　　Premiere Pro CS5新增加了编辑方法，主要有CTI滚动到入出点，建议将快捷键设置为Ctrl+Shift+↑↓，实践操作的作用很大；更加精确的参数控制功能，Ctrl控制点后2位和Alt控制单点移动更精确，可以直接连接关键帧的黄线控制加快编辑。

2.5　运行环境

　　Premiere Pro CS5的运行环境主要由系统要求和硬件要求两部分组成。

2.5.1　系统要求

　　Premiere Pro CS5需要运行在64位的操作系统上，可以在Windows XP、Windows Vista或

Windows 7的64位版本上应用，建议使用Windows 7的64位版本。

2.5.2 硬件要求

（1）处理器：需要64位支持的双核或更高的处理器。

（2）内存：至少需要2G内存（推荐4G以上或更大的内存）。

（3）硬盘：需要10G可用硬盘空间用于安装，安装过程中需要额外的可用空间，Premiere Pro CS5无法安装在基于闪存的可移动存储设备上。需要ATA 100/7200rpm或更快硬盘并支持至少20MB/sec数据吞吐量，而多个HD流输出需要两块或以上硬盘组成RAID-0。

（4）显示：需要1280×900分辨率或更大分辨率的显示设备，除此之外还需兼容OpenGL 2.0的图形卡。

（5）GPU加速：GPU加速性能需要经过Adobe认证的GPU芯片的图形卡。

（6）端口：需要OHCI兼容型IEEE 1394端口进行DV和HDV捕获、导出到磁带并传输到DV设备。

（7）驱动器：双层DVD（DVD+-R刻录机用于刻录DVD；Blu-ray刻录机用于创建Blu-ray Disc媒体）兼容DVD-ROM驱动器。

（8）播放器：需要QuickTime 7.6.2软件实现 QuickTime功能。

2.6 软件安装

首先执行Premiere Pro CS5的Setup（安装）文件，系统将弹出Adobe公司的安装程序，在初始化安装程序时需关闭Adobe公司的其他软件，例如Photoshop、Illustrator、After Effects等，确保安装程序可以正确进行，如图2-14所示。

执行完初始化安装程序后，将弹出"欢迎使用"面板，其中对Adobe公司的软件许可协议进行介绍，预览软件许可协议可执行"接受"按钮继续安装，如图2-15所示。

图2-14 初始化安装程序

图2-15 欢迎使用面板

在"序列号"面板中可以选择销售商提供的序列号码和暂时试用两种方式，如果选择以试用版的形式进行安装可免费使用30日，如图2-16所示。

在输入序列号后，系统将切换至"安装选项"面板，在其中可以对Premiere Pro CS5的安装位置和所有组件进行选择安装，然后执行"安装"按钮进行下一部分剩余的软件安装操作，如图2-17所示。

图2-16 序列号面板   图2-17 安装选项面板

系统在"安装进度"面板中将显示当前Premiere Pro CS5的软件安装进度和剩余时间，如图2-18所示。

在安装进度达到100%后将弹出"完成"面板，可单击"观看视频教程"按钮进行网络多媒体的帮助，也可以执行"完成"按钮结束当前的操作，如图2-19所示。

图2-18 安装进度面板   图2-19 完成面板

安装完成后，可以在系统桌面双击执行Adobe Premiere Pro CS5的启动图标进入软件。

2.7 基本操作

Premiere Pro CS5的基本操作主要是对初学者在使用Premiere软件时的操作流程进行了解，以便在以后学习与工作中养成良好的工作习惯。

2.7.1 新建项目

由于所编辑影片使用的各项指标是不同的，比如在编辑高清与标清影片时分辨率的差异，因此Premiere在对影片进行编辑前，需要根据自己将要制作影片的标准对项目进行设置。

建立项目的步骤如下：

01 启动Premiere Pro CS5，会弹出Premiere Pro CS5的欢迎界面。在最近使用项目列表中会显示最近编辑过的项目文件，当项目文件不在列表中时可以单击"打开项目"按钮，在弹出的对话框中找到所需的项目文件，如图2-20所示。

02 当需要新建项目时，单击"新建项目"按钮弹出"新建项目"对话框，在对话框中可以设置项目文件的保存路径与项目的名称、活动与字幕的安全区域、视频与音频的显示格式、采集视频的设备和格式以及采集素材的保存路径，如图2-21所示。

图2-20　Premiere欢迎界面

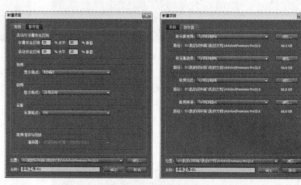

图2-21　新建项目

03 经过上一步的项目设置操作后，会弹出新建序列对话框，在对话框中可以选择所需的序列预设，如图2-22所示。

图2-22　新建序列

2.7.2　自定义设置

Premiere Pro CS5提供常用的序列预设，如果需要自定义节目设置，可以在"新建序列"对话框中切换至"常规"面板进行设置；如果在编辑过程中需要更改项目设置，可以在菜单中选择【项目】→【项目设置】→【常规】命令，在弹出的"项目设置"中进行自定义设置。

1. 项目常规设置

在项目的"常规"栏中可以对项目的名称、项目文件的保存位置、安全区域、视频与音频显示方式以及采集格式进行设置，如图2-23所示。

- 活动与字幕安全区域：用于设置活动与字幕的安全范围，确保制作影片的内容在实际播出时准确无误。
- 视频：该选项可以设置"源素材"监视器中视频时间的显示格式，其中提供了时间码、英尺+帧16毫秒、英尺+帧35毫秒与帧多种的显示格式。
- 音频：该选项可以设置音频时间的显示格式，其中分别提供了音频采样与毫秒的显示格式。
- 采集：在采集选项中主要可以设置采集的设备类型。
- 视频渲染与回放：这项功能需要显卡支持，其中主要提供了快速的预览与渲染。

图2-23 项目设置

2. 暂存盘

在"暂存盘"栏中可以设置采集视频、音频的保存路径与所创建预演文件的保存路径。

3. 序列预设

序列预设可以为用户提供预制好的编辑模式，可以根据自己的需要进行选择，如图2-24所示。

4. 序列的常规设置

在"常规"栏中可以设置编辑模式、时基、视频与音频等选项，如图2-25所示。

图2-24 序列预设

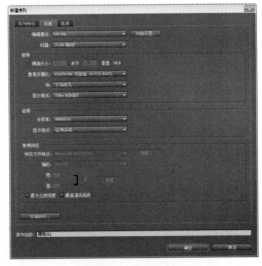

图2-25 常规设置

- 编辑模式：设置在"节目监视器"中以数字视频格式播放视频。在其下拉列表中可选择的视频格式包括AVC-Intra、AVCHD、DV-NTSC、DV-PAL与HDV等，编辑在中国播放的标清电视需要选择DV-PAL。如果编辑比较特殊的视频文件可以在下拉列表中选择"桌面编辑模式"，在其中可以根据用户的自定义设置其他选项。

- 时基：设置"序列"片段中的时间位置基准。每一个素材都有一个时基，时基决定了Premiere如何解释被输入的素材，并让软件知道输入素材的一秒是多少帧。一般情况下，电影胶片选择24帧/秒，PAL或SECAM制式视频选择25帧/秒，NTSC制式视频选择29.97帧/秒，其他可以选择30帧/秒。时基虽然是用比率表示，但是跟影片的实际回放率无关，并可影响素材在"素材"与"节目"监视器和序列等面板的表示方式。

- 视频：设置"节目"监视器显示视频素材的图像尺寸、画面的纵横比、场的类型和显示格式。

- 画面大小：该选项决定在"节目"监视器中播放视频的尺寸大小，即所要编辑的视频大小。

- 像素纵横比：设置编辑视频素材宽度与高度之间的比例。

- 场：在其中可以设置编辑影片时所使用场的方式，其中提供了"无场"、"上场优先"、"下场优先"选项。"无场"应用于非交错形式显示视频的影片，计算机操作系统采用的就是以这种方式显示视频；当编辑交错场影片时，要根据相关视频硬件显示场的奇偶顺序来选择"上场优先"或"下场优先"。

- 显示格式：在该选项中可以设置"序列"面板与"节目"监视器中"时间标尺"显示时间的方式。

- 音频：设置序列音频的采样率与显示格式。

- 采样率：该选项可以设置"序列"面板播放音频素材使用的采样率。采样率越高音频质量越好，但原素材的质量不可以通过采样率来提高。

- 显示格式：设置音频的显示格式。

- 视频预览：主要设置预览文件的格式编码等选项。

- 预览文件格式：设置预览文件的格式。

- 编码：该选项可以设置编码解码器对预览文件进行格式压缩。

- 宽/高：设置预览文件宽度与高度的像素，降低像素值可以提高预览的渲染速度，但质量也会同时下降。

- 最大位数深度：选择该复选框可以使预览输出的颜色位数深度达到最大。

- 最高渲染品质：选择该复选框可以使预览输出的品质达到最大。

5. 轨道

在"轨道"栏中可以设置视频与音频的轨道数目，如图2-26所示。

- 视频：该参数可以设置"序列"面板中编辑视频轨道数量。

- 音频：该参数可以设置"序列"面板中音频的轨道属性。

- 主音轨：该下拉列表中提供了单声道、立体声、5.1以及16声道选项，这些选项将控制音频总控器的方式。

- 单声道：设置序列面板中单声道模式的音频轨道数量。
- 单声道子混合：设置序列面板中单声道子混合模式的音频轨道数量。
- 立体声：设置序列面板中立体声模式的音频轨道数量。
- 立体声子混合：设置序列面板中立体声子混合模式的音频轨道数量。
- 5.1：设置序列面板中5.1声道模式的音频轨道数量。
- 5.1子混合：设置序列面板中5.1子混合模式的音频轨道数量。

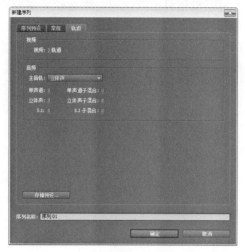

图2-26　轨道面板

2.7.3　项目面板

在创建完项目后导入需要编辑的素材，然后在项目面板便可以完成对导入素材的管理与操作。

在Premiere中，所有的素材文件与序列都被存放在"项目"面板中。在项目面板最上方是素材文件与序列的预览区域，预览区域的左侧可以通过小窗口进行播放，可以通过单击键盘的"Space"键或单击▶播放和■停止按钮预览，也可以通过拖拽小窗口下方的滑块进行预览；预览区域的右侧则显示素材或序列的基本属性，例如素材的名称、媒体格式与视频信息等，如图2-27所示。

"项目"面板的下方是文件区域，在其中可以对序列与素材文件进行导入与管理。Premiere Pro为"项目"面板提供了两种显示素材的方式，分别为列表显示和图标显示，如图2-28所示。

图2-27　项目面板

图2-28　显示方式

可以根据自己的使用习惯选择显示方式，单击"项目"窗口下方的 ▤ 列表视图与 ▣ 图标视图按钮可以切换视图的显示方式；"图标视图"的显示方式可以显示出视频与图片素材的缩略图，这种显示方式可直观地了解素材的内容，使工作人员更方便快捷地对素材进行管理与使用。

单击"项目"面板右上方的 ▤ 按钮，弹出下拉菜单，在下拉菜单中选择"视图"命令栏同样可以切换视图的显示方式，如图2-29所示。

单击"项目"面板右上方的 ▤ 按钮弹出下拉菜单，在下拉菜单中选择"缩略图"命令栏可设置缩略图显示图标的大小，如图2-30所示。

图2-29 切换显示方式

图2-30 图标显示大小

2.7.4 导入素材

Premiere Pro CS5支持大多数常见的视频、音频以及图形图像文件格式，Premiere还提供了多种文件导入方式，可以根据不同的使用习惯进行选择。

常规的导入方式需要在菜单栏中选择【文件】→【导入】命令，然后在弹出的对话框中选择需要导入的素材文件，单击打开按钮便可以将文件素材导入到项目面板；在对话框右下角位置可以通过单击"所有可支持媒体"命令按钮，并在弹出的列表中选择所需导入文件格式，此时对话框中将只显示所选择的格式，能直接选择所需格式文件，如图2-31所示。

因为常规的导入方式步骤与流程过多，所有一般在工作中很少使用，下面便介绍几种快速导入文件与素材的方式。

图2-31 导入文件

1. 文件拖拽

首先在计算机中选择所需导入的文件，然后按住鼠标"左"键拖拽至项目面板中即可。

2. 右键导入

当鼠标箭头在"项目"面板素材区域的空白位置时，可以单击鼠标右键，然后在弹出的下拉菜单中选择"导入"命令，并在弹出的"导入"对话框中选择需要导入的素材。

3. 双击导入

在"项目"面板中的空白区域双击鼠标左键，弹出"导入"对话框，在其中可以选择文件进行导入操作，此种导入方式比较快捷，在日常工作中比较常用。

4. 浏览导入

在"媒体浏览"面板中可以对计算机系统加载Premiere支持的文件，可将"媒体浏览"面板中的文件拖拽至"项目"中进行导入操作，也可以选择需要导入的文件后再单击鼠标右键进行导入选项。

因为有些格式的文件比较特殊，比如Photoshop、Illustrator等软件所创建的图层文件，当导入图层文件时，需要对导入的图层进行设置。单击"打开"按钮后会弹出"导入分层文件"对话框，如图2-32所示。单击"导入为"后方的 下箭头按钮会弹出下拉列表，其中提供了合并所有图层、合并图层、单层与序列的四种导入方式，如图2-33所示。

图2-32　导入分层文件　　　　　图2-33　导入图层方式

- 合并所有图层：将所有层合并为单层导入。
- 合并图层：选择需要的层合并进行导入。
- 单层：如果选择其中一层进行导入，导入的将是单层文件。
- 序列：当以序列方式导入图层文件时，Premiere会自动在"项目"面板中创建以图层名称命名的文件夹，将选择的图层以单层形式存放在该文件夹中，还会在文件夹中自动创建一个序列。

Premiere Pro可以导入GIF格式的动画图片文件，还可以将同一文件夹中的一组静态图片文件按照文件名顺序以图片序列的方式导入，通常是在3ds Max、After Effects、Combustion等软件中渲染产生序列文件。

在导入序列文件时可以在"项目"面板中的空白区域双击鼠标左键，然后在弹出的"导入"对话框中找到序列文件所在的存储路径，必须勾选"序列图像"选项，如图2-34所示。单击"打开"按钮将图片序列导入到"项目"面板中，图片序列导入后便会以影片的形式显示，如图2-35所示。

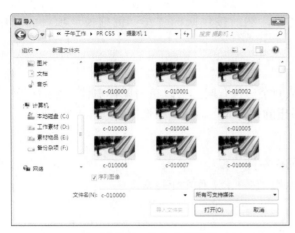

图2-34 导入序列图片

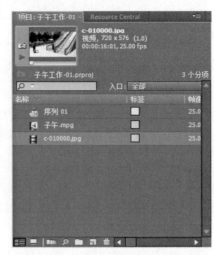

图2-35 图片序列显示方式

2.7.5 解释素材

当需要修改"项目"面板中导入素材的属性时，可以通过解释素材修改其属性。在"项目"面板中选择需要修改的素材并单击鼠标右键，在弹出的下拉菜单中选择【修改】→【解释素材】命令，解释素材对话框如图2-36所示。

- 帧速率：在"帧速率"栏中可以设置视频素材的帧速率。选择"使用文件中的帧速率"选项则使用原始影片的帧速率，还可以通过设置"假定帧速率为"的值来自定义设置帧速率，当帧速率的值改变时素材持续时间也会发生改变。

- 像素纵横比：在"像素纵横比"栏中可以设置素材宽度像素与高度像素之间的比例。当选择"使用文件中的像素纵横比"选项时则使用素材原有的像素宽高比，也可以选择"符合为"选项在下拉列表中设定素材的像素纵横比。

- 场序：在"场序"栏中可以设置素材所使用场的方式。当选择"使用文件中的场序"选项时则使用素材默认的场序方式，也可以选择"符合为"选项在下拉列表中设定素材的场序方式。

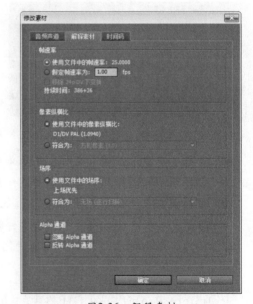

图2-36 解释素材

- Alpha通道：当导入的素材带有"Alpha通道"时，将素材拖拽至"序列"面板中时会自动识别该通道。在"Alpha通道"中以灰度表示透明度，灰度值越大透明度越高，灰度值越小透明度越低；选择"忽略Alpha通道"时Premiere将不计算通道效果；当选择"反转Alpha通道"时将反转透明效果。

2.7.6 了解素材属性

Premiere软件可以详细地分析素材属性，通过该功能可以了解素材的详细信息。在需要查看属性的文件上单击鼠标右键，弹出的下拉菜单中选择"属性"命令，将弹出"属性"对话框，如图2-37所示。

在"属性"对话框中详细地列出了所选素材的属性信息，其中包括文件路径、类型、文件大小、图像大小、像素深度与帧速率等选项。

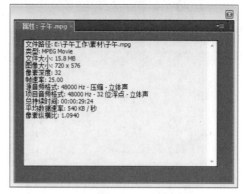

图2-37　素材属性

2.7.7 改变素材名称

在工作中导入的素材文件常常比较多，文件的名称就会显得比较乱，需要对"项目"面板中的素材名称进行管理。

在"项目"面板中单击右键选择素材，在弹出的下拉菜单中选择"重命名"命令，素材的名称会处于可编辑状态，输入新名称并在空白处单击回车键即可完成操作。也可以通过单击素材名称对素材进行重命名操作，如图2-38所示。

在"项目"面板中两个素材文件是可以重名的，重名的素材文件在编辑过程中容易混淆，要尽量避免在重命名时发生素材名称相同的情况。

图2-38　重命名素材

2.7.8 组织整理素材

在"项目"面板中可以建立素材文件夹存放与整理素材。使用素材文件夹可以将"项目"面板中的素材进行归类，更规范地管理素材，这样操作素材量极大的编辑工作时会提高工作效率。

单击"项目"面板下方的█新建文件夹按钮，会在"项目"面板中自动新建文件夹，还可以将文件夹按照所存放素材的类型进行重命名，如图2-39所示。

可以将文件、文件夹或序列拖拽导入到文件夹中，单击文件夹前方的█和█箭头按钮可以切换文件夹的收起与展开，如图2-40所示。

图2-39 新建文件夹

图2-40 管理素材

双击文件夹会弹出"文件夹"对话框，在对话框中同样可以对素材进行管理，如图2-41所示。

图2-41 文件夹对话框

2.7.9 查找素材

当编辑过程中素材量较大、素材较为混乱时，手动查找所需素材比较困难，可以根据素材的名称、属性、标签等素材信息对素材进行查找。

单击"项目"面板下方的 查找按钮，或在"项目"面板中的空白区域单击鼠标右键，然后在弹出的菜单中选择查找命令便会弹出查找对话框，如图2-42所示。

图2-42 查找对话框

- 列：在"列"选项中可以对查找素材的属性类型进行设置，可以定义查找的属性类型，分别按照素材的名称、标签、媒体类型与帧速率等进行查找。
- 匹配：可以在"匹配"下拉列表中选择关键字的匹配方式，其中提供了两种匹配方式分别为全部与任何，当勾选"区分大小写"选项时只能按照正确的大小写来进行查找。

- 目标：在查找"目标"选项中可以输入文件的名称进行查找，还能通过输入名称的关键字或输入文件格式后缀对文件进行查找操作。

在编辑过程中除了可在"项目"面板中查找素材外，还可以在序列面板中查找所使用项目面板中的素材。首先在"序列"的素材上单击鼠标右键，然后在弹出的菜单中选择"在项目中显示"命令，就可在"项目"面板中找到相对应的素材。

2.7.10 离线素材

当改变原始素材的路径、名称或原素材被删除时，在打开该项目时会弹出对话框，系统会提示查找不到素材，此时便可以通过"离线素材"功能为丢失文件重新指定路径，如图2-43所示。

可以单击"跳过"按钮忽略丢失素材，或单击"脱机"按钮建立离线文件代替原始素材。

Premiere使用直接方式进行工作，如果磁盘上的文件路径被更改或文件被删除，在"项目"面板与"序列"面板中的素材便会找不到磁盘原始文件，此时便可以建立脱机文件代替原始素材文件。

图2-43 丢失文件提示

Premiere脱机文件是指当前并不存在的素材文件占位符，可看做一种特殊的素材，能记忆丢失原始素材的信息，也可以记忆已经编辑过的信息，还可以与其他真实素材一样进行编辑操作。在找到丢失文件后并使用该文件将脱机文件替换，继续进行正常编辑。在操作时首先需要在项目面板中右键单击所需替换的脱机文件，然后在弹出菜单中选择"链接媒体"命令为脱机文件选择文件路径。

编辑过程中，有时会缺少某些素材，可以通过建立脱机文件暂时占据该素材位置，或使用脱机文件代替素材进行编辑，当找到素材后再将脱机文件替换为实际的素材。但是，建立的脱机文件必须拥有与实际素材完全相同的属性。

创建脱机文件需要在"项目"面板空白处单击鼠标右键，在弹出的菜单中选择【新建分项】→【脱机文件】命令，也可单击"项目"面板下方的🔲新建分项按钮建立"脱机文件"命令。执行该命令后会弹出"新建脱机文件"对话框，其中可对视频与音频的属性进行设置，如图2-44所示。

当对视频与音频的属性设置完成后便可执行单击"确定"按钮，此时会弹出"脱机文件"对话框，并可在其中对"脱机文件"的常规属性与时间码进行设置，如图2-45所示。

图2-44　新建脱机文件　　　　　　　图2-45　脱机文件属性设置

2.8 编辑要领

在视频编辑时编辑人员需要对前期的策划以及拍摄进行了解，才可以在后期编辑中更好地进行编辑以及创作。

2.8.1 影视制作流程

在影视制作的过程中都会按照一些基本流程进行操作，主要分为前期、中期和后期三部分，分别为前期策划、中期制作、后期输出来完成影片的制作。

1. 前期

前期的工作主要是项目的策划，在策划完成后再制定文案或脚本，有些项目还需要手绘分镜，然后才可按照设定进行收集素材，如果没有相关素材就需要进行实拍素材。

2. 中期

中期主要是制作的过程，需要对素材进行整理或对拍摄素材采集，接下来是对素材的编辑。在编辑过程中，首先需要进行粗剪，然后再进行精剪操作，在编辑完成后，便会对文件进行测试输出。

3. 后期

后期主要是客户的审核与修改，在影片制作完成后，会输出带有角标的测试影片，当客户审核后会提出修改意见，在进行修改后客户终审完成即可将影片高质量输出完成工作。

2.8.2 常用快捷键

在编辑过程中，常会通过快捷键进行操作，快捷键可以大大地提高工作效率，下面对常用的快捷键进行介绍。

1.文件管理与操作

文件管理与操作的快捷键见表2-1所示。

表2-1　快捷键

Ctrl+O	打开项目
Ctrl+Shift+W	关闭项目
Ctrl+S	储存
Ctrl+Shift+S	储存为
Ctrl+Z	撤销
Ctrl+Shift+Z	重做
Ctrl+X	剪切
Ctrl+C	复制
Ctrl+V	粘贴
Delete	清除
Shift+Delete	波纹清除
Ctrl+A	全选

2.视频采集

视频采集的快捷键见表2-2所示。

表2-2　快捷键

G	录制
S	停止
F	快速进带
R	倒带
ESC	停止采集
Alt+数字	捕获第几帧静止画面

3.时间线操作

时间线操作的快捷键见表2-3所示。

表2-3　快捷键

+ -	时间单位缩放
\	全部素材显示
V	移动编辑工具
C	剪切工具
N	剪切出入点
Z	时间单位放大镜工具
H	平移观看时间线
空格	播放或停止
J	倒放
Alt+]	设置工作区在编辑线的结尾

4. 字幕操作

字幕操作的快捷键见表2-4所示。

表2-4　快捷键

F9	字幕快捷键
Shift+左右键	在插入光标前后单字选择
Shift+上下键	向上下一行一行选择
Alt+上下键	行距一个单位调整
Alt+左右键	字距一个单位调整
Ctrl+Alt+左右键	字体以小单位数量缩放
Ctrl+Shift+Alt+左右键	字体以大单位数量缩放

2.9　本章小结

本章先对Premiere Pro CS5的软件历史、简介、新增功能、运行环境和软件安装进行讲解，然后又对软件工作的基本操作和编辑要领进行讲解，读者在应用和学习前对Premiere软件有所了解。

2.10　习题

1. Premiere是哪个公司开发的?
2. Premiere Pro CS5的主要新功能有哪些?
3. Premiere Pro CS5对操作系统的要求有哪些?
4. 新建项目的重要性有哪些?
5. 如何对Premiere进行自定义设置?
6. 常规的导入方式有哪些?

第3章
菜单命令

本章主要介绍Premiere Pro CS5的菜单命令，包括文件菜单、编辑菜单、项目菜单、素材菜单、序列菜单、标记菜单、字幕菜单、窗口菜单和帮助菜单等。

在Premiere Pro CS5中共有9组菜单选项，菜单中的命令包括对视频文件的导入、导出和对软件界面及窗口界面的设置等功能，其中大部分的命令都可以通过单击鼠标左键进行选择。

3.1 文件菜单

　　文件菜单中的命令主要包括对视频文件的导入、输出和对所编辑工程文件的打开与储存等命令。在文件菜单的下拉菜单左侧是命令的名称，右侧为该命令的快捷键，当在命令名称后方出现带有"..."符号的时候，选择该命令将会自动弹出对话框，选择带有"▶"符号的命令可以弹出该项目的子菜单，如图3-1所示。

- 新建："新建"命令主要提供了"项目"、"序列"与"文件夹"等选项，其中的命令主要是方便编辑与管理素材。"新建"命令的子菜单选项如图3-2所示。

图3-1　文件菜单　　　　　　　　　　图3-2　新建菜单

- 打开项目："打开项目"命令主要提供了打开Premiere项目文件的功能，当选择该命令时将会弹出"打开项目"对话框，选择需要编辑的节目文件再单击"打开"按钮便可将Premiere项目文件打开，如图3-3所示。
- 打开最近项目：当鼠标移动到"打开最近项目"命令上时，以往编辑过的节目文件将以子菜单的方式显示，最近时间编辑过的节目文件将排列在子菜单最上方，单击选择便可以打开项目文件，从而方便选择操作。
- 在Bridge中浏览：选择"在Bridge中浏览"命令将打开Adobe Bridge窗口，在Adobe Bridge窗口中可以组织、浏览和寻找所需资源。
- 关闭项目：可以关闭当前的节目文件，Premiere软件将回到"欢迎使用Adobe Premiere Pro"界面。
- 关闭：可以将Premiere软件的窗口关闭，当一直重复选择该命令时Premiere软件中的窗口将依次被关闭。

- 存储："存储"当前Premiere编辑的影音项目文件。
- 存储为：将当前所编辑的节目文件保存为另一个项目文件，还可以在弹出的对话框中设置存储路径与存储名称，如图3-4所示。

图3-3　打开项目

图3-4　存储项目

- 存储副本：将当前项目文件进行复制，然后存为另一个文件进行备份。
- 返回：将当前已经编辑过的项目文件恢复到最后一次储存的状态。
- 采集：选择"采集"命令将会弹出"采集"面板，在其中可以设置采集的格式等，但采集需要硬件支持才可以对模拟或DV设备进行采集。"采集"面板中主要有三部分内容，分别为中心的"采集预览"区域、底部位置的"采集控制"区域、右侧位置的"记录设置"区域，如图3-5所示。

图3-5　采集面板

　　"记录"模块中主要提供了设置、素材数据、时间码、采集信息的卷展栏，控制采集类型与名称等操作项目；"设置"模块中主要提供了采集设置、采集位置和设备控制器的卷展栏，控制使用何种采集格式与压缩解码，还可以设置视频与音频的存储位置，设置使用哪种采集设备进行工作，如图3-6所示。

- 批采集：通过指定模拟或DV设备输入素材的入点和出点进行自动的多段采集。
- Adobe 动态链接：可以让Premiere与After Effects有机地结合起来，使专业的后期人员工作更加方便、快捷。
- 转到Adobe Story：是一个由Adobe公司开发的合作脚本工具，它可以创建、导入和编辑脚本。
- 从媒体浏览器导入：需要先在"媒体浏览"面板中选择素材，才可以在菜单中选择"从媒体浏览器导入"命令进行导入素材。
- 导入：将文件素材导入到Premiere软件中。当选择该命令时会弹出"导入"对话框，在对话框中可以选择需要导入的素材文件；当需要导入图片序列时需要勾选"序列图像"选项，如果没有勾选该选项导入的将是单张图片文件。选择素材文件完毕后，单击"打开"按钮便会将文件素材导入到Premiere软件中，如图3-7所示。

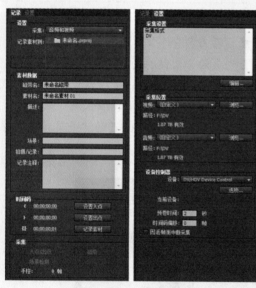

图3-6　记录与设置模块

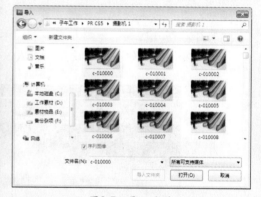

图3-7　导入文件

- 导入最近使用文件：当鼠标移动到"导入最近使用文件"命令上时，以往工作中所导入的文件将会以子菜单形式显示，而最近时间导入的文件将列在子菜单最上方显示。
- 导出：对编辑完成的序列进行输出操作，在导出命令中可以设置最终输出的节目类型与格式。
- 获取属性：当鼠标移动到"获取属性"命令上时会弹出"文件"和"选择"的子菜单，如图3-8所示。

文件(F)...
选择(S)...　　Ctrl+Shift+H

图3-8　获取属性子菜单

选择"文件"命令会弹出"获取属性"对话框，在其中可以选择需要查看属性的文件，如图3-9所示。单击"打开"按钮会弹出"属性"对话框，其中显示了所选文件的属性，如图3-10所示。

图3-9　选择文件

图3-10　属性对话框

执行"选择"命令前需要先在"项目"面板中选择素材文件，再执行"选择"命令将弹出"属性"对话框，其中显示了所选素材文件的属性信息，如图3-11所示。

图3-11　属性对话框

- 在Bridge中显示：执行该命令前需要先在"项目"面板中选择素材文件，然后再执行"在Bridge中显示"命令，所选的素材文件将会在Adobe Bridge窗口中显示。
- 退出：执行"退出"命令时将退出Premiere Pro CS5编辑软件。

3.2 编辑菜单

"编辑"菜单中提供了"撤销"、"重做"、"剪切"与"复制"等常用的命令。因为这些命令在编辑节目的过程中使用率高，所以最好养成用快捷键操作的习惯来提高工作效率。编辑菜单如图3-12所示。

- 撤销："撤销"命令主要用于存在有错误操作时恢复到上一步的操作。
- 重做："重做"命令是在"撤销"命令基础上执行的，"重做"命令可以把所编辑的节目文件恢复到执行"撤销"命令的上一步。
- 剪切：将选择的内容剪切掉，但内容并没有被真正删除而是被保存到剪贴板中，可以供再次粘贴使用。
- 复制：可以是将选择的内容进行拷贝操作，对原有的内容不进行任何修改。
- 粘贴：可以将剪切或复制到剪切板中的内容粘贴到指定区域中。
- 粘贴插入：可以将剪切或复制到剪切板中的序列素材粘贴插入到指定序列区域中，

而且不会对序列上的素材进行覆盖，序列上的素材将会自动向后进行移动操作。

- 粘贴属性：在对序列上素材进行剪切、复制操作时可以把素材效果、透明度值、运动设置等属性复制给另一个素材。
- 清除：将所选择的内容进行删除处理。
- 波纹删除：可以删除两个编辑之间的素材，并将后方素材向前移动，从而填补这个空隙，还可以用来删除两个编辑素材之间的空隙。
- 副本：需要先在项目面板中选择素材再执行该命令，在项目面板中将创建出该素材的副本。
- 全选：执行"全选"命令将对项目面板中的所有素材进行选择。
- 取消全选：执行"取消全选"命令将取消对窗口中所有素材的选择。
- 查找：选择"查找"命令会弹出"查找"对话框，在对话框中可以通过输入名称的方式查找相应素材，还可以通过设置"列"与"操作"选项完成不同的查找方式，如图3-13所示。

图3-12　编辑菜单　　　　　　　　　图3-13　查找对话框

- 查找面：使用"查找面"命令可以通过过滤文件夹内容的方式对使用素材进行查找。
- 标签：可以在"标签"命令弹出的子菜单中选择颜色来设定项目面板中素材后方标签的颜色。其中子菜单中的"选择标签组"命令可以选择与选中素材标签颜色相同的所有素材。标签命令的子菜单如图3-14所示。
- 编辑原始资源：使用"编辑原始资源"命令可以在计算机中快速地预览原始文件。

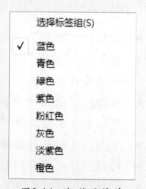

图3-14　标签子菜单

- 在Adobe Audition中编辑：Premiere Pro CS5可以对选择素材中的音频或音频文件进行提取，然后在Adobe Audition中进行再次编辑，但是需要预先安装Adobe Audition软件才可以使用该命令。
- 在Adobe Soundbooth中编辑：使用"在Adobe Soundbooth中编辑"命令可以将素材中的音频或音频文件链接到"Adobe Soundbooth"中进行编辑。
- 在Adobe Photoshop中编辑：使用"在Adobe Photoshop中编辑"命令可以将Premiere Pro CS5中的图像文件使用Adobe Photoshop软件进行编辑。
- 键盘自定义：使用"键盘自定义"命令可以根据个人使用习惯来对Premiere软件的应用、面板以及工具进行快捷键设置，如图3-15所示。
- 首选项："首选项"命令可以对常规、界面、音频与音频硬件、音频输出映射、自动存储、采集、设备控制器、标签色、默认标签、媒体、内存、播放设置、字幕与修整参数进行设置，从而控制计算机硬件与Premiere Pro CS5的系统性能，如图3-16所示。

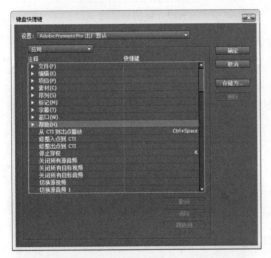

图3-15　键盘自定义

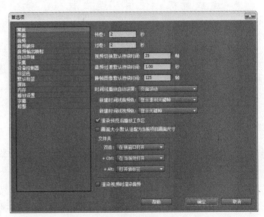

图3-16　首选项

3.3　项目菜单

　　"项目"菜单中提供了"项目设置"、"链接媒体"、"造成脱机"及"自动匹配序列"等命令，主要针对项目进行管理与设置，如图3-17所示。

- 项目设置：使用"项目设置"命令可以在工作过程中对节目设置进行修改，可以对常规与暂存盘中的参数进行设置，如图3-18所示。
- 链接媒体：使用"链接媒体"命令可以为"造成脱机"后的素材重新指定到硬盘中的素材，如图3-19所示。

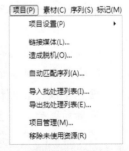

图3-17　项目菜单

53

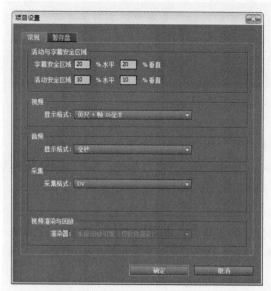

图3-18 项目设置

图3-19 链接媒体对话框

- 造成脱机：使用"造成脱机"命令时，需要首先在项目面板中选择素材，然后使用"造成脱机"命令弹出"造成脱机"对话框，在其中可以设置媒体选项类型，如图3-20所示。

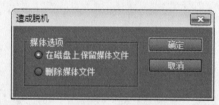

图3-20 造成脱机

当被选择的文件变成脱机文件时，切换至"在磁盘上保留媒体文件"类型，原素材将会保留在硬盘上；切换至"删除媒体文件"类型，原素材将会被删除。

- 自动匹配序列：使用"自动匹配序列"命令可以将项目面板中的素材自动匹配到序列上。
- 导入批处理列表：使用"导入批处理列表"命令可以将记录了磁带号、入点、出点、素材名称以及注释信息的TXT文件或CSV文件导入到项目面板中。
- 导出批处理列表：使用"导出批处理列表"命令可以将项目面板中的信息输出为批处理列表文件。
- 项目管理：当选择"项目管理"命令时将会弹出"项目管理"对话框，在对话框中可以设置素材源、生成项目与项目目标的选项，将当前节目文件中所使用的素材和节目文件另存到对话框所设置的路径中，如图3-21所示。

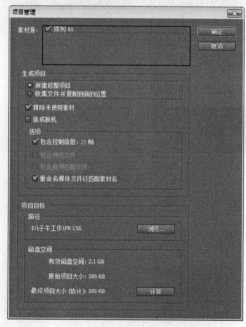

图3-21 项目管理

● 移除未使用资源：使用"移除未使用资源"命令可以将"项目"面板中没有在 "序列"面板中使用的素材删除。在"项目"面板中素材较多难以管理的时候， 可以通过该命令将未使用的素材进行移除。

3.4 素材菜单

"素材"菜单中包含了"重命名"、"制作子编辑"、"编辑子编辑"及"脱机编 辑"等命令，其中包含了大多数编辑视频素材文件的命令，如图3-22所示。

● 重命名："重命名"命令用于更改项目面板与序列上的素材名称，不会修改到原 素材的名称，使用该命令可以便于在编辑过程中管理素材。

● 制作子编辑："制作子编辑"命令用于将项目面板中所选择的素材显示为一个有 媒体文件组成的其他素材文件。

● 编辑子编辑：选择"编辑子编辑"命令会弹出"编辑子编辑"对话框，在对话框 中可以设置所需要编辑的开始时间与结束时间，还可以通过勾选"转换为主编 辑"选项将其转换为主编辑，如图3-23所示。

图3-22 素材菜单

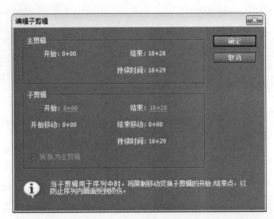

图3-23 编辑子编辑

● 脱机编辑：在使用"脱机编辑"命令时，需要先在"项目"面板中选择脱机文件 素材后再执行该命令，执行该命令会弹出"脱机编辑"的对话框，在对话框中可 以设置常规与时间码等参数，如图3-24所示。

- 源设置："源设置"命令可以用于设置Premiere Pro CS5软件在采集素材时的格式。
- 修改：选择"修改"命令会弹出子菜单，子菜单中提供了"音频声道"、"解释素材"与"时间码命令"。选择子菜单中的命令可以弹出"修改素材"对话框，在对话框中可以对素材属性进行修改，如图3-25所示。

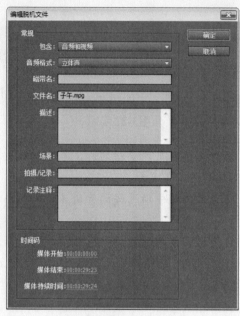

图3-24 编辑脱机文件   图3-25 修改素材

- 视频选项：当选择"视频选项"命令时会弹出子菜单，子菜单中包括了"帧定格"、"场选项"、"帧混合"与"缩放为当前画面大小"命令，如图3-26所示。
  - 帧定格：使素材的入点、出点或0标记的帧保持静止，视频素材将以静止帧显示，帧定格选项对话框如图3-27所示。

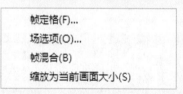

图3-26 视频选项子菜单   图3-27 帧定格选项

  - 场选项：播放视频设备对场的要求是不同的，如果场设置错误会造成视频在播放时闪烁。"场选项"命令可以对编辑素材的场进行处理，使视频在输出观看时避免闪烁，场选项的对话框如图3-28所示。
  - 帧混合：使序列上选中素材的视频前后帧之间交叉重叠。
  - 缩放为当前画面大小：在序列上选中一段素材，选择该命令后所选中的素材在节目监视窗口中自动满屏。
- 音频选项：选择"音频选项"命令会弹出子菜单，子菜单中包含了"音频增益"、"拆解为单声道"、"渲染并替换"与"提取音频"命令，其中的命令主要控制音频的音量与立体声等，如图3-29所示。

> 音频增益：在"序列"上选中一段音频素材，执行该命令会弹出"音频增益"
> 对话框，在对话框中可以调节音频的强弱，如图3-30所示。

图3-28　场选项对话框　　　图3-29　音频选项子菜单　　　　　　图3-30　音频增益

> 拆解为单声道：需要在"项目面板"中选择双声道的音频文件，然后执行该命
> 令可以将双声道的音频文件分离为两个单声道的音频文件，原始的音频文件不
> 会被删除。

> 渲染并替换：需要在序列上选中带有音频的视频文件或音频文件的素材，然后
> 执行该命令可以将其中的音频素材渲染并输出到节目文件的保存路径下，序列
> 上音频素材将会被输出的音频素材所替换。

> 提取音频：在项目面板中选择带有音频的视频文件或音频文件，然后再执行该命
> 令会将音频文件输出到节目文件的保存路径下，并会自动添加到项目面板中。

● 分析内容："分析内容"命令用于将在项目面板选中的素材文件进行渲染编码。

● 速度/持续时间：需要在"项目"面板或"序列"上先选择素材，然后执行此命令。
该命令中主要提供了对所选素材播放速度的调节与倒放等操作，如图3-31所示。

● 移除效果："移除效果"命令用于将在编辑过程中所添加的效果进行移除，当执
行该命令时会弹出"移除效果"对话框，在其中可以对所要移除效果的类别进行
选择，如图3-32所示。

图3-31　速度/持续时间　　　　　　　图3-32　移除效果

● 采集设置："采集设置"命令可以设置Premiere Pro CS5在采集素材操作时素材的
格式。

● 插入："插入"命令可以将在"项目"面板中选择的素材插入到序列上，如果时
间标记在一段素材上，就会将这段素材裁切为两段，再将所选素材插入到这两段
素材中间。

- 覆盖："覆盖"命令可以将在"项目"面板中所选择的音频素材或带有音频信息的视频素材覆盖到时间标记处，覆盖命令只可以对音频素材进行覆盖操作。
- 替换素材："替换素材"命令可以将"项目"面板中使用的素材进行替换。首先需要在"项目"面板中选择需要替换的素材，然后执行该命令并在弹出的对话框中选择替换的目标素材即可，如图3-32所示。
- 启用：在"序列"面板中选择素材执行"启用"命令可以切换素材在"节目监视器"中的显示。
- 解除视音链接："解除视音链接"命令可以在编辑过程中将"序列"面板中带有音频信息的视频素材的视频与音频解锁，这样可以对视频与音频进行独立编辑。当在"序列"中同时选择了独立的视频与音频文件时，该命令会显示为"链接视频和音频"，可以将视频和音频重新链接。
- 编组：使用"编组"命令可以将在"序列"面板中选中的素材进行链接操作。
- 解组：使用"解组"命令可以将进行"编组"的素材取消链接。
- 同步：使用"同步"命令可以将在"序列"中选择的一段视频素材与一段音频素材进行对齐操作。在序列上选择素材后，执行该命令会弹出"同步素材"对话框，在其中可以设置素材的同步方式，如图3-34所示。

图3-32 替换素材

图3-34 同步素材

- 嵌套：使用"嵌套"命令可以将选中的素材创建为一个整合序列，在"项目"面板中会自动创建"嵌套序列"，从而方便了多组素材的编辑操作。
- 多机位："多机位"编辑在商业项目与民用项目等领域的要求不断提高，许多专业电视人员对这项工作是通过"视频切换机"或"特技机"来完成的，而普通的民用编辑只能通过非线编辑软件胜任这项工作。

3.5 序列菜单

序列菜单中提供了"序列设置"、"渲染工作区域内的效果"及"渲染完整工作区域"等命令，如图3-35所示。

- 序列设置："序列设置"命令可以设置当前序列的属性,首先在"项目"面板或"序列"面板中选择素材,然后执行该命令会弹出"序列设置"对话框,在对话框中可以对序列的视频与音频等属性参数进行设置,如图3-36所示。

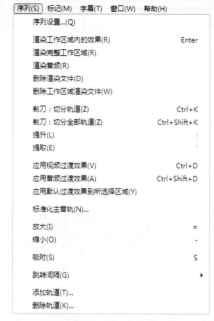

图3-35 序列菜单

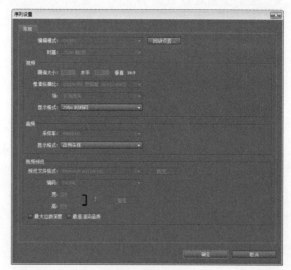

图3-36 序列设置

- 渲染工作区域内的效果:该命令使用内存将工作区域内素材的效果进行渲染并预览,主要用于快速预览编辑素材的效果。
- 渲染完整工作区域:使用"渲染完整工作区域"命令可以将整个工作区域进行渲染并预览,主要用于预览编辑素材的效果。
- 渲染音频:使用"渲染音频"命令可以将序列上的音频素材进行渲染预览,主要用于预览编辑后音频素材的效果。
- 删除渲染文件:使用"删除渲染文件"命令可以将使用内存渲染预览的文件进行删除。
- 删除工作区渲染文件:使用"删除工作区渲染文件"命令可以将使用内存渲染预览工作区内的文件进行删除。
- 剃刀:切分轨道:使用"剃刀:切分轨道"命令可以将在"序列"面板中"音频1"轨道上的音频素材在"时间标记"处进行切割操作,使所有"时间标记"处的音频素材被切割为两段。
- 剃刀:切分全部轨道:"剃刀:切分全部轨道"命令可以将在"序列"面板中所有轨道上的素材在"时间标记"处进行切割操作,使所有"时间标记"轨道位置上的素材都被切割为两段。
- 提升:"提升"命令是将"序列"面板中激活轨道上素材在入点到出点之间的部分进行删除操作,可以保留素材之间的空隙。删除的部分会被复制到剪切板中,可以在使用时通过"Ctrl+V"快捷键进行粘贴。

- 提取："提取"命令是将"序列"面板中轨道上的素材，在入点到出点之间的部分进行删除操作，不会保留素材之间的空隙。删除的部分会被复制到剪切板中，可以在使用时通过"Ctrl+V"快捷键进行粘贴。

- 应用视频过渡效果：使用"应用视频过渡效果"命令可以对选择相邻的两段素材之间添加"交叉叠化"视频切换效果，在播放时可以使素材之间的过渡更加柔和。

- 应用音频过渡效果：使用"应用音频过渡效果"命令只可以对激活轨道进行操作，执行"应用音频过渡效果"命令需要把"时间标记"移动到一段音频素材的开头或末尾区域，执行该命令后可以在音频素材的开头或末尾自动添加"恒定功率"音频过渡效果。

- 应用默认过渡效果到所选区域："应用默认过渡效果到所选区域"命令是在两个素材之间添加默认过渡效果，此命令适用于音频与视频，但两个素材必须在同一视频或音频轨道上，且之间不可以有空隙必须完全接合。

- 标准化主音轨："标准化主音轨"命令主要用于在编辑时统一多段音频的声音大小，也可以用来调节单段音频的声音大小，如图3-37所示。

图3-37　标准化主音轨

- 放大：使用"放大"命令可以将"时间标尺"放大显示，便于在编辑精细影片时对素材的操作。

- 缩小：使用"缩小"命令可以将"时间标尺"缩小显示，便于对素材的查找。

- 吸附：开启"吸附"命令可以使素材在靠近边缘的地方自动向边缘方向吸附。

- 跳转间隔："跳转间隔"命令主要提供了在编辑过程中"序列"面板的快速跳转功能，通过选择该命令会弹出子菜单，其中提供了不同的跳转功能。

- 添加轨道：执行"添加轨道"命令会弹出"添加视音轨"对话框，在对话框中可以设置添加视频与音频轨道的数量及放置位置等参数，如图3-38所示。

- 删除轨道："删除轨道"命令用于删除多余的视频与音频轨道，执行该命令会弹出"删除轨道"对话框，在对话框中可以设置所删除的视频与音频轨道的类型，如图3-39所示。

图3-38　添加视音轨

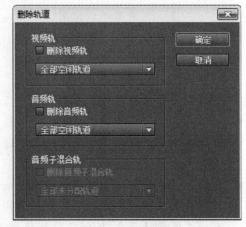

图3-39　删除轨道

3.6 标记菜单

"标记"菜单中包括了对"素材"监视器与序列进行标记设置的所有命令。在操作过程中，可以在监视器面板中通过按钮与鼠标右键进行标记设置。"标记"菜单如图3-40所示。

- 设置素材标记：选择"设置素材标记"命令可以对"素材"监视器面板中的素材进行标记设置，执行该命令弹出的子菜单如图3-41所示。
  - ➢ 入点：设置素材视频和音频的入点。
  - ➢ 出点：设置素材视频和音频的出点。
  - ➢ 视频入点：设置素材视频的入点。
  - ➢ 视频出点：设置素材视频的出点。
  - ➢ 音频入点：设置素材音频的入点。
  - ➢ 音频出点：设置素材音频的出点。
  - ➢ 未编号：设置没有序号的标记点。
  - ➢ 下一有效编号：在"时间标记"处设置有效编号。
  - ➢ 其它编号：可以设置自定义编号的标记点。
- 跳转素材标记：使用"跳转素材标记"命令可以使"时间标记"快速转到"素材"监视器标记点的下一个标记点或前一个标记点，还可以使"时间标记"跳转到"素材"监视器的入点或出点，以及制定序号的素材标记点。
- 清除素材标记："清除素材标记"命令用于清除设置的"素材"监视器标记点，可以清除时间标记所在位置的标记点，以及制定序号的素材标记点。
- 设置序列标记：选择"设置序列标记"命令可以对"节目"监视器面板中的素材与序列进行标记设置。执行该命令弹出的子菜单如图3-42所示。

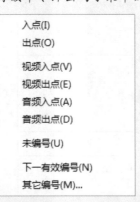

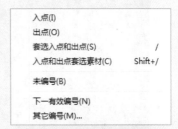

图3-40　标记菜单　　　　图3-41　设置素材标记子菜单　　　图3-42　设置序列标记子菜单

- ➢ 入点：设置序列标记点的入点。
- ➢ 出点：设置序列标记点的出点。
- ➢ 套选入点和出点：设置在序列上框选素材最前方位置的开头为入点，最后方素材的结尾为出点。

> ➤ 入点和出点套选素材：只对当前激活的"视频"与"音频"轨道中的视频或音
> 频素材有效，且优先对视频素材进行标记。当"时间标记"移动到素材上时，
> 将该素材的开头设置为入点，素材的结尾设置为出点。
> ➤ 未编号：设置无序号标记点。
> ➤ 下一有效编号：系统根据已有的标记点序号，在"时间标记"处自动设置下一
> 个标记点的序号。
> ➤ 其它编号：设置自定义编号的标记点。

● 跳转序列标记："跳转序列标记"命令可以使"时间标记"快速转到序列的标记
点的下一个标记点或前一个标记点，还可以使"时间标记"跳转到序列的入点或
出点，以及制定序号的素材标记点。

● 清除序列标记："清除素材标记"命令用于清除设置的序列标记点，可以清除时
间标记所在位置的标记点和所有标记点，还有素材标记的入点和出点及制定序号
的素材标记点。

● 编辑序列标记：使用"编辑序列标记"命令可以对"时间标记"选项中的"序列
标记"进行属性编辑。

● 设置Encore章节标记："设置Encore章节标记"用于设置Encore章节标记，执行
该命令会弹出"标记"对话框，在对话框中可以设置标记的名称、持续时间等选
项，如图3-43所示。

● 设置Flash提示标记："设置Flash提示标记"用于设置Flash的标记，执行该命令会
弹出"标记"对话框，在对话框中可以设置Flash提示标记的名称、持续时间及提
示点类型等选项，如图3-44所示。

图3-43　设置Encore章节标记对话框

图3-44　设置Flash标记对话框

3.7 字幕菜单

"字幕"菜单中提供了创建字幕与设置字体、风格设置等操作，字幕菜单如图3-45 所示。

● 新建字幕：选择"新建字幕"命令会弹出其子菜单，在子菜单中可以选择创建字幕的类型，Premiere中提供了常用的类型有静态字幕、滚动字幕、游动字幕等，如图3-46所示。

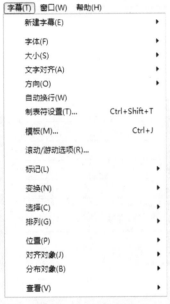

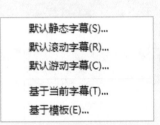

图3-45 字幕菜单　　　　　　　　图3-46 新建字幕子菜单

● 字体："字体"命令用来设置所创建字幕的字体，当鼠标移动到该命令上时，将弹出计算机中所安装字体的文件下拉列表，在此列表中可以选择所需的字体。

● 大小："大小"命令中提供了设置所创建字幕的大小功能，当鼠标移动到该命令时会弹出下拉子菜单，在子菜单中可以选择预设的文字大小，如图3-47所示。还可以通过选择"其他"命令设置自定义的文字大小，选择该命令后会弹出"字体大小"对话框，在其中可以输入所需的字体大小，如图3-48所示。

图3-47 大小命令子菜单　　　　　　图3-48 字体大小

- 文字对齐："文字对齐"命令提供了设置字幕的对齐方式，当鼠标移动到该命令上会弹出子菜单，子菜单中提供了三种对齐方式，分别是左对齐、居中与右对齐。
- 方向："方向"命令提供了设置字幕的排列方式，当鼠标移动到该命令上时会弹出子菜单，子菜单中提供了"水平"与"垂直"两种排列方式。
- 自动换行：勾选激活"自动换行"命令，字幕中的文字会根据右侧安全框自动切换至下一行。
- 制表符设置：选择"制表符设置"命令会弹出"制表符设置"对话框，在其中可以设置制表定位符，如图3-49所示。
- 模板：选择"模板"命令会弹出"模板"对话框，在对话框中可以选择Premiere提供的字幕模板，方便用户快捷地创建字幕。
- 滚动/游动选项："滚动/游动选项"命令提供了设置滚动、游动字幕的功能，选择该命令会弹出"滚动/游动选项"对话框，在对话框中可以详细设置字幕类型与时间（帧）的参数，如图3-50所示。

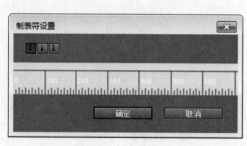

图3-49 制表符设置

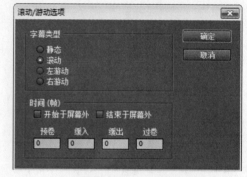

图3-50 滚动/游动选项

- 标记："标记"命令提供将图片以图标的形式插入到字幕当中，也可以将图片直接作为字幕。
- 变换："变换"命令主要提供了对位置、缩放、旋转与透明度的设置。
- 选择：当所创建的字幕发生层重叠时，可以通过"选择"命令快速准确地进行选择。
- 排列：当所创建的文字发生层重叠时，可以通过"排列"命令快速地对文字层进行排列。
- 位置："位置"命令提供了对字幕对齐方式的设置。
- 对齐对象：在使用"对齐对象"命令时，首先需要在"字幕"面板中选择多层字幕文字，然后执行"对齐对象"命令弹出子菜单，子菜单中提供了对多层字幕文字的对齐设置，如图3-51所示。

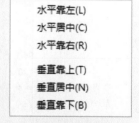

图3-51 对齐对象子菜单

  - ➤ 水平靠左：其他层以水平位置最靠近左侧的字幕层为基准进行水平对齐。
  - ➤ 水平居中：其他层以水平位置中间的字幕层为基准进行水平对齐。

> ▶ 水平靠右：其他层以水平位置最靠近右侧的字幕层为基准进行水平对齐。
> ▶ 垂直靠上：其他层以垂直位置最靠近上方的字幕层为基准进行垂直对齐。
> ▶ 垂直居中：其他层以垂直位置中间的字幕层为基准进行垂直对齐。
> ▶ 垂直靠下：其他层以垂直位置最靠近下方的字幕层为基准进行垂直对齐。

● 分布对象："分布对象"命令提供了对多层文字的间隔方式进行设置。
● 查看："查看"命令提供了"字幕"面板中显示选项的设置。当鼠标移动到该命令上时会弹出子菜单，在子菜单中可以对字幕安全框、动作安全框、文本基线、跳格标记与显示视频的显示进行设置。

3.8 窗口菜单

"窗口"菜单主要提供了对Premiere Pro CS5工作区的显示或隐藏设置，窗口菜单如图3-52所示。

● 工作区："工作区"命令提供了Premiere软件界面布局设置，其中为不同用途的用户提供了多种预设，还可以根据自己使用习惯定义工作界面。
● 扩展："扩展"命令提供了显示Premiere Pro CS5扩展面板的功能。
● VST编辑器：选择"VST编辑器"命令会显示"VCT编辑"的面板。
● 主音频计量器：选择"主音频计量器"命令会显示"主音频计量器"面板，其中主要提供了监视音频的音量功能。
● 事件：选择"事件"命令可以切换至面板到显示状态。
● 信息：当"信息"面板被关闭时，选择"信息"命令会开启"信息"面板；当"信息"面板未被关闭时，选择该命令会切换至该面板，主要用于显示选择素材的基本信息。
● 修整监视器：选择"修整监视器"命令会显示"修整监视器"的面板。
● 元数据：控制工作界面中是否显示"元数据"面板。
● 历史：当"历史"面板被关闭时，选择"历史"命令会开启"历史"面板，当"历史"面板未被关闭时选择该命令会切换至该面板，主要用于显

图3-52 窗口菜单

示所编辑节目文件的历史记录。

- 参考监视器：选择"参考监视器"命令会显示"参考监视器"的面板。
- 多机位监视器：选择"多机位监视器"命令会显示"多机位监视器"面板。
- 媒体浏览：当"媒体浏览"面板被关闭时，选择"媒体浏览"命令会开启"媒体浏览"面板，当"媒体浏览"面板未被关闭时选择该命令会切换至该面板，主要用于浏览素材并进行导入素材操作。
- 字幕动作：选择"字幕动作"命令会显示"字幕动作"面板，主要提供了对字幕排列方式的设置。
- 字幕属性：选择"字幕属性"命令会显示"字幕属性"面板，其中主要提供了对字幕的变换、属性、填充、描边与阴影等参数设置。
- 字幕工具：选择"字幕工具"命令会显示"字幕工具"面板，其中主要提供了创建文字与图形的功能。
- 字幕样式：选择"字幕样式"命令会显示"字幕样式"面板，其中主要提供了预览与选择文字样式的功能。
- 字幕设计器：选择"字幕设计器"命令会显示"字幕设计器"面板。
- 工具：选择"工具"命令会显示"工具"面板。
- 效果：当"效果"面板被关闭时，选择"效果"命令会开启面板，当"效果"面板未被关闭时选择该命令会切换至该面板，其中主要提供了为素材添加效果的功能。
- 序列：当"序列"面板被关闭时，可以通过选择"序列"命令将面板开启。
- 源监视器：当"源监视器"面板被关闭时，可以通过选择"源监视器"命令将面板开启，其中主要提供了对素材浏览与粗略的编辑。
- 特效控制台：当"特效控制台"面板被关闭时，选择该命令会开启"特效控制台"面板，当"特效控制台"面板未被关闭时选择该命令会切换至该面板，主要用于调节素材的运动、透明度、音量与所添加的效果参数。
- 节目监视器：当"节目监视器"面板被关闭时，选择该命令会开启"节目监视器"面板。
- 调音台：当"调音台"面板被关闭时选择该命令会开启"调音台"面板，当"调音台"面板未被关闭时选择该命令会切换至该面板，主要控制各音轨的音量。
- 选项：当"选项"面板被关闭时，选择该命令会开启"选项"面板。
- 采集：当选择"采集"命令时将开启"采集"窗口。
- 项目：当"项目"面板被关闭时，选择该命令会开启"项目"面板，当"项目"面板未被关闭时选择该命令会切换至该面板。

3.9 帮助菜单

帮助菜单中提供了Premiere Pro CS5的使用帮助，还可以链接至Adobe官方网站，寻求在线帮助与服务，并可以对软件进行注册，帮助菜单如图3-53所示。

- Adobe Premiere Pro帮助："Adobe Premiere Pro帮助"命令可以在遇到问题时链接至Adobe官方网站获取支持。

- Adobe Premiere Pro支持中心："Adobe Premiere Pro支持中心"命令可以链接至Adobe官方网站获取技术支持。

- Adobe产品改进计划：使用的用户可以向Adobe官方提出对Adobe产品的改进意见。

- 键盘：主要通过Adobe官方网站获取快捷键设置支持。

图3-53　帮助菜单

- Product Registration：使用"Product Registration（产品注册）"命令可以对Premiere Pro CS5软件进行注册。

- Deactivate：使用"Deactivate（解除注册）"命令可以解除对Premiere Pro CS5软件的注册。

- Updates："Updates（检查更新）"命令提供了对Adobe Premiere Pro CS5软件的在线检查更新。

- 关于 Adobe Premiere Pro："关于Adobe Premiere Pro"命令提供了Adobe Premiere Pro CS5的软件信息与专利和法律声明信息。

3.10　本章小结

本章主要对Premiere Pro CS5的菜单栏逐一进行介绍，为读者学习Premiere Pro CS5打下良好基础，方便后期对软件的学习。

3.11　习题

1. 当需要导入图片序列时如何操作？
2. 实时编辑硬件的作用有哪些？
3. Premiere的首选项主要内容是什么？
4. Premiere可以新建几类字幕样式？

中文版
Premiere Pro CS5
非线性编辑

第4章
常用面板与区域设置

　　本章主要介绍Premiere Pro CS5中的常用面板与区域设置以及创建
序列面板、自定义设置工作区的方法。

4.1 常用面板介绍

Premiere Pro CS5拥有非常人性化的工作面板，系统将每类操作进行了分配，所以需要对各面板的功能进行了解与掌握。

4.1.1 欢迎使用面板

启动Premiere Pro CS5时，首先出现的是Premiere Pro CS5欢迎使用界面，如图4-1所示。

1. 最近使用项目

在"最近使用项目"中提供了以往操作过的编辑文件记录，可以直接快速选择以往的编辑工程文件进入软件。

2. 新建项目

"新建项目"用于设置编辑工程前的配置，首先需要设置工程的缓存与存储文件，然后在弹出的"新建序列"面板中可以快速选择预设的编辑项目，常用的有DV-PAL标准48kHz（标清4：3）和DV-PAL宽银幕48kHz（标清16：9），如图4-2所示。

图4-1 欢迎使用界面

如果需要新建高清编辑项目，可切换至"设置"项目栏，然后将编辑模式设置为"自定义"，将时基设置为25帧/秒，视频的画面大小设置为1920×1080分辨率，像素的纵横比为方形像素（1.0），场序使用无场（逐行扫描）类型即可，如图4-3所示。

图4-2 新建标清项目

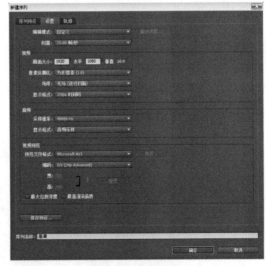

图4-3 新建高清项目

创建新项目后，可以进入Premiere Pro CS5的标准工作界面，如图4-4所示。

图4-4 工作界面

4.1.2 项目面板

项目面板位于软件界面的最左上方，主要提供了存放与管理素材的功能，可以将项目面板看作一个素材文件的管理器。在需要对某些素材进行编辑时，首先需要将素材文件导入到项目面板中。

将素材导入到项目面板中后，项目面板中会显示该素材文件的详细信息，当在项目面板选中素材时，项目面板的上方区域将显示该素材的缩略图与素材信息，如图4-5所示。

在项目面板中还可以查看素材的元数据，可以通过拖拽项目面板下方的滑块进行查看。还可以将鼠标移动到项目面板的右侧边缘处，当鼠标指针变为 图标后按住鼠标左键向右侧拖拽，可以将项目面板向右侧展开，以便查看素材的元数据，如图4-6所示。

图4-5 项目面板

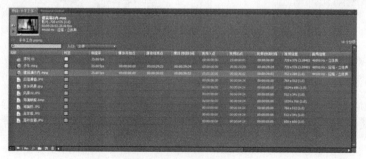

图4-6 显示元数据

4.1.3 监视器面板

Premiere Pro CS5提供了两个监视器，左侧位置的为"源素材"监视器，右侧位置的为"节目"监视器。"源素材"监视器面板主要提供了对素材的浏览与粗略的编辑，"节目"监视器面板主要提供了在"序列"面板中编辑节目的预览，如图4-7所示。

图4-7　监视器面板

在"源素材"监视器面板中可以设置素材的入点、出点，改变视频与音频素材的速度，以及设置静止图像的持续时间与设置标记等。Premiere Pro CS5还可以在"源素材"监视器面板中对音频进行精确控制，主要通过拖拽"源素材"监视器面板下方与右侧的移动条对波形进行水平与垂直的缩放，如图4-8所示。

当声音素材是双声道时，可以通过拖拽两声道之间的分割线调节显示声道波形区域的大小，如图4-9所示。

图4-8　缩放波形

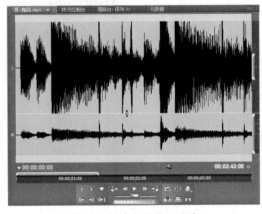

图4-9　调节波形显示区域

当编辑过程中在"序列"面板中拖动"时间标记"时，"节目"监视器将实时对素材进行播放，达到监视编辑效果的目的。同样在"节目"监视器面板中也可以设置素材的入点、出点以及设置标记等。

4.1.4 序列面板

编辑人员对素材的编辑操作大部分是在"序列"面板中完成的，也就是常说的"时间线"。在其中包含多个视频轨道与音频轨道，在序列面板中至少需要包含一个视频、音频轨道与一条主音轨，主音轨主要用于整合输出。

在"序列"面板的最上方是"时间标尺"区域，"时间标尺"主要起到度量素材时间的作用，"时间标尺"上还显示标记、序列的入点与出点等图标，如图4-10所示。

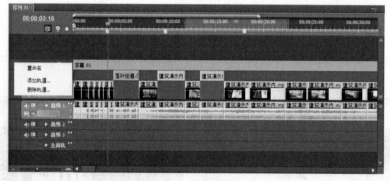

图4-10 时间标尺与标记

当视频轨道与音频轨道的数量不够使用时，可以通过拖拽素材到轨道区域的空白处，自动添加出所需的新轨道；还可以在轨道前方单击鼠标右键，在弹出的菜单中选择"添加轨道"命令进行添加，如图4-11所示。

图4-11 添加轨道

当拖拽"时间标记"浏览素材时，在"序列"面板的左上角会即时显示出素材的时间码，通过"Ctrl+鼠标左键"单击时间码可以改变素材的显示方式。时间线面板的左上角还提供了■吸附按钮、●设置Ecore章节标记按钮、■设置未编号标记按钮，在工作中是比较常用的功能。

- 吸附：可以使素材在靠近边缘地方自动向边缘方向吸附。
- 设置Ecore章节标记：可以在"时间标记"处自动创建Ecore章节标记。
- ■设置未编号标记：可以在"时间标记"处自动创建未编号标记。

4.1.5 调音台面板

Premiere Pro CS5具有专业的音频处理能力，在"调音台"面板中可以对音频进行有效的控制与调节，能实时混合各轨道的音频对象。还可以在"调音台"面板中选择相应的音频控制器进行调节，从而控制"序列"面板中对应轨道的音频对象。在"调音台"面板中不仅可以对轨道中的音频素材进行控制，并可以在其中录制音频，如图4-12所示。

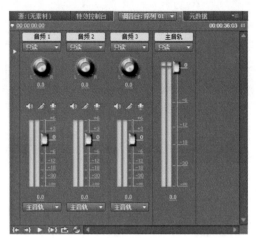

图4-12 调音台面板

4.1.6 工具面板

Premiere Pro CS5中的"工具"面板默认停靠在软件的顶部，可以在菜单栏中选择【窗口】→【工具】命令使"工具"面板在软件界面中浮动，主要对"序列"面板中编辑的影片应用，如图4-13所示。

- 选择工具：用来选择"序列"面板轨道中的片段。单击轨道中的某个片段，该素材即被选择，如果配合键盘的"Shift"键可以进行多个片段的选择。

- 轨道选择工具：单击轨道中的片段，被选择的片段以及其后面的片段将全部被选中，如果配合键盘的"Shift"键点击轨道中的片段，全部轨道中自单击位置以后的所有片段素材都会被选中。

- 波纹编辑工具：在素材裁剪的位置使用此工具，向左侧拖拽会使该片段放大，向右侧拖拽会使该片段缩短，前提是该片段必须有余量可供调节。

图4-13 工具面板

- 滚动编辑工具："滚动编辑"工具和"波纹编辑"工具类似，改变某片段的入点或出点，相邻素材的出点或入点也会相应改变，使影片的总长度不变。

- 速率伸缩工具：拖动"序列"面板轨道中片段的头部或尾部，使得该片段在出点与入点位置不变的前提下加快或减慢播放速度，从而缩短或增加时间长度。

- 剃刀工具：对"序列"面板轨道中的素材进行裁剪操作。

- 错落工具：使用此工具放在轨道里的某个片段拖动，可以同时改变该片段的出点和入点，而片段的长度将不变化，前提是出点后侧和入点前侧有一定的余量供调节使用，而相邻片段的出入点及影片长度也不变。

- 滑动工具："滑动"工具与"错落"工具功能正好相反，使用"滑动"工具放在轨道里的某个片段中拖动，被拖动片段的出入点和长度不变化，而前一相邻片段的出点与后一相邻片段的入点随之发生变化，前提是前一相邻片段出点后侧与后一相邻片段的入点前侧要有一定的余量，从而供"滑动"工具调节使用。

- ✒ 钢笔工具：在"序列"面板轨道中可以更加简便地绘制出透明等关键帧曲线。
- ✋ 手形工具：可以拖动"序列"面板轨道中的显示位置，而轨道中的片段不会发生任何改变。
- 🔍 缩放工具：在"序列"面板中直接使用会将时间标尺放大，配合键盘中的"Alt"键会将时间标尺缩小，此操作仅仅是显示操作，轨道中的片段内容不会发生任何改变。

4.1.7　历史与信息面板

"历史"面板与"信息"面板的工作内容主要是辅助影片编辑，许多用户常会通过快捷键执行此功能，所以可将此面板暂时关闭显示。

1. 历史面板

"历史"面板中主要提供了以往操作的历史记录的功能，其中记录着编辑人员的每一步操作，在出现误操作时可以通过单击选择所需返回的步骤，从而恢复到若干步前的操作；还可以将错误操作的步骤进行删除，并能通过单击"历史"面板右下角的🗑删除重做操作步骤按钮将其步骤删除，如图4-14所示。

2. 信息面板

"信息"面板中提供了显示选中素材详细信息的功能，可以显示影片像素的颜色、透明度、坐标，并能在渲染影片时显示渲染提示信息、上下文的相关帮助提示等。当拖拽图层时，还会显示图层的名称、图层轴心及拖拽产生的位移等信息，如图4-15所示。

图4-14　历史面板

图4-15　信息面板

4.1.8　效果与特效控制台面板

"效果"面板与"特效控制台"面板主要是提升素材效果与动画控制的操作区域。

1. 效果面板

Premiere Pro CS5中的所有音视频特效与切换都存放在"效果"面板中，当需要为素材添加特效与切换时，可以通过拖拽赋予的方式进行，如图4-16所示。

2. 特效控制台面板

在"特效控制台"面板可以设置视频轨道中对象的运动、透明度、时间重置与添加的效果参数，还可以设置音频轨道中音频对象的音量与添加音频效果的参数，如图4-17所示。

图4-16　效果面板

图4-17　特效控制台面板

在"特效控制台"面板中还可以为素材的效果创建动画，创建动画效果参数的前方会出现切换动画按钮。当需要为素材创建动画时，可以将"时间标记"移动到创建动画的开始帧，单击切换动画按钮记录动画的开始帧，然后将时间标记移动到所需动画的结束帧处并调节切换动画按钮后的参数，将自动记录下动画的结束帧。

4.1.9　元数据面板

在"元数据"面板中可以查看选中素材的元数据，还可以对素材的元数据进行编辑，默认的面板如图4-18所示。当在"项目"面板或"序列"面板选中素材时，"元数据"面板的显示如图4-19所示。

1. 素材

"素材"卷展栏下主要提供了查看选择素材的名称、标签、媒体类型与帧速率等信息，这些信息可以使编辑人员快速地了解素材基本信息；还可以在其中对素材的名称、磁带名、描述与备注等信息进行编辑，这些文字注释可以使编辑人员更清楚地了解素材信息。

2. 文件

在"文件"卷展栏中可以查看文件属性、基本与动态媒体等信息，在该卷展栏中同样可以编辑提交、覆盖、创建程序与描述等信息。

3. 语音分析

在"语音分析"卷展栏中可以通过链接至Adobe Media Encoder中对音频信息进行分析。

图4-18 元数据面板

图4-19 显示元数据信息

4.1.10 媒体浏览器面板

Premiere Pro CS5中的"媒体浏览器"面板可以显示计算机加载卷中所有的编辑内容，其中显示了所有Premiere Pro CS5可识别的素材文件，而屏蔽了其他不支持导入的文件，用于一些无带化摄影机素材的寻找编辑非常简单。可以从"媒体浏览器"中直接进行导入素材，也能在"媒体浏览器"中打开项目文件，如图4-20所示。

图4-20 媒体浏览器面板

4.2 创建序列面板

在Premiere Pro CS5中可以创建不同尺寸的序列文件，可以方便地在同一个项目文件中分别制作出不同尺寸的视频文件。在"新建项目"时都会先自动创建一个新的序列，在编辑过程中需要创建新序列时，可以在"项目"面板中进行操作。

在"项目"面板中单击鼠标右键，在弹出的快捷菜单中选择【新建分项】→【序列】命令，如图4-21所示。

执行该命令后会弹出"新建序列"对话框，在该对话框中可以对序列名称、序列预设等进行设置，设置完成后可以单击"确定"按钮创建新的"序列"面板，如图4-22所示。

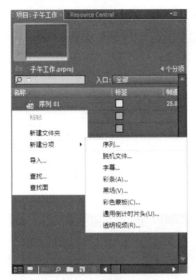

图4-21 新建序列命令

图4-22 创建新序列

在创建新的"序列"面板后，下方的"序列"面板位置将显示为多个"序列"状态，可以通过单击"序列"名称在多个序列间进行切换，如图4-23所示。

图4-23 切换使用序列

4.2.1 面板分布

Premiere Pro CS5中的"序列"面板比较简单实用，可以方便快捷地进行操作。"序列"面板主要由"音视频轨道"、"时间标尺"、"辅助工具栏"三部分组成，如图4-24所示。

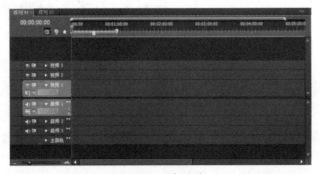

图4-24 面板分布

1. 音视频轨道

"音视频轨道"面板主要用来编辑素材片段，在编辑过程中需要配合使用"工具"面板中的工具进行编辑。往往在编辑时，轨道中会罗列多层素材，上一层的视频素材画面是覆盖在底层素材上的，在编辑时需要注意层级关系；还可以在音视频轨道面板中直接对视频的透明度与音频素材的音量进行控制。

2. 时间标尺

"时间标尺"的主要作用是计量所编辑影片的长度，在编辑时还会通过"时间标尺"计量素材片段的长度。当拖拽移动█时间标记时，序列面板右上角位置会显示当前时间标记所在的时间位置，如图4-25所示。

在"时间显示"区域可以通过使用"Ctrl+鼠标右键"单击该时间，进行时间显示方式的切换，主要有码表、秒数、帧数等，如图4-26所示。

图4-25　显示标记时间

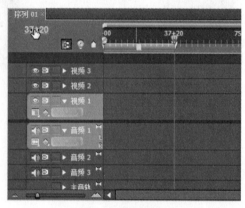
图4-26　切换时间显示

3. 辅助工具栏

"辅助工具栏"中的工具主要在时间线起到辅助编辑的作用，如图4-27所示。

● ▣吸附：在默认状态下处于激活的开启状态，拖拽调整素材长度与位置，在靠近边缘时就会向边缘的方向自动吸附对齐，从而确保影片编辑的准确性和提升制作效率，如图4-28所示。

图4-27　辅助工具栏

图4-28　自动吸附

- 设置Ecore章节标记：可以在"时间标记"位置自动创建Ecore章节标记，主要用在生成DVD时，该标记将作为章节之间的节点。在"序列"面板中设置的Ecore章节标记如图4-29所示。
- 设置未编号标记：可以在"时间标记"位置自动创建"未编号标记"，用来创建编辑时的一些记录。例如，在需要停止编辑时，可以在编辑完成的位置创建"未编号标记"，在下次编辑时可以直接找到该标记点继续进行编辑。"未编号标记"比较常用，通过设置可以快速地跳转到"未编号标记"位置进行编辑，如图4-30所示。

图4-29　设置Ecore章节标记

图4-30　设置未编号标记

4.2.2　音视频轨道面板

在音视频轨道面板中还包含有一些设置按钮，可以通过这些按钮对序列中的素材以及轨道进行控制，在音视频轨道面板中还可以为"序列"面板中添加或删除音视频轨道。

在每条音频与视频轨道前方都有对该条轨道进行设置的按钮，视频轨道与音频轨道中的有些按钮会有一些差异，如图4-31所示。

图4-31　设置按钮

- 切换轨道输出：可以用来控制该条轨道中的视频素材是否显示，在关闭该按钮时，这条轨道中的所有视频素材将不会显示，在输出操作时也不会被进行输出。
- 同步锁定开关：控制本轨道中的视频或音频素材是否需要同步处理。
- 轨道锁定开关：可以控制该轨道是否被锁定，当轨道处于锁定状态时，将不能对该轨道以及轨道内的视频素材进行编辑。
- 设置显示样式：单击此按钮会弹出快捷菜单，如图4-32所示。在菜单中可以选择设置该轨道中视频素材的显示方式，显示方式如图4-33所示。

- ◆显示关键帧：单击此按钮会弹出快捷菜单，在菜单中可以选择设置该视频轨道中显示关键帧的类型，如图4-34所示。

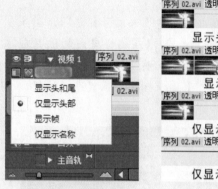

图4-32　设置菜单

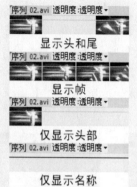

图4-33　显示方式

图4-34　显示关键帧

当设置为"显示关键帧"时，可以通过在素材片段上单击透明度后方的 ▼ 下箭头按钮，在弹出的下拉列表中选择设置在素材片段上显示关键帧的类型，如图4-35所示。

- ◀◆▶帧控制：可以控制添加、移除与跳转素材片段中的关键帧。
- ◀转到前一关键帧：当时间标记所在选择素材片段的前方有关键帧时，可以单击此帧按钮将时间标记跳转到前方关键帧的位置。
- ◆添加-移除关键帧：当时间标记所在选择的素材片段上时，可以单击此按钮在时间标记位置添加关键帧，如果时间标记处存在关键帧，单击此按钮将移除此处的关键帧。
- ▶转到下一关键帧：当时间标记所在选择的素材片段后方有关键帧时，可以单击此按钮将时间标记跳转到后方关键帧的位置。
- ▦设置显示样式：单击此按钮会弹出快捷菜单，如图4-36所示。在菜单中可以选择设置该轨道中音频素材的显示方式，显示方式分别为波形与名称两种，如图4-37所示。
- ◆显示关键帧：单击此按钮会弹出快捷菜单，在菜单中可以选择设置该音频轨道中显示关键帧的类型，如图4-38所示。

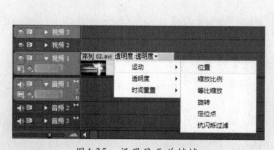

图4-35　设置显示关键帧

图4-36　设置音频显示样式

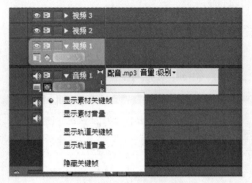

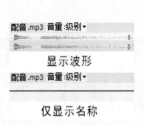

图4-37 音频素材显示方式

图4-38 显示关键帧

4.2.3 添加与删除音视频轨道

在编辑过程中，常常会因素材层的罗列而显得紧凑，而在新建"项目"时一般设置"序列"都不对轨道数量进行设置，所以在编辑时通常会需要更多的轨道。添加轨道的方法有很多，下面将介绍几种添加轨道的方式。

1. 使用序列菜单添加轨道

首先在菜单栏中选择【序列】→【添加轨道】命令，如图4-39所示。

执行"添加轨道"命令后会弹出"添加视音轨"对话框，在该对话框中可以设置添加视频与音频的轨道数量、放置位置与音频轨道的轨道类型等，如图4-40所示。

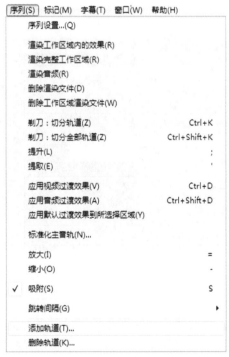

图4-39 添加轨道命令

图4-40 添加视音频对话框

设置添加数量后，单击"确定"按钮在"序列"面板中便可以添加新的视频与音频轨道，如图4-41所示。

2. 使用右键菜单添加轨道

在视频或音频轨道前方的轨道名称位置单击鼠标右键，在弹出的快捷菜单中选择"添加轨道"命令，如图4-42所示。

图4-41　添加视音频轨道

图4-42　添加轨道命令

执行"添加轨道"命令后同样会弹出"添加视音轨"对话框，在该对话框中可以设置添加视频与音频的轨道数量、放置位置与音频轨道的轨道类型等，如图4-43所示。

单击"确定"按钮后，在序列面板中便可以添加新的视频与音频轨道，如图4-44所示。

图4-43　添加视音频对话框

图4-44　添加视音频轨道

3. 拖拽素材添加轨道

在视音频轨道中或"项目"面板中选择素材，然后将选择的视音频素材向序列空白位置拖拽，即可添加新的轨道。将视频素材向上拖拽即可创建出一条新的视频轨道，将音频素材向下拖拽即可创建出一条新的音频轨道，如图4-45所示。

在拖拽完成后即可在"序列"面板中添加一条新的视频轨道，如图4-46所示。

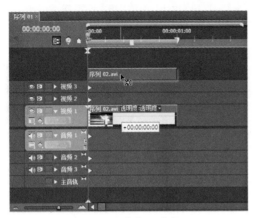

图4-45 拖拽视频素材

图4-46 创建新轨道

4.2.4 使用工具编辑素材

在对"序列"面板中的素材进行编辑时，大部分的操作是在"序列"面板中完成的，但是在编辑操作时需要配合使用"工具"面板中的工具进行编辑。"工具"面板如图4-47所示。

图4-47 工具面板

在"工具"面板中比较常用的编辑工具有剃刀工具与选择工具，这两种工具的使用比较简单。剃刀工具可以将一段素材剪裁成一段段的素材片段，而选择工具可以对素材片段进行移动与调整。

1. 使用剃刀工具编辑素材

在"工具"面板中选择剃刀工具，将剃刀工具激活，如图4-48所示，在"序列"面板中所需要裁剪的素材上单击，便可以将素材裁剪为两段，如图4-49所示。

图4-49 裁剪素材

图4-48 激活剃刀工具

2. 使用选择工具调整编辑素材

在"工具"面板中选择选择工具，将选择工具激活，如图4-50所示，然后在"序列"面板中可以使用选择工具，在

图4-50 激活选择工具

轨道中拖拽素材边缘调整素材的长度，调节时不可使该素材整体变长，只可以在该素材片段的原始素材时间长度内调整长短，如图4-51所示。

使用"选择"工具选择素材片段进行拖拽，即可调整素材片段的位置，调整时既可以在当前轨道中调整位置，还可以调整素材片段在不同轨道上的位置，如图4-52所示。

图4-51 调节素材片段长度

图4-52 调整素材片段位置

3. 使用波纹编辑工具编辑素材

可以使用"波纹编辑"工具编辑素材片段，在调节素材片段的长度时，该素材片段后方素材将自动移动填补调节的长度。

在"工具"面板中激活 ◄►波纹编辑工具，然后将光标放置在两个素材之间的连接处，可以通过拖拽鼠标调整素材的长度，而在"节目"监视器面板中将显示相邻两帧的素材。在拖动素材时只有被拖动的素材画面产生变化，与其相邻的素材画面不变化，并且素材中间不会产生空隙；在拖动最前方素材的起始帧时，素材的长度会发生变化，但起始帧位置保持不变，如图4-53所示。

4. 使用滚动编辑工具编辑素材

使用"滚动编辑"工具编辑素材片段时，可以调节两个素材片段之间连接处的位置，调节时两条素材片段的总体长度不变。

在"工具"面板中激活 ╬滚动编辑工具，然后将光标放置在两个素材之间的连接处，可以拖拽调节素材片段之间连接处的位置，也就是前方素材片段的结束帧与后方素材片段的开始帧。在拖拽调节时，"节目"监视器中将显示相邻两帧的素材，在拖动素材时相邻两帧的素材画面都会产生变化，如图4-54所示。

图4-53 波纹编辑工具

图4-54 滚动编辑工具

4.2.5 右键快捷菜单

在"序列"面板中可以通过单击鼠标右键，在弹出的快捷菜单中选择命令对素材进行编辑，快捷菜单中包含了大部分编辑的命令。通过使用快捷菜单中的命令可以使素材编辑更加方便快捷，快捷菜单如图4-55所示。

- 剪切：将选中的内容剪切掉，但内容没有被真正的删除，而是被保存到剪贴板中，可以供粘贴使用。

- 复制：将选中的内容进行拷贝，对原有的内容不进行任何修改。

- 粘贴属性：在对序列上的素材进行剪切、复制操作时，把素材的效果、透明度值、运动设置等属性拷贝给另一个素材。

- 清除：将所选的内容进行删除操作。

- 波纹删除：可以删除两个编辑之间的素材，并将后方素材向前移动来填补这个空隙，还可以用来删除两个编辑之间的空隙。

- 替换素材：可以将选择的素材片段进行替换，还可以将选择的素材片段与文件夹中的素材进行替换。

- 启用：可以切换该素材是否处于启用的状态，默认状态下所有的素材都是处于启用状态。如素材不被启用时，███时间标记移动到此处素材，在"节目"监视器面板中将不会显示该素材。

- 解除视音频链接：可以在编辑过程中将"序列"面板中带有音频信息的视频素材的素材解锁，这样可以对视频与音频进行独立编辑。当在"序列"中同时选择独立的视频与音频文件时，该命令会显示为"链接视频和音频"，可以将视频和音频重新链接。

图4-55 右键快捷菜单

- 编组：可以将多个素材片段进行编组，编组后的素材在选择时，只需要对其中任意的素材进行选择就会选择整个组，移动与调节时也是直接对组进行操作。

- 解组：可以将"编组"的素材进行解组操作。

- 同步：可以设置不同轨道中两个素材的同步，执行该命令会弹出"同步素材"对话框，在对话框中可以设置两个素材的同步点，如图4-56所示。

- 嵌套：可以将选择的素材片段混合为一段素材，但尽量在嵌套时单独对音频与视频进行嵌套操作。

- 多机位：在时间线多轨道中可以便捷地编辑多机位影片素材。

- 速度持续时间：可以调节素材片段的播放速度，还可以设置"持续时间"、"保持音调不变"等速度项目, 如图4-57所示。

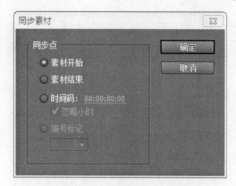

图4-56　同步素材对话框

图4-57　素材速度/持续时间对话框

- 移除效果: 可以将在"特效控制台"面板中添加的效果移除, 执行该命令后会弹出"移除效果"对话框, 在该对话框中可以设置移除效果的类型, 包括运动、透明度、视频滤镜、音频滤镜与音频音量项目, 如图4-58所示。
- 帧定格: 可以将该素材的某帧设置为定格, 执行该命令会弹出"帧定格选项"对话框, 在对话框中可以设置"定格在"的位置和"定格滤镜"与"反交错"等, 如图4-59所示。

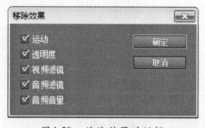

图4-58　移除效果对话框

图4-59　帧定格选项对话框

- 场选项: 可以对所选视频素材的场进行设置, 执行该命令会弹出"场选项"对话框, 在该对话框中可以对场的处理选项进行设置, 如图4-60所示。
- 帧混合: 素材片段调节"速度持续时间"后, 如果素材在播放时闪烁, 可以通过"帧混合"选项将相邻的帧进行混合, 达到消除闪烁的效果。
- 缩放为当前画面大小: 可以将所选择视频素材片段的画面大小与当前序列画面尺寸进行匹配。
- 音频增益: 可以调节音频轨道中音频素材的音量大小, 还可以通过该命令将音频素材的音量进行标准化统一处理。

图4-60　场选项对话框

- 重命名: 可以将选择的素材片段重新设置名称, 便于在后期编辑时管理。执行该命令会弹出"重命名素材"对话框, 在该对话框中输入素材名称单击确定后即可为素材重新命名。
- 在项目中显示: 可以将所选择的素材在"项目"面板中进行显示。"序列"面板与"项目"面板中的素材过多时, 可以通过"在项目中显示"命令准确地查找到

"项目"面板中的原始素材。

● 属性：可以用来查看该素材片段的属性信息，执行该命令会弹出"属性"对话框，在对话框中可以查看该素材片段的文件路径、类型、文件大小与图像大小等信息。

4.3 自定义设置工作区

在Premiere Pro CS5中可以根据编辑人员的个人工作习惯设置自定义工作区。因为不同的行业对Premiere软件的工作用途有所不同，所以对工作界面的设置需要根据自身工作需求进行。

先在Premiere软件中将各窗口根据个人使用习惯进行摆放，整理完成之后，在菜单栏中选择【窗口】→【工作区】→【新建工作区】命令，如图4-61所示。

图4-61 新建工作区

在执行"新建工作区"命令之后会弹出"新建工作区"对话框，在对话框中可以设置工作区的名称，如图4-62所示。

当需要对自定义的工作区进行删除时，可以通过在主菜单中选择【窗口】→【工作区】→【删除工作区】命令，在弹出的"删除工作区"对话框中选择并删除所创建的工作区，但不能删除当前所使用的工作区，如图4-63所示。

图4-62　设置工作区名称

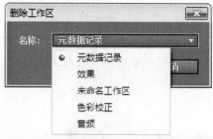

图4-63　删除工作区

4.4　本章小结

　　本章主要对Premiere Pro CS5 常用面板的使用方法进行介绍，可以使用户快速了解每个面板的功能，熟悉面板，对后期深入的学习是非常重要的。

4.5　习题

　　1. "源素材"监视器与"节目"监视器有何区别?
　　2. 如何在"序列"面板中添加时间线的轨道?
　　3. 如何解除视音频链接?
　　4. 如何调节影片素材的快慢速度?

第5章
编辑与动画设置

本章主要介绍Premiere Pro CS5中的编辑与动画设置，包括监视器面板、影片剪裁操作、动画设置、创建新元素和创建文字动画等。

Premiere是一款非线性编辑软件，可以在任何时候插入、复制、替换和删除素材片段，在编辑过程中可以将视频片段进行重新排列并为其添加效果，还可以在最终输出前进行预演。

编辑人员在Premiere中主要使用"监视器"面板与"序列"面板对素材进行编辑。"监视器"面板主要用于观看素材与对完成影片效果的查看，在其中可以为素材设置入点、出点及设置标记等操作；"序列"面板中主要用于创建序列，对素材进行解除音视频链接、裁切、复制、粘贴与重新排列等操作。

一般情况下用户还可以使用"源素材"监视器面板对素材进行编辑，在其中可以改变素材的开始帧与结束帧，还可以改变静止图像的长度。

5.1 监视器面板

"监视器"面板分为两个监视器，分别为"源素材"监视器与"节目"监视器。"源素材"监视器面板用来显示与预览"项目"面板中的素材，同时也可以对源素材进行简单的编辑；"素材"监视器面板主要用于显示导入到"序列"面板中的素材，还可以为序列设置入点与出点以及标记等，如图5-1所示。

图5-1　监视器面板

5.1.1　切换素材显示

在"源素材"监视器面板中可以通过单击上方素材标题名称或素材名称后方的 ▼ 三角按钮，在弹出的下拉菜单中可以显示已经导入到"源素材"监视器中的素材列表，可以更加快速地浏览曾被导入过的素材，如图5-2所示。

图5-2　快速浏览素材

5.1.2 安全框

　　"监视器"面板可以设置安全区域，而安全区域对于制作在电视上播放的视频非常重
要，在"源素材"监视器面板与"节目"监
视器面板中都可以开启安全框，主要通过单
击 安全框按钮来控制是否显示安全框。

　　在电视机播放视频图像时，屏幕边缘会
被切除部分图像，这种现象叫做"溢出扫
描"，所以在编辑电视机播放的视频时必须
开启安全框，从而确保对画面的分布与效果
进行准确设定。位于工作区域外侧的方框为
活动安全区域，需要将场景中的元素、主要
人物、图表等放置在活动安全区域内；位于
内侧的方框为标题安全区域，一般将标题
与字幕等放置在标题安全区域内，如图5-3
所示。

图5-3　安全框

5.1.3 原素材监视器播放控制

　　当在"项目"面板或在"序列"面板中需要观看素材时，可以通过"源素材"监视器
进行查看，双击需要查看的素材便可以在"源素材"监视器中自动地切换至该素材内容，
可以使用播放工具栏对素材的播放进行控制，如图5-4所示。

- ▶（播放）■（停止）：控制播放与
  暂停的按钮，在监视器面板中对素材
  进行播放预览与暂停预览的操作。当
  按下▶（播放）按钮时，按钮图标将
  自动切换为■（停止）按钮状态，并
  从监视器面板中 （时间标记）的当
  前位置开始播放，如需要暂停或停止
  可以通过■（停止）按钮进行控制。

- ▶（步进）：可以通过该按钮对素材
  进行逐帧播放。每单击一次该按钮就
  可以向前播放一帧，当按住"Shift"
  键单击该按钮，可以前进5帧。

图5-4　播放工具栏

- ◀（步退）：可以通过该按钮对素材
  进行逐帧倒放。每单击一次，该按钮就可以倒放一帧，当按住"Shift"键单击该
  按钮，可以倒放5帧。

- ▶（播放入点到出点）：可以通过单击该按钮对入点到出点区域之间的素材进行
  播放。

- （循环）：当该按钮处于激活状态时，在播放过程中将循环往复地对素材进行播放。

- （飞梭）：在播放按钮下方有一个可拖拽的滑块，通过这个滑块可以控制素材的播放，这个滑块被称为"飞梭"。当向右侧拖拽滑块时为正常播放，向左侧拖拽滑块时为倒放，滑块的距离将直接影响播放的速度，如图5-5所示。

- （微调）：可以看做调节播放的旋钮，通过拖拽微调旋钮对素材进行细致查看。当向右侧拖拽时为向前查看，当向左侧拖拽时为倒放查看，如图5-6所示。

图5-5　飞梭　　　　　　　　　图5-6　微调

- （时间标记）：可以通过拖拽时间标记对素材进行浏览，时间标记所处的位置为监视器显示素材的当前帧。

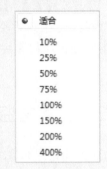

- 100% ▼（缩放列表）：在"源素材"监视器或"节目"监视器下方的下拉列表可以选择设置视频或静帧图片素材的显示大小，能放大或缩小对素材进行观察。当选择"适合"选项时，素材的显示大小将匹配当前的监视器，如图5-7所示。

图5-7　缩放列表

- 00:00:00:01（当前时间码）：监视器面板中左下角的显示时间区域会显示当前帧所在时间码，单击该区域可以通过键盘直接输入数值，改变时间的显示，素材将会自动找到输入的时间位置。

- 00:05:00（持续时间）：监视器面板中右下角的显示时间区域为显示素材入点到出点的长度，即影片的持续时间。

5.2 在其他软件中打开素材

　　Premiere具有在其他软件中打开与编辑素材的功能，通过该功能,可以在与素材相兼容的其他软件中对素材进行查看或编辑。例如，在Adobe Audition中可以对音频进行查看与编辑，还可以在Adobe Photoshop中对图像进行编辑。在其他关联的程序中对素材进行编辑并储存后，在Premiere中该素材将自动进行更新。

　　如果要在其他关联的程序中对素材进行编辑，必须保证计算机中已经安装过该程序。如果需要编辑在"项目"面板中的音频素材，可以先将音频素材进行提取再关联到Adobe Audition中进行编辑。

　　不同的素材都需要关联到其他相应的程序中才能进行编辑，在其他应用程序编辑素材时，需要先在"项目"面板或"序列"面板中选择将要进行编辑的素材，然后在"编辑"面板中选择与所选素材相关联的命令，例如，对"项目"面板中的图像素材进行编辑，则需要在菜单栏中选择【编辑】→【在Adobe Photoshop中编辑】命令。接下来可以在打开的应用程序中对素材进行编辑并在编辑后进行储存，然后再切换回Premiere软件中，经过编辑的素材将自动更新到当前素材。

5.3 影片剪裁操作

剪裁素材可以通过删除帧的方式来改变素材长度，在"源素材"监视器面板的编辑过程中，可以对素材的开始帧与结束帧进行定义，被定义开始帧的位置被称为"入点"，结束帧的位置被称为"出点"，在自定义了素材的"入点"与"出点"后，"项目"面板中的素材长度会发生改变。在"节目"监视器面板中也可以为素材设置"入点"与"出点"。

在对素材的"入点"与"出点"进行修改时，不会影响到原始素材，也就是说Premiere在编辑素材时不会对原始素材产生影响。

在编辑过程中所编辑的素材长度不会比原始素材更长，只可以通过"速度/持续时间"命令来更改素材的播放速度，通过减慢素材的播放速度可以使素材的持续时间更长，而任何素材的最短长度均为1帧。

5.3.1 使用监视器剪裁素材

在"源素材"监视器面板中每次只可以显示或剪裁一个单独的素材，如果在"源素材"监视器面板中打开过若干个素材，可以通过单击上方素材标题名称或素材名称后方的■按钮对打开的素材进行切换。

当素材在"源素材"监视器面板进行查看或剪裁时，"源素材"监视器面板中显示区域下方会显示■（仅拖动视频）和■（仅拖动音频）图标。只有■（仅拖动视频）图标处于激活状态时，说明该素材只包含视频信息；只有■（仅拖动音频）图标处于激活状态时，说明该素材只包含音频信息；当■（仅拖动视频）和■（仅拖动音频）图标都处于激活状态时，说明该素材既包含视频信息又包含音频信息，如图5-8所示。

图5-8 音视频属性显示

如果素材中同时包含视频与音频，可以通过单击按钮，在弹出的下拉列表中选择"合成视频"与"音频波形"命令来切换"源素材"监视器中的显示类型，如图5-9所示。

图5-9　切换显示类型

1. 视频入点与出点设置

一般情况下，导入到"项目"面板中的素材不会完全符合最终节目要求。如果要去掉拍摄素材中拍摄不稳定与失败的部分，这时就可以通过设置"入点"与"出点"的方式对素材进行剪裁。

在实际操作时，首先需要将"项目"面板或"序列"面板中需要剪裁的素材在"源素材"监视器面板中打开，然后在"源素材"监视器面板中可以拖动或通过播放该素材，找到需要使用片段的起始位置。

单击"源素材"监视器面板下方的按钮，可以将的当前位置设置为素材的入点，如图5-10所示。

继续播放影片或拖拽，找到所需影片的结束位置，再单击"源素材"监视器面板下方的按钮，可以将的当前位置设置为素材的出点，如图5-11所示。

图5-10　设置入点

图5-11　设置出点

可以通过 <!--icon--> （跳转到入点）与 <!--icon--> （跳转到出点）按钮使时间标记快速地移动到入点或出点。

2. 音频入点与出点设置

当所制作的节目对声音同步要求非常严格时，可以在"源素材"监视器面板右上角单击 <!--icon--> 按钮，在弹出的下拉列表中选择"显示音频时间单位"命令，可以对音频的时间单位进行更加精确的显示，方便对音频进行编辑与处理，如图5-12所示。

在为素材设置入点与出点时，如果该素材中同时包含视频与音频信息，对入点与出点中间区域的视频与音频同时有效。如果想单独把素材中的视频或音频导入到"序列"面板中，可以通过拖拽 <!--icon--> （仅拖动视频）与 <!--icon--> （仅拖动音频）图标，单独对视频或音频进行导入。

可以使用"源素材"监视器面板对音频素材进行剪裁，只需先将需要剪裁的带有音频信息的素材在"源素材"监视器中打开，然后对素材进行播放，再查找到所需音频素材的起始位置，单击 <!--icon--> （设置入点）按钮设置 <!--icon--> （时间标记）的当前位置，为素材设置入点。

继续播放素材，查找到需要音频素材的结束位置，单击 <!--icon--> （设置出点）按钮为素材设置出点。设置完成入点与出点后，可以在"源素材"监视器面板中"时间标尺"对入点与出点进行拖拽，调节入点与出点所在的时间位置，然后再单击 <!--icon--> （仅拖动音频）图标拖拽至序列面板中即完成了音频素材编辑操作，如图5-13所示。

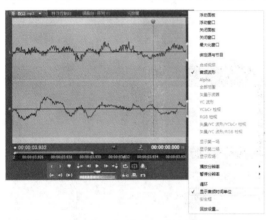

图5-12 显示音频时间单位

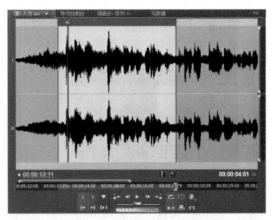

图5-13 调整入点与出点

5.3.2 使用工具剪裁素材

可以在"序列"面板中对素材进行更加复杂的精细编辑，在"工具"面板中提供了配合编辑的多种工具，通过这些工具对素材进行不同方式的编辑，下面对不同工具的编辑方式进行介绍。

1. 使用选择工具剪裁素材

在"工具"面板中激活 <!--icon--> 选择工具，然后将鼠标移动到需要缩短或拉长的素材边缘，当鼠标的光标变成 <!--icon--> 可拖拽状态时，可以通过拖拽鼠标来调整素材的长度，如图5-14所示。

调整视频与音频素材长度时，不能比原始素材的时间更长，调整完成素材长度后释放鼠标即可确定素材长度。

2. 使用波纹编辑工具编辑素材

在"工具"面板中激活 波纹编辑工具，然后将光标放置在两个素材之间的连接处，可以通过拖拽鼠标来调整素材的长度。在"节目"监视器面板中将显示相邻两帧的素材。

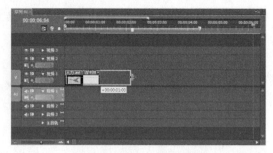

图5-14 选择工具剪裁素材

在拖动素材时只有被拖动的素材画面产生变化，与其相邻的素材画面不变而且素材中间不会产生空隙；在拖动最前方素材的起始帧时，素材的长度会发生变化但起始帧位置保持不变，如图5-15所示。

3. 使用滚动编辑工具剪裁素材

使用滚动编辑工具剪裁素材时，首先在"工具"面板中激活 滚动编辑工具，然后将光标放置在两个素材之间的连接处，可以通过拖拽鼠标调整素材的长度。

在"节目"监视器面板中将显示相邻两帧的素材，在拖动素材时相邻两帧的素材画面都会产生变化，两个素材的时间总长度不会发生变化。当拖拽素材之间连接位置调整素材长度时，如果一个素材的时间长度发生变化，另一个素材将自动调节素材的时间长度保证素材之间不会出现空隙，如图5-16所示。

图5-15 波纹编辑工具编辑素材

图5-16 滚动编辑工具剪裁素材

4. 使用速率伸缩工具剪裁素材

在"工具"面板中激活 速率伸缩工具，然后将光标放置在素材的边缘处，通过拖拽素材调整该素材的持续时间，而该素材的内容保持不变。

5. 使用错落工具剪裁素材

在"工具"面板中激活 错落工具，然后单击需要编辑的素材片段并单击鼠标左键拖拽。

在"节目"监视器面板中左上角与右上角将显示相邻的前后素材画面，下方将显示调整素材片段的开始帧与结束帧。在拖拽调整素材时将改变该素材片段的入点与出点，保持其总长度不变。例如，该素材的开始帧向前移动1秒，该素材的结束帧也会向前移动1秒，如图5-17所示。

6. 使用滑动工具编辑素材

在"工具"面板中激活 ↔ 滑动工具，然后单击需要编辑的素材片段并单击鼠标左键拖拽。

在"节目"监视器面板上方区域将显示该素材区域的开始帧与结束帧画面，下方将显示前方素材的结束帧与后方素材的开始帧。在拖拽调整素材时将改变该素材的位置，前方素材的结束帧与后方素材的开始帧也会自动进行调整，并保证该素材与前后素材之间不会产生空隙。如图5-18所示。

图5-17　错落工具剪裁素材

图5-18　滑动工具编辑素材

5.3.3　修整监视器编辑素材

"修整"监视器面板在Premiere中默认为关闭状态，需要在菜单栏中选择【窗口】→【修整监视器】命令将其打开。如果"时间标记"位置靠近素材的边缘区域，"时间标记"将自动移动到素材边缘，如图5-19所示。

"修整"监视器面板的上方区域为素材显示区域，左侧区域显示"时间标记"左侧素材的结束帧，右侧区域显示"时间标记"右侧素材的开始帧；在下方为时间显示区域，其中包括时间参数显示区域与时间标尺区域；在最下方为控制区域，在其中可以对素材进行控制。

使用"修整"监视器面板编辑素材，需要先在菜单栏中选择【窗口】→【修整监视器】命令，将"修整"监视器面板打开。然后打开"修整"监视器面板后，"时间标记"将自动移动到其靠近素材片段的边缘区域或素材片段连接区域。当时间标记处于素材片段的连接处时，可以对前方素材出点与后方素材的入点进行编辑。

可以通过在控制区域使用"微调"旋钮对素材的入点与出点进行调节，左侧"微调出点"旋钮可以调节左侧素材的出点位置，出点位置改变时素材长度也会相应改变；中间的"滚动微调入点和出点"旋钮类似于"滚动编辑"工具，可以同时修整左侧素材的出点位置与右侧素材的入点位置；右侧的"微调入点"旋钮可以调节右侧素材的入点时间参数，当入点时间发生改变时素材长度也会相应改变。

图5-19 修整监视器面板

如果需要精细编辑，可以在时间码处输入时间值，还可以在下方的控制区域通过单击 -5 （向后较大偏移修整）、 -1 （向后修整一帧）、 +1 （向前修整一帧）与 +5 （向前较大偏移修整）按钮，对素材向前或向后1帧或5帧移动，并可以通过单击控制区域中的 ⊩ （跳转到前一编辑点）与 ⊩ （跳转到下一编辑点）按钮，在编辑点中进行跳转，将快捷地对素材进行编辑。

5.3.4 改变影片速度

在编辑过程中有些视频素材需要进行慢放或快放的效果，这时可以通过调节素材的播放速度进行控制。在Premiere中音频与视频素材的默认播放速度为100%，可以设置的速度区间值为0.01%～10000%，当用户改变了一个素材的速度值时，在"信息"面板中素材的信息显示也会进行相应的改变。

在改变素材的速度时会减少或增加原素材帧数，这会影响到视频素材播放时的运动画面质量与声音质量。例如，设置一个影片的速度值为50%时，影片的持续时间长度将会增加一倍，影片将产生慢放效果；设置一个影片的速度值为200%时，影片的播放速度将会增加一倍，影片将产生快放效果。

1. 速率伸缩工具

在"工具"面板中可以通过 ⬚ 速率伸缩工具调整影片速度。选择 ⬚ 速率伸缩工具，然后在"序列"面板中拖拽素材片段边缘可以改变素材的长度，但素材的入点与出点将不会产生变化。

素材在进行过变速操作后，素材的播放质量会有所下降，出现跳帧现象。在Premiere中可以通过"帧混合"来平滑素材的运动效果。当调整后素材的帧速率低于原始素材帧速率时，Premiere会通过重复显示上一帧来填充缺少的帧，画面可能会发生抖动，而通过"帧混合"便可以在帧之间插入新帧来平滑运动效果；当素材的帧速率高于原素材的帧速率时，Premiere会跳过一些帧，这时同样会导致运动视频素材抖动，通过"帧混合"可以重组帧来平滑运动画面。

2. 速度/持续时间

使用"速度/持续时间"命令改变影片速度时，需要先在"序列"面板中选择需要调节速度的素材片段，然后在菜单栏中选择【素材】→【速度/持续时间】命令，也可以在"序列"面板中选择的素材片段上单击鼠标"右"键，在弹出的菜单中选择"速度/持续时间"命令会弹出"素材速度/持续时间"对话框，如图5-20所示。

可以在"速度"选项后方的数值处输入所需速度值并单击确定按钮，素材的播放速度将发生改变。如果需要倒放效果，可以在下方勾选"倒放速度"选项。

3. 帧混合

如果素材的播放速度改变后出现跳帧或抖动现象，可以通过"帧混合"来平滑运动画面，在"序列"面板中选择需要平滑运动画面的素材片段，然后在"序列"面板中选择的素材片段上单击鼠标"右"键，在弹出的菜单中选择"帧混合"选项，如图5-21所示。

图5-20 素材速度/持续时间对话框

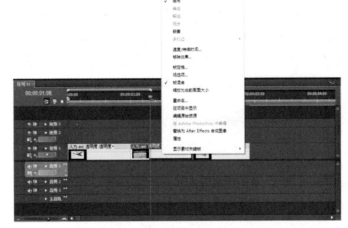

图5-21 开启帧混合

5.3.5 创建静止帧

创建静止帧与静止图像可以获得相同的效果，会使该素材播放时只保持静止帧的画面，可以将该素材片段入点与出点或设置素材标记点0的位置处冻结帧。当调节冻结帧后素材片段的长度时，该素材不可以比原始素材更长，通过"帧定格"命令来创建静止帧。

在设置帧定格时，首先为需要定格帧的素材片段设置入点、出点与标记点0，然后在"序列"面板中选择该素材，再单击鼠标"右"键并在弹出的菜单中选择"帧定格"命令，如图5-22所示。

执行"帧定格"命令后会弹出"帧定格选项"对话框，在对话框中勾选"定格在"选项，可以设置定格帧的位置，其中提供了入点、出点与标记0三个选项。"入点"选项是将素材片段的入点位置设置为静止帧；"出点"选项是将素材片段的出点位置设置为静止帧；"标记0"选项是将在素材中设置的"编号标记0"位置设置为静止帧，如图5-23所示。

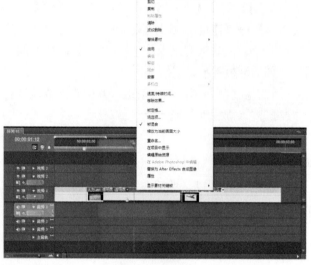

图5-22　帧定格

图5-23　帧定格选项

在"帧定格选项"对话框中可以对"定格滤镜"进行设置。当勾选"定格滤镜"选项时可以将"定格滤镜"效果应用到该素材片段。在"帧定格选项"对话框中还可以对"反交错"进行设置，当勾选"反交错"选项时，可以对素材进行非交错场处理，消除一切因为场导致的画面闪烁。

5.3.6　复制素材与属性

在Premiere中提供了一些与Windows相同的编辑命令，主要用于剪切、复制、粘贴等操作，这些命令可以在"编辑"菜单中找到，还可以通过快捷键进行操作，可以有效地提高工作效率。

除了常用的剪切、复制、粘贴命令以外，Premiere还根据自身的软件特点提供了两项特殊的粘贴命令，分别是"粘贴插入"与"粘贴属性"。

- 粘贴插入：可以将剪切或复制的素材，粘贴到"序列"面板中指定的位置，处于后方的素材将自动等距后退。
- 粘贴属性：可以在剪切与复制素材时，将该素材的效果、透明度值、运动设置等属性拷贝给另一个素材。

5.3.7　场设置

在编辑过程中使用视频素材时，会遇到交错视频场的问题，导致画面闪烁影响最后的视频质量。根据视频格式、采集设备与播放设备的不同，场的优先顺序也会不同，如果在设置场时发生错误，运动会变得僵持和闪烁。在编辑过程中，改变素材的速度、倒放素材、冻结视频帧等操作，都会遇到场处理问题。所以，场的设置是否正确在视频编辑中是非常重要的。

在选择场序后，应该播放浏览影片，观察影片播放是否平滑，如果出现跳动现象，说明在设置场序发生错误。

在采集视频素材时，一般情况下都要对其进行场分离处理，这样可以避免一些因为场带来的跳动或闪烁现象。在输出影片时要根据播放设备的不同对场进行设置，在电视中播放的影片是具有场设置，在输出时可以对场进行相应的设置，也可以为没有场的影片添加场。

1. 新建场设置

在新建节目的时候就可以对场顺序进行正确的设置，这里的场顺序要按照影片的输出设备来设置。可以在"新建序列"对话框"常规"面板的场选项下拉列表中选择所使用的场方式，如图5-24所示。

2. 场选项设置

在编辑过程中，所使用素材的场顺序都会有所不同，因此需要使素材的场顺序统一，并符合输出的场设置。可以在"序列"面板中选择需要调整的素材，单击鼠标"右"键在弹出的菜单中选择"场选项"命令，执行该命令可以弹出"场选项"对话框，在对话框中对场进行设置，如图5-25所示。

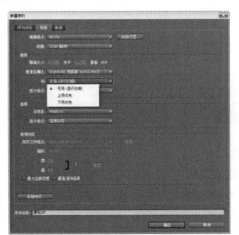

图5-24　设置场

图5-25　场选项

- 交换场序：如果素材场顺序与视频采集卡的场序相反，选择该项可以将场序调换使其场序统一。
- 无：不对该素材的场进行处理。
- 交错相邻帧：将非交错场转换为交错场。
- 总是反交错：将交错场转换为非交错场。
- 消除闪烁：选择该选项可以消除细水平线的闪烁。闪烁是由于只有一个像素的水平线只在两场的其中一场出现，在回放时会导致闪烁。当该选项被选择时可以使扫描线的百分值增加或降低来混合扫描线，这样一个像素的扫描线在视频的两场中都出现，达到避免闪烁的效果。

5.3.8 删除素材

当不需要使用"序列"面板中的某个素材片段时，可以在"序列"面板中直接将其删除，在"序列"面板中对素材的修改不会影响到"项目"面板中的素材。当在"序列"面板中对素材片段进行直接删除时，原素材的位置会留下空位，可以通过"波纹删除"命令对素材片段进行删除操作，使被删除素材右侧的所有素材，自动向左侧移动填补删除素材留下的空位。

1. 删除操作

在"序列"面板中选中需要删除的素材，然后直接按键盘"Delete"键对素材进行删除，也可以在菜单中选择【编辑】→【清除】命令对素材进行删除，还可以在鼠标右键弹出的菜单中选择"清除"命令进行删除。

2. 波纹删除操作

在"序列"面板中选中需要删除的素材，然后单击鼠标"右"键，在弹出的菜单中选择"波纹删除"命令，还可以在菜单中选择【编辑】→【波纹清除】命令对素材进行删除操作。

5.3.9 设置标记点

设置标记点可以帮助用户在"序列"面板中对齐素材和在标记点之间快速切换，快速可以寻找目标位置，如图5-26所示。

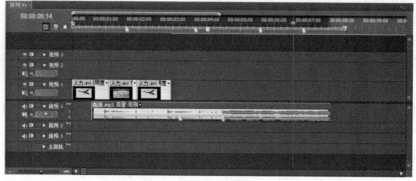

图5-26 设置标记点

标记点一般需要与"序列"面板中的 🔳 吸附工具共同工作。若 🔳 （吸附）按钮处于激活状态，在移动素材片段时素材片段的边缘会自动吸附对齐到标记点的位置。

在"源素材"监视器面板中单击 🔳 （设置未编号标记）按钮可以为素材设置标记点，在"节目"监视器面板中单击 🔳 （设置未编号标记）按钮可以为素材设置标记点，并在"源素材"监视器或"节目"监视器中拖拽调整标记点的位置。

1. 设置序列标记点

在"序列"面板中拖拽"时间标记"确定设置标记点的位置，然后单击 🔳 （设置未编号标记）按钮可以在"时间标尺"上设置未编号标记。

如果需要设置带有编号的序列标记点，可以在菜单中选择【标记】→【设置序列标记】→【其他编号】命令，并在弹出的"设置已编号标记"对话框中输入数字单击"确定"按钮即可，如图5-27所示。

图5-27　设置编号标记

2. 设置素材标记点

在"序列"面板中选择需要设置标记点的素材，然后在"序列"面板中拖拽"时间标记"确定设置标记点的位置。在菜单中选择【标记】→【设置素材标记】→【未编号】命令，即可为该素材片段设置未编号标记。

如果需要设置带有编号的素材标记点，可以在菜单中选择【标记】→【设置素材标记】→【其他编号】命令，并在弹出的"设置已编号标记"对话框中输入数字单击"确定"按钮即可。

3. 使用标记点

在设置完成序列标记与素材标记后，可以快速跳转到某个标记位置或通过标记使素材对齐。

在查找序列标记点时，可以在菜单中选择【标记】→【跳转序列标记】→【下一个】命令，将"时间标记"跳转到右侧下一个序列标记点的位置；还可以在菜单中选择【标记】→【跳转序列标记】→【上一个】命令，将"时间标记"跳转到左侧上一个序列标记点的位置。

如果为序列设置过编号标记点，在菜单中选择【标记】→【跳转序列标记】→【编号】命令，可以在弹出的"跳转到已编号标记"对话框中选择编号标记，单击"确定"按钮进行快速跳转操作，如图5-28所示。

如果要查找素材标记点，可以在"序列"面板中选择需要查找标记点的素材片段，然后在菜单中选择【标记】→【跳转素材标记】→【下一个】命令，将"时间标记"跳转到右侧下一个素材标记点的位置；还可以在菜单中选择【标记】→【跳转素材标记】→【上一个】命令，将"时间标记"跳转到左侧的上一个素材标记点的位置。

如果为序列设置过编号标记点，在菜单中选择【标记】→【跳转素材标记】→【编号】命令，可以在弹出的"跳转到已编号标记"对话框中选择编号标记，单击"确定"按钮进行快速跳转操作，如图5-29所示。

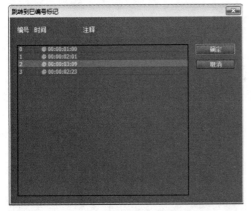

图5-28　跳转到已编号标记

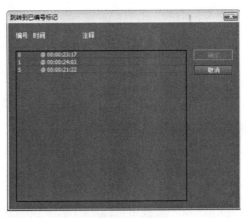

图5-29　跳转到已编号标记

4. 删除标记点

当设置的标记点过多时，可以对无用的标记点进行删除。如果需要删除单个序列标记点，需要将时间标记移动到该标记处，然后在"时间标尺"上单击鼠标右键，在弹出的菜单中选择【清除序列标记】→【当前标记】命令进行删除；如果需要对全部序列标记点进行删除，则需要在"时间标尺"上单击鼠标右键，在弹出的菜单中选择【清除序列标记】→【所有标记】命令进行删除。

如果需要删除单个素材标记点，需要在"序列"面板中选择该标记点所在的素材片段，将时间标记移动到该标记处，然后在该素材片段上单击鼠标右键，在弹出的菜单中选择【清除素材标记】→【当前标记】命令进行删除；如果想删除所有素材标记点，只可以对一个素材片段上的所有标记点进行清除。首先可在"序列"面板中选择需要清除标记点的素材片段，然后在菜单中选择【清除素材标记】→【所有标记】命令进行删除。

5.3.10 创建子编辑

Premiere在编辑复杂的编辑与效果时，如"序列"面板中所使用的视音轨道过多，素材也会罗列得过多，导致误操作的几率增加，降低工作效率。

在编辑过程中可以创建多个"序列"，将所编辑节目中的不同部分在不同的"序列"中进行编辑，可以将一个"序列"嵌套到另一个"序列"中作为一整段素材使用，从而合成最终节目。在对嵌套序列的原始序列进行修改时会影响到嵌套序列，而对嵌套序列的修改不会影响到原始序列，从而完成复杂的编辑工作并可以提高工作效率。

在建立嵌套素材时，需要保证在编辑的节目中至少有两个"序列"存在，在"序列"面板中切换至需要加入嵌套的序列。例如，将"序列2"作为素材插入到"序列1"中，需要在"序列面板"中先切换至"序列1"，然后在"项目"面板中选择"序列2"，再单击拖拽至"序列1"的轨道中，如图5-30所示。

如果需要对嵌入序列的原始序列进行修改，可以通过双击嵌套素材直接切换至原始序列中进行编辑。

图5-30　嵌套序列

5.3.11 分离素材

在"序列"面板中可以将一个单独的素材切割为两个或更多的单独素材。在编辑过程中有时还需要将素材的音频与视频分离，或将分离的音频与视频部分连接起来。

当用户在对素材进行切割素材时，实际上是建立了该素材的副本，原始素材不会被修改。

在"序列"面板中的同一个轨道上进行编辑操作时，可以在"序列"面板中将其他的轨道进行锁定，避免对其他轨道的误操作。

将一个素材切割为两个素材的方法如下：

01 在工具栏中选择 ❧ 剃刀工具。

02 在素材需要剪切处单击鼠标"左"键，该素材将被切割为两个独立的素材，每一个素材都有其独立的长度及入点与出点，可以为其单独添加效果，如图5-31所示。

03 当"序列"面板中轨道上的素材层罗列过多时，如果还想将多个轨道

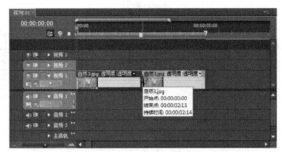

图5-31　切割素材

上的素材在同一点进行切割，可以按住"Shift"键，鼠标箭头会显示为多重刀片，可以将轨道上的所有素材在该位置上切分为两段。

5.3.12　插入与覆盖编辑

在编辑过程中可以通过"插入"与"覆盖"对素材进行编辑，将"源素材"监视器中的素材覆盖或插入到"序列"面板中，在插入素材时可以锁定其他轨道，避免引起其他素材的变动。

▣ （插入）与 ▣ （覆盖）工具可以将"源素材"监视器中的片段置入到"序列"面板中 ▥ （时间标记）位置的轨道中。

1. 插入编辑

使用插入工具置入素材片段时，处于 ▥ （时间标记）之后的素材将自动向后移动出置入素材的时间距离；当 ▥ （时间标记）位于目标轨道的素材之上，插入的素材将把原有的素材分为两段，素材的后半部分将自动向后推移。

在"源素材"监视器面板中打开需要插入到"序列"面板中的素材，为其设置入点与出点；然后在"序列"面板中选择将插入到的轨道，选中轨道的颜色将变浅，此时可在"序列"面板中将 ▥ 时间标记移动到需要插入的时间位置。

继续在"源素材"监视器面板中单击 ▣ （插入）按钮，将选择的素材插入到"序列"面板所选择轨道中。插入的新素材会被置入到当前轨道中，如果 ▥ （时间标记）位于目标轨道的素材之上，原有的素材将会被分为两段，素材的后半部分将自动向后推移，如图5-32所示。

2. 覆盖编辑

在"源素材"监视器面板中打开需要插入到"序列"面板中的素材，为其设置入点与出点；然后在"序列"面板中选择需要插入到的轨道，选中的轨道的颜色将变浅，此时需

在"序列"面板中将 🔲（时间标记）移动到需要插入的时间位置。

继续在"源素材"监视器面板中单击 🔳（覆盖）按钮，将选择的素材置入到"序列"面板所选择轨道中。插入的新素材会被置入到当前轨道中，如果 🔲（时间标记）位于目标轨道的素材之上，置入的素材将覆盖原有素材，如图5-33所示。

图5-32　插入素材　　　　　　　　　　　　　　　　图5-33　覆盖素材

5.3.13　提升与提取编辑

在"节目"监视器面板中，可以使用的 🔳（提升）与 🔳（提取）按钮在"序列"面板的指定轨道中删除指定的入点与出点之间的一段节目。

1. 提升编辑

在使用 🔳（提升）工具对轨道中的影片进行删除时，只会对目标轨道中入点与出点之间的素材进行删除，在删除素材后该轨道上的其他素材位置不会受到影响，并且在轨道中的影片进行删除后会被存储到剪切板中，在需要使用时可以通过"Ctrl+V"快捷键进行粘贴操作。

在使用提升工具删除素材时，需要先在"节目"监视器面板中为素材需要提取的部分设置入点与出点。设置的入点与出点会显示在"序列"面板中的"时间标尺"上，所选择的区域将显示为浅色，如图5-34所示。

在"序列"面板中选择所要提升素材的轨道，可以选择单独的一条轨道，还可以选择多条轨道。在"节目"监视器面板中单击 🔳 提升按钮，入点与出点之间的素材将被同时删除。删除后将留下空白区域，不会影响其他区域的素材位置，如图5-35所示。

2. 提取编辑

在使用 🔳 提取工具对轨道中的影片进行删除时，只会对目标轨道中入点与出点之间的素材进行删除，在删除素材后该轨道上的其他素材会自动前移填补这段空缺，并且在轨道中的影片进行删除后会被存储到剪切板中，在需要使用时可以通过"Ctrl+V"快捷键进行粘贴操作。

　　在"节目"监视器面板中为素材需要提取的部分设置入点与出点。设置的入点与出点会显示在"序列"面板中的"时间标尺"上，所选择的区域将显示为浅色，如图5-36所示。

　　在"节目"监视器面板中单击 ⌧（提取）按钮，入点与出点之间的素材将被删除。删除后不会留下空白区域，该区域右侧的素材会自动向左移动，补齐因删除素材产生的空白区域，如图5-37所示。

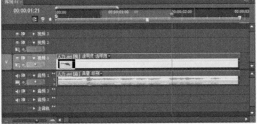

图5-34　设置入点与出点

图5-35　提升编辑

图5-36　设置入点与出点

图5-37　提取编辑

5.3.14　分离和链接素材

　　在编辑过程中，因为有时需要对视频与音频素材进行独立的编辑，所以在编辑过程中经常将素材的视频与音频部分进行分离。有时还需要将分离的视频与音频素材重新连接在一起。

1. 分离素材

在"序列"面板中选择需要分离的素材片段，然后在选择的素材片段上单击鼠标右键，在弹出的菜单中选择"解除视音频链接"命令，即可将视频与音频进行分离，如图5-38所示。

2. 链接素材

在"序列"面板中选择需要链接的素材片段，只可以选择一个视频素材片段与一个音频素材片段。在选择的素材片段上单击鼠标右键，在弹出的菜单中选择"链接视频和音频"命令，即可将视频与音频进行链接，如图5-39所示。

图5-38　解除视音频链接

图5-39　链接视频和音频

如果原始素材中包含视频与音频信息，在"序列"面板中进行分离后，视频或音频素材的位置将进行移动操作，其位置发生错位，再链接到一起时素材片段上将标记警告，并标记错位的时间。其中的时间值为负值表示向前偏移，正值表示向后偏移，如图5-40所示。

图5-40　错位警告

5.3.15　素材编组

在编辑过程中，可以使用"编组"命令对多个素材进行编组操作，将其组合成一个整体，可以对群组进行移动复制等操作，但不可以对其添加效果。

在"序列"面板中框选需要成组的素材。如果需要加选素材，可以按住"Shift"键然后单击选择素材加选所需的素材。在选定的素材上单击鼠标右键，在弹出的菜单中选择"编组"命令，所选的素材将被编组，在进行移动、复制等操作时，将会被作为一个整体进行操作。

如果要取消素材编组，可以在"序列"面板中选择需要解组的群组素材。在选定的素材上单击鼠标右键，在弹出的菜单中选择"解组"命令，编组的素材即可解除编组状态。

5.3.16 视频采集素材

视频采集是指将模拟摄像机、录像机、电视机等输出的视频信号，通过专用的模拟、数字转换设备，转换为二进制数字信息的过程。

在视频采集工作中，视频采集卡是主要设备，它分为专业和家用两个级别。专业级视频采集卡不仅可以进行视频采集，还可以实现硬件级的视频压缩和视频编辑；家用级的视频采集卡只能做到视频采集和初步的硬件级压缩，而更为"低端"的电视卡，虽可进行视频的采集，但它通常都不具备对视频进行硬件级的压缩功能。

拍摄的视频如果想通过Premiere对其进行编辑，首先需要对视频进行采集。一般情况下选择家用级的视频采集卡，因为专业级的视频采集卡价格较高，而且通常需要配合开发商开发的软件使用，所以通常选择家用的视频采集卡。

视频采集的操作方法如下：

01 将家用的采集卡插入到计算机主板的PCI插槽中，启动计算机后在"设备管理器"中可以看到识别后的IEEE 1394设备。一般的家用DV机与专业的摄影机上都可以找到IEEE 1394接口，可以通过IEEE 1394接口连接到计算机的采集卡，然后通过Premiere对视频进行采集。

02 在连接设备后，启动Premiere Pro CS5软件，在菜单栏中选择【文件】→【采集】命令。执行"采集"命令后会弹出"采集"对话框，在"采集"对话框单击"设置"选项切换至"设置"栏，如图5-41所示。

03 在"设置"栏中单击"编辑"按钮会弹出"采集设置"对话框，在该对话框中可以显示当前可用的采集设备，如图5-42所示。

图5-41 采集对话框

图5-42 采集设置

04 在"采集位置"栏中可以对所采集的视频与音频文件的保存路径进行设置,在设置采集文件保存路径时,在路径信息后会显示该磁盘的剩余容量。默认IEEE 1394采集卡的DV AVI标清与MPEG2高清文件一小时约为12G数据容量,所以需要有足够的硬盘空间,如图5-43所示。

05 在"采集控制器"栏中可以对采集控制及采集设备进行设置,单击"选项"按钮可以弹出"DV/HDV设备控制设置"对话框,在其中可以对视频制式、设备品牌、设备类型与时间码格式等进行详细的设置,如图5-44所示。

图5-43 采集位置

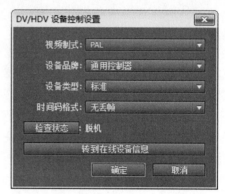

图5-44 DV/HDV设备控制设置对话框

06 在"采集"对话框中的预览区域,可以单击▶(播放)按钮对摄影机中需要采集的素材进行播放,在需要开始记录素材的位置单击●(录制)按钮,开始记录影片,按键盘"Esc"键可以终止文件采集,文件将保存在设置的储存路径下。

07 采集完成后,所采集的素材可以在"项目"面板中找到,并能对采集的素材直接进行编辑操作。

5.3.17 编辑要领

在编辑影片时,有些工具和命令在编辑过程中不是很常用,在使用时工作效率也不是很高,下面对一些常用的编辑方法进行介绍。

1. 使用剃刀工具编辑

◆剃刀工具在编辑影片时是最常用的编辑工具,在使用时可以比较快速灵活地对整段素材进行编辑。使用剃刀工具并配合"波纹删除"命令可以将素材中需要的部分快速挑选出来,对不需要的素材快速进行删除操作。具体操作如下:

01 在"序列"面板中使用"Space"空格键对素材进行播放与暂停的控制,在"节目"监视器中观察,找到素材中需要的素材片段。

02 将时间标记移动到所需素材片段的开始位置。在"工具"面板中激活◆剃刀工具,在该素材上"时间标记"位置单击,即可将该素材剪切为两段,如图5-45所示。

03 将时间标记移动到所需素材片段的结束位置,然后在"工具"面板中激活◆剃刀工具,在该素材上"时间标记"位置单击,即可将该素材剪切。可以使用该方法将需要的素材剪切为独立素材片段,如图5-46所示。

图5-45 使用剃刀工具

图5-46 剪切素材

04 在需要删除的素材片段上单击鼠标右键，在弹出的菜单中选择“波纹删除”命令，即可将不需要的部分进行删除，如图5-47所示。

05 将不需要的部分进行“波纹删除”后，在轨道中只剩下所需的素材部分。效果如图5-48所示。

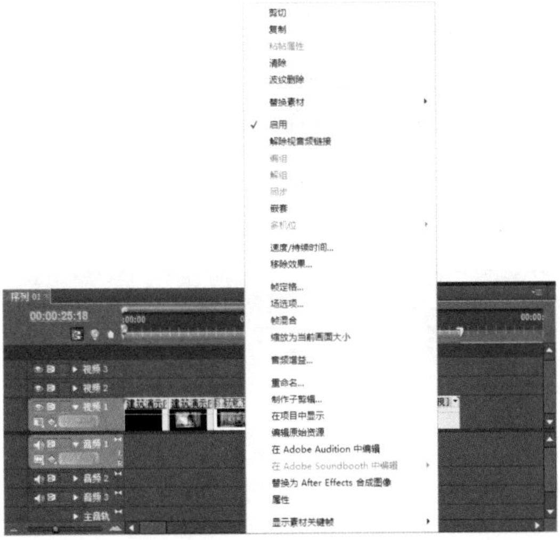

图5-47 波纹删除操作

图5-48 素材效果

06 在使用剃刀工具进行编辑操作时，如果素材中包含视频与音频信息，在编辑时需要对视频与音频进行独立编辑，可以使用“解除视音频链接”命令先将视音频解除链接，这样便可以对视频与音频进行独立的编辑操作。

2. 使用选择工具调整编辑效果

在编辑过程中有些素材片段不一定调整准确，而且在素材使用时，素材片段不一定会按照时间顺序排列，所以编辑中素材的调整也非常重要。

如果要使用选择工具调整素材，可以先激活选择工具，然后在“序列”面板中找到需要调整的素材片段。当将鼠标光标移动到素材片段边缘时，可以通过单击

图5-49 调节素材长度

鼠标左键拖拽调整素材片段的长度，注意要在"节目"监视器面板中观察素材内容，如图5-49所示。

还可以通过选择素材片段来移动素材片段的位置与所在轨道，如图5-50所示。

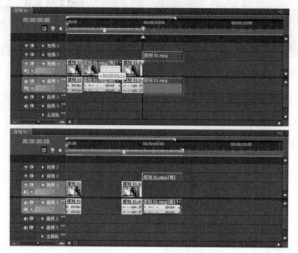

图5-50　调节素材位置

5.4　动画设置

将导入到"序列"面板中的视频素材与图片素材在"序列"面板中进行选择，然后切换至"特效控制台"面板将会看到"运动"选项，通过"运动"选项可以实现对象的动画效果。

5.4.1　运动选项简介

当选择素材并切换至"特效控制台"面板时，可以通过单击"运动"选项前方的▶（箭头）按钮将其展开，在其中可以通过位置、缩放比例、旋转与定位点等选项进行动画设置，如图5-51所示。

- 位置：可以设置选择素材在屏幕中的X轴横向与Y轴竖向坐标。
- 缩放比例：按照比例对选择素材进行等比放大或缩小操作。
- 缩放宽度：当取消勾选"等比缩放"时，可以对素材的X轴横向单独控制，得到变形的缩放操作，如图5-52所示。
- 等比缩放：在取消勾选"等比缩放"时，上方的"缩放比例"选项将切换为"缩放高度"选项，将对该素材的Y轴竖向高度进行控制；默认状态为勾选的开启状态，缩放操作将进行等比操作。
- 旋转：在该选项中可以设置角度值，对选择素材在屏幕中的角度进行控制。
- 定位点：可以设置选择素材在被设置旋转或移动参数时，该素材中心点的位置。

● 抗闪烁过滤：可以通过该值消除因快速移动和旋转产生的闪烁。

图5-51 运动选项

图5-52 缩放宽度

5.4.2 设置动画效果

在了解运动选项后，如果前方带有 按钮的选项都可以为其设置关键帧，可以通过设置关键帧使其产生动画效果。

在创建关键帧时，可以通过单击 按钮记录该素材的起始帧，将 移动到另一个时间位置时，如果改变所记录选项的值，计算机就会自动记录该动画。

在记录动画时，首先需要确定记录对象的运动方式，例如，移动、旋转与缩放等。下面将以记录文字的运动为例，对记录动画的方式进行讲解。

01 确定文字的移动方向先比如由左至右或由上至下等。确定需要的动画时间后，在"特效控制台"面板中移动时间标记至动画结束的时间位置，如图5-53所示。

02 单击"位置"选项的 按钮，记录该素材的结束关键帧，精确文字最终定格在屏幕中心的位置，图5-54所示。

图5-53 调节时间位置

图5-54 设置关键帧

03 在"特效控制台"面板中移动时间标记至动画开始的时间位置，再调节文字在屏幕右侧位置参数，如图5-55所示。

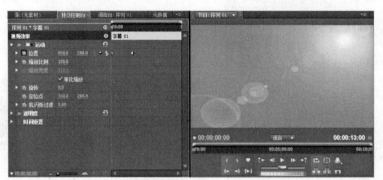

图5-55　调节文字位置

04 在调节完成文字位置后，该文字的移动就被记录了关键帧动画，在播放时会发现文字产生了由屏幕右侧向屏幕中心飞入的动画效果，如图5-56所示。

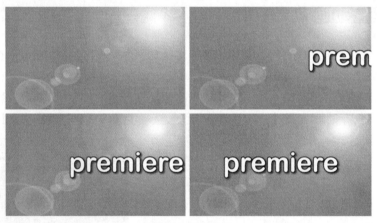

图5-56　动画效果

5.4.3　其他动画设置

在设置动画的过程中，不仅可以通过运动选项来设置动画，还可以将其他视频效果的动画进行复制粘贴动画操作。

1. 透明动画设置

在编辑影片的过程中，透明度动画效果也是很常用的，使用透明动画效果有时可以代替视频转场。在"透明度"选项中可以通过设置百分比值来控制透明的程度。

可以在"特效控制台"与"序列"面板的视频轨道中设置，透明动画一般在素材的开头与结尾的位置使用，透明动画有时还在多层素材或素材衔接位置使用，从而得到渐入渐出的效果。透明动画的设置步骤如下：

01 在"序列"面板中选择需要设置透明度动画的素材。切换至"特效控制台"面板，将 ▓（时间标记）移动到设置透明度动画的起始位置，单击 ▓（切换动画）按钮记录该素材的关键帧并调节其"透明度"百分比值，设置起始位置素材的透明程度，如图5-57所示。

图5-57 设置起始帧

02 在"特效控制台"面板中拖拽移动到该素材完全显示的时间位置，再调节其"透明度"的百分比值，设置该时间位置的素材为完全显示状态，如图5-58所示。

图5-58 设置关键帧

03 对设置好的动画效果进行播放，可以通过"节目"监视器对设置好的透明动画效果进行观看，得到了文字由透明到不透明的动画效果，还可以根据要求继续设置关键帧使效果更加丰富，如图5-59所示。

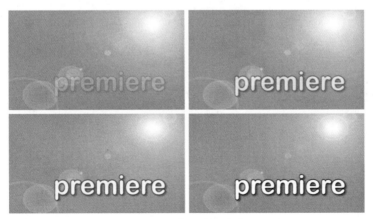

图5-59 透明动画效果

2. 序列面板透明设置

01 在"序列"面板中选择需要设置透明度动画的素材。在"序列"面板中将移动到设置透明度动画的起始位置，在所选素材的轨道控制区域单击按钮，在该位置将添加控制透明度的关键帧，如图5-60所示。

02 使用鼠标在"序列"面板中对该"关键帧"进行拖拽，上下拖拽"关键帧"将调节该素材的透明度，左右拖拽"关键帧"将调节"关键帧"的时间位置，如果该素材上只有一个"关键帧"，在调节时将会控制整个素材的透明度。

图5-60　创建关键帧

03 将 ■（时间标记）进行移动并单击 ●（添加-移除关键帧）按钮，再次记录"关键帧"，如图5-61所示。

04 在设置完成"关键帧"后，可以使用鼠标对"关键帧"进行拖拽调节，将左侧的"关键帧"拖拽到该轨道的最下方，如图5-62所示。

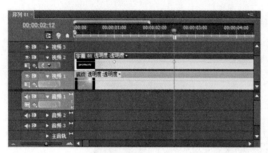

图5-61　记录关键帧

图5-62　调节关键帧

05 在播放动画时，可以在"节目"监视器中观察素材效果，该素材得到了由完全透明到完全不透明的动画效果，如图5-63所示。

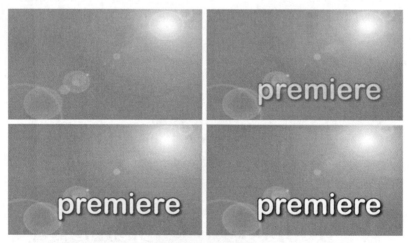

图5-63　动画效果

06 如果将右侧的"关键帧"拖拽到该轨道的最下方，将得到画面由完全不透明到透明的动画效果，还可以通过继续添加调节"关键帧"来丰富动画效果。

3. 关键帧复制操作

在设置关键帧动画后，如果其他素材也需要创建相同的关键帧动画，可以直接使用"Ctrl+C"和"Ctrl+V"快捷键进行操作。

5.4.4 混合模式设置

在"透明度"选项中不仅可以对素材的透明程度进行设置，还可以对"混合模式"进行设置，在"混合模式"中可以对多层视频轨道中的素材进行叠加设置。通过使用"混合模式"并配合"透明度"可以得到更丰富的动画效果。在"混合模式"后方单击▼下箭头按钮，可以弹出"混合模式"类型列表，如图5-64所示。

1. 正常

在"正常"模式下，调整上面视频轨道中素材的透明度，可以使当前视频轨道中素材与底层轨道中的素材产生混合效果。"正常"模式可以编辑或绘制每个像素，使其成为结果色，是默认模式。在处理位图图像或索引颜色图像时，正常模式也称为阈值，如图5-65所示。

2. 溶解

"溶解"模式的特点是配合调整不透明度可创建点状喷雾式的图像效果，不透明度越低，像素点越分散，可以控制层与层之间半透明或渐变透明区域的像素做融合显示，结果色由基色或混合色的像素随机替换为渐变的颗粒效果，如图5-66所示。

图5-64 混合模式类型

图5-65 正常效果

图5-66 溶解效果

3. 变暗

"变暗"模式可以显示并处理比当前图像更暗的区域，可以将当前影片层相对明亮的像素区域被替换掉，适合制作颜色高度反差的效果，效果如图5-67所示。

图5-67 变暗效果

4. 正片叠底

"正片叠底"模式可以查看每个通道中的颜色信息，并将基色与混合色进行正片叠底，结果颜色总是较暗的颜色。任何颜色与黑色正片叠底都会产生黑色，任何颜色与白色正片叠底都保持不变。当用黑色或白色以外的颜色绘画时，绘画工具绘制的连续描边将产生逐渐变暗的颜色，这与使用多个标记笔在图像上绘图效果相似，效果如图5-68所示。

图5-68 正片叠底效果

5. 颜色加深

"颜色加深"模式可以保留图像中的白色区域，并加强深色区域的颜色，将当前层影片与下层影片的颜色相乘或覆盖。可以查看每个通道中的颜色信息，并通过增加二者之间的对比度使基色变暗以反映出混合色，与白色混合后不产生变化，效果如图5-69所示。

图5-69 颜色加深效果

6. 线性加深

"线性加深"模式与"正片叠底"的效果类似，但产生的效果对比会更加强烈。"线性加深"模式可以加深查看每个通道中的颜色信息，并通过减小亮度使基色变暗以反映混合色，与白色混合后不产生变化，效果如图5-70所示。

图5-70 线性加深效果

7. 深色

"深色"模式可以使当前视频轨道中的素材与底层轨道中素材的深色区域产生混合效果。"深色"模式会自动比较混合色和基色所有通道值的总合，并显示值较小的颜色；深色模式不会生成第三种颜色（可以通过变暗混合获得），因为它将从基色和混合色中选取最小的通道值来创建结果色，如图5-71所示。

图5-71 深色效果

8. 变亮

"变亮"模式可以比较并显示当前图像比下面图像亮的区域，能查看每个通道中的颜色信息，并选择基色或混合色中较亮的颜色作为结果色，与"变暗"模式产生的效果相反，效果如图5-72所示。

图5-72 变亮效果

9. 滤色

"滤色"模式可以查看每个通道的颜色信息，并将混合色的互补色与基色进行正片叠底，结果色总是较亮的颜色。用黑色过滤时颜色保持不变，用白色过滤将产生白色，此效果类似于多个摄影幻灯片在彼此之上投影，效果如图5-73所示。

10. 颜色减淡

"颜色减淡"模式可以加亮底层的图像，同时使颜色变得更加饱和，由于对暗部区域的改变有限，因此可以保持较好的对比度，与黑色混合则不发生变化，效果如图5-74所示。

图5-73　滤色效果

图5-74　颜色减淡效果

11. 线性减淡（添加）

"线性减淡（添加）"模式与滤色模式效果相似，但产生的效果对比更加强烈，可以查看每个通道中的颜色信息，并通过增加亮度使基色变亮以反映混合色，效果如图5-75所示。

图5-75　线性减淡（添加）效果

12. 浅色

"浅色"模式可以使顶层视频轨道中素材的浅色区域与底层轨道中的素材产生混合效果。"浅色"模式会自动比较混合色和基色的所有通道值的总和，并显示值较大的颜色，不会生成第三种颜色（可通过变亮混合获得），因为它将从基色和混合色中选取最大的通道值来创建结果色，如图5-76所示。

图5-76　浅色效果

13. 叠加

"叠加"模式可以在为底层图像添加颜色时，保持底层图像的亮光和暗调。图案或颜色在现有像素上叠加，同时保留基色的明暗对比，不替换基色，但基色与混合色相混以反映原色的亮度或暗度，效果如图5-77所示。

图5-77　叠加效果

14. 柔光

"柔光"模式可以增加图像的亮度与对比度，产生的效果比"叠加"模式与"强光"模式更加精细。如果混合色（光源）比50%灰色亮，则图像变亮就像被减淡了一样；如果混合色（光源）比50%灰色暗，则图像变暗，就像被加深了一样。使用黑色或白色进行上色处理，可以产生明显变暗或变亮的区域，但不能生成黑色或白色，效果如图5-78所示。

图5-78　柔光效果

15. 强光

"强光"模式可以增加图像的对比度，相当于"正片叠底"与"滤色"模式的效果组合，效果与耀眼的聚光灯照在图像上相似。如果混合色（光源）比50%灰色亮，则图像变亮，就像过滤后的效果。这对于向图像添加高光非常有用；如果混合色（光源）比50%灰色暗，则图像变暗，就像正片叠底后的效果，这对于向图像添加阴影非常有用，效果如图5-79所示。

图5-79　强光效果

16. 亮光

"亮光"模式的特点是可以增加图像的对比度，使画面产生一种明快感。"亮光"模式效果相当于"颜色减淡"与"颜色加深"的效果组合。如果混合色（光源）比50%灰色亮，则通过减小对比度使图像变亮；如果混合色比50%灰色暗，则通过增加对比度使图像变暗，效果如图5-80所示。

图5-80　亮光效果

17. 线性光

"线性光"模式可以使图像产生更高的对比度效果，使更多的区域变为黑色和白色，"线性光"模式相当于"线性减淡"与"线性加深"模式的效果组合。如果混合色（光源）比50%灰色亮，则通过增加亮度使图像变亮；如果混合色比50%灰色暗，则通过减小亮度使图像变暗，效果如图5-81所示。

图5-81　线性光效果

18. 点光

"点光"模式可以根据混合色替换颜色，主要用于制作特效。如果混合色（光源）比50%灰色亮，则替换比混合色暗的像素，而不改变比混合色亮的像素。如果混合色比50%灰色暗，则替换比混合色亮的像素，而比混合色暗的像素保持不变，这对于向图像添加特殊效果非常有用，效果如图5-82所示。

图5-82　点光效果

19. 实色混合

"实色混合"模式可以增加颜色的饱和度，使图像产生色调分离的效果，可以将混合颜色的红色、绿色和蓝色通道值添加到基色的RGB值。如果通道的结果总和大于或等于255，则值为255；如果小于255，则值为0。因此，所有混合像素的红色、绿色和蓝色通道值要么是0，要么是255。此模式会将所有像素更改为主要的加色（红色、绿色或蓝色）、白色或黑色效果，如图5-83所示。

图5-83　实色混合效果

20. 差值

"差值"模式可以使当前图像中白色区域产生反相效果，而黑色区域则会越接近底层轨道图像，效果如图5-84所示。

图5-84　差值效果

21. 排除

"排除"模式可以得到比"差值"模式更为柔和的效果，与白色混合将反转基色值，与黑色混合则不发生变化，如图5-85所示。

图5-85　排除效果

22. 色相

"色相"模式适合于修改彩色图像的颜色，该模式可以将当前图像的基本颜色应用到底层轨道图像中，并保持底层轨道图像的亮度和饱和度，效果如图5-86所示。

图5-86 色相效果

23. 饱和度

"饱和度"模式的特点是可以使图像的某些区域变为黑白色，该模式可以将当前图像的饱和度应用到底层轨道的图像中，并保持底层轨道图像的亮度和色相。用基色的明亮度和色相以及混合色的饱和度创建结果色，在无饱和度区域上用此模式不会产生任何变化，效果如图5-87所示。

图5-87 饱和度效果

24. 颜色

"颜色"模式可以将当前图像的色相和饱和度应用到底层轨道的图像中，并保持底层轨道图像的亮度，可以保留图像中的灰阶，对于给单色图像上色和给彩色图像着色都会非常有用，效果如图5-88所示。

图5-88 颜色效果

25. 明亮度

"明亮度"模式可以将当前图像的亮度应用于底层轨道的图像中，并保持底层轨道图像的色相与饱和度，此模式创建与颜色模式相反的灰度效果，如图5-89所示。

图5-89　明亮度效果

4.4.5　动画综合范例

动画是丰富影片效果的一种常用手法，本范例主要通过将PSD格式的素材进行动画处理，大量使用了位置、缩放、旋转、定位点和透明度的基础操作，完成的效果如图5-90所示。

图5-90　范例效果

1. 导入素材

01　打开Adobe Premiere Pro CS5软件，弹出"欢迎使用Adobe Premiere Pro"对话框，在对话框中单击"新建项目"按钮，然后在"新建序列"对话框中选择DV PAL制式的"宽银幕48KHz"预设项。

02　在"项目"面板中单击鼠标右键，在弹出的菜单中选择"导入"命令，然后在对话框中选择Photoshop制作的"定版"、"风车"和"雪花"素材，如图5-91所示。

图5-91　导入素材

03 在打开PSD图层文件时会弹出"导入分层文件"对话框，单击"导入为"选项后方的 ▼（下箭头）按钮，在弹出的列表中选择"序列"选项，便会在导入图层文件时将 PSD的所有层进行导入，如图5-92所示。

04 设置完成后，单击"确定"按钮即可将图层文件导入到"项目"面板中，如图5-93 所示。

图5-92 设置导入方式

图5-93 导入分层文件

2. 自动建立序列

01 在"项目"面板中按PSD"序列"格式导入后，会自动生成三种导入格式，第一种 是每一层的单独图像，第二种是PSD的序列文件，第三种是文件夹。双击导入PSD的 "定版"序列文件，系统将自动建立此素材的编辑序列，如图5-94所示。

02 按PSD格式素材顺序排列的编辑序列如图5-95所示。

图5-94 双击序列文件

图5-95 定版编辑序列

3. 风车素材制作

01 在"项目"面板中双击导入PSD的"风车"序列文件，系统将自动建立此素材的编辑 序列，如图5-96所示。

02 在时间线中先将风车背景层关闭，然后选择"风车"层并在"特效控制台"中设置定 位点的值为60、66，使"风车"层的中心点对齐到本序列中心，如图5-97所示。

图5-96 风车编辑序列

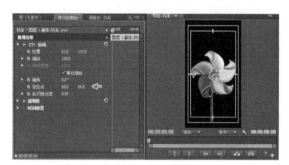

图5-97 定位点设置

03 在第0秒位置开启旋转的◎码表按钮并设置为0，然后将时间滑块放置在第5秒位置，再设置旋转值为300，使风车产生转动的动画效果，如图5-98所示。

04 设置风车的位置值为61、65，使其对齐到支架的顶点位置，如图5-99所示。

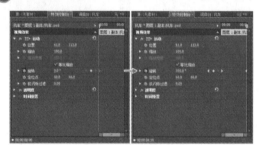

图5-98 旋转设置

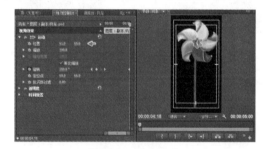

图5-99 位置设置

05 设置完成风车转动的动画效果如图5-100所示。

06 在时间线中切换至"定版"序列，然后在"项目"面板中选择"风车"序列并将其拖拽至"定版"序列中，完成风车素材的添加操作，如图5-101所示。

图5-100 动画效果

图5-101 风车素材添加

4. 雪花素材制作

01 在"项目"面板中双击导入PSD的"雪花"序列文件，系统将自动建立此素材的编辑序列，如图5-102所示。

02 在时间线中先将雪花背景层关闭，然后选择雪花的"图层1"和"图层2"，再将选择层移动至"雪花"序列的背景层中，如图5-103所示。

图5-102　雪花编辑序列　　　　　　　　　　　图5-103　图层调整

03 选择雪花的"图层1"并在"特效控制台"中设置旋转值由0～260的自转动画，如图5-104所示。

04 选择雪花的"图层2"并在"特效控制台"中设置旋转值由0～200的自转动画，两组雪花的转动速度不同，会让下雪的动画效果更加自然，如图5-105所示。

图5-104　旋转设置　　　　　　　　　　　　图5-105　旋转设置

05 在菜单栏中选择【文件】→【新建】→【序列】命令，然后在弹出的"新建序列"对话框中选择DV PAL制式的"宽银幕48KHz"预设项，再设置序列名称为"漫天雪花"，如图5-106所示。

06 将制作的旋转"雪花"序列拖拽至新建立的"漫天雪花"序列中，先设置缩放值为50、透明度值为80，开启位置的 （码表）按钮再设置雪花第0秒位置值为40、25，然后将时间滑块放置在第5秒并设置雪花位置值为40、580，使雪花产生由屏幕顶部至底部掉落的动画，如图5-107所示。

图5-106 新建序列

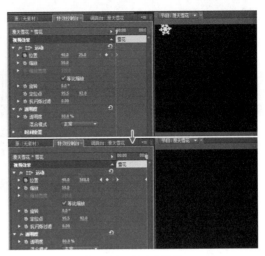

图5-107 雪花1设置

07 将另外一组旋转"雪花"序列拖拽至"漫天雪花"序列中，先设置缩放值为30、透明度值为50，开启位置的 ⏱（码表）按钮再设置雪花第0秒位置值为90、0，然后将时间滑块放置在第5秒并设置雪花位置值为90、550，丰富雪花掉落的效果，如图5-108所示。

08 为了区别每组雪花的掉落速度，可以将位置的关键帧进行调节，调节关键帧距离越近速度也就越快，从而改变动画的时间，如图5-109所示。

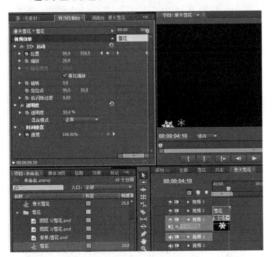
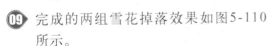

图5-108 雪花2设置

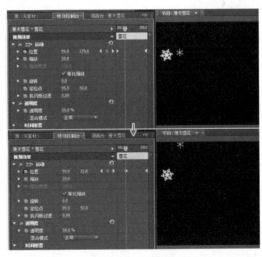

图5-109 时间设置

09 完成的两组雪花掉落效果如图5-110所示。

10 在"漫天雪花"序列中添加雪花旋转素材，丰富雪花的动态效果，如图5-111所示。

11 完成的整组雪花掉落效果如图5-112所示。

图5-110 动画效果

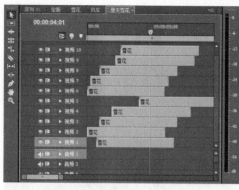

图5-111　添加雪花素材

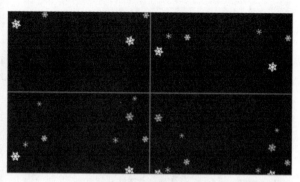

图5-112　动画效果

12 在时间线中切换至"定版"序列，然后在"项目"面板中选择"漫天雪花"序列并将其拖拽至"定版"序列中，完成雪花素材的添加操作，如图5-113所示。

13 在时间线中调节"漫天雪花"层的开始与结束时间位置，使本层素材精简到5秒，如图5-114所示。

图5-113　雪花素材的添加

图5-114　调节素材时间

5. 场景动画设置

01 在时间线中切换至"定版"序列文件中，暂时关闭雪花与文字层的内容，准备制作画面底部位置的动画，如图5-115所示。

02 在时间线中选择"地"层，并在"特效控制台"中先设置结束位置的关键帧，影片第0秒15帧开启位置的 （码表）按钮并设置位置值为512、288，然后将时间滑块放置在第0秒位置，再设置位置值为512、370，使雪地由屏幕外

图5-115　关闭层内容

部上升至屏幕内部，如图5-116所示。

03 动画的关键帧可以进行复制与粘贴操作，避免多次重复相同的操作。选择"地"层素材并框选位置的关键帧，然后在关键帧上单击鼠标右键，在弹出的浮动菜单中选择"复制"命令。在时间线中选择"房子"层，然后在位置项目上单击鼠标右键，在弹出的浮动菜单中选择"粘贴"命令，也可以直接使用键盘"Ctrl+C"和"Ctrl+V"快捷键来复制与粘贴关键帧，如图5-117所示。

图5-116 位置设置

图5-117 复制与粘贴

04 在时间线中选择"右树"层，并在"特效控制台"中先设置结束旋转的关键帧，影片第1秒开启旋转的 （码表）按钮并设置旋转值为0，然后将时间滑块放置在第0秒位置，再设置旋转值为30，使右侧的松树产生角度转动，如图5-118所示。

05 在时间线中选择"左树"层，并在"特效控制台"中先设置结束旋转的关键帧，影片第1秒开启旋转的 码表按钮并设置旋转值为0，然后将时间滑块放置在第0秒位置，再设置旋转值为－30，使左侧的松树也同样产生角度转动，如图5-119所示。

图5-118 旋转设置

图5-119 旋转设置

06 在时间线中选择"风车"层，并在"特效控制台"第0秒开启位置的 （码表）按钮并设置位置值为163、570，然后将时间滑块放置在第1秒位置，再设置位置值为163、450，使风车素材由屏幕底部向上移动，如图5-120所示。

07 在动画设置时，要避免出现时间脱节的状态，相互配合产生动画，当前的动画效果如图5-121所示。

图5-120 位置设置

图5-121 动画效果

08 为了使整体的动态效果更加丰富，在时间线中选择蓝色背景，然后在"特效控制台"第0秒开启缩放的 (码表) 按钮并设置缩放值为100，再将时间滑块放置在第5秒位置，设置缩放值为120，使背景也带有慢慢放大的效果，如图5-122所示。

09 丰富场景中其他层的慢慢放大效果，使动画效果可以贯穿整个影片，如图5-123所示。

图5-122 缩放设置

图5-123 丰富动画效果

10 在时间线中选择"风车"层，然后在"特效控制台"第0秒开启透明度的 (码表) 按钮并设置透明度值为0，再将时间滑块放置在第0秒10帧位置，设置透明度值为100，使风车产生淡入显示的动画效果，如图5-124所示。

11 完成的当前动画效果如图5-125所示。

图5-124 透明度设置

图5-125 动画效果

6. 素材层次设置

01 为了使场景的动画效果更加协调，可以在时间线中调换素材层次，避免出现遮挡文字的素材存在，如图5-126所示。

02 选择"漫天雪花"层并拖拽至时间线的空白位置，然后将地面以上的层整体向上移动一个轨道，再将"漫天雪花"层放置在地面的底部轨道，使地面可以遮挡部分雪花效果，如图5-127所示。

图5-126　素材排列顺序

图5-127　调换素材顺序

03 展开"漫天雪花"层的时间线，然后设置第4秒至第5秒雪花消失的动画，预示雪花最后融化的表现，如图5-128所示。

7. 丰富影片特效

01 在时间线中选择"2013"层，然后将本层的开始时间位置向后拖拽10帧，使其在第0秒10帧后才显示本层内容，如图5-129所示。

图5-128　设置消失动画

图5-129　开始时间位置

02 切换"2013"层至"特效控制台"，然后在第1秒开启 🔘（码表）按钮并设置位置、缩放和透明度的关键帧，再将时间滑块放置在第0秒10帧位置设置动画，参数设置如图5-130所示。

03 选择文字层并切换至"特效控制台"，然后将图层的混合模式设置为"叠加"方式，如图5-131所示。

图5-130 设置数字层动画

图5-131 设置层模式

04 在时间线中选择文字层，然后将本层的开始时间位置向后拖拽1秒，使其在第1秒后才显示本层内容，如图5-132所示。

05 切换至"效果"面板，选择"擦除"文件夹中的"双侧平推门"视频切换项，并将其拖拽至"时间线"中文字层的入点位置，即为文字制作水平打开的显示效果，如图5-133所示。

图5-132 开始时间位置

图5-133 添加视频切换效果

06 在菜单栏中选择【文件】→【新建】→【黑色视频】命令，为影片添加一黑色图层，如图5-134所示。

07 切换至"效果"面板，选择"生成"视频特效文件夹中的"镜头光晕"视频特效项，并将其拖拽至"时间线"中的黑色视频层上，在"特效控制台"中可以对"镜头光晕"视频特效的参数值进行设置，光晕中心的位置值为409、230，镜头类型为50～300

毫米的光晕效果，如图5-135所示。

图5-134 新建黑色视频层

图5-135 添加镜头光晕视频特效

08 在时间线中选择"黑色视频"层并切换至"特效控制台"，然后将图层的混合模式设置为"变亮"方式，如图5-136所示。

09 在"特效控制台"中对"镜头光晕"视频特效的参数值进行动画设置，影片第0秒20帧开启光晕亮度的 （码表）按钮并设置亮度值为0，再将时间滑块放置在第1秒10帧位置，设置亮度值为150，最后将时间滑块放置在第2秒10帧位置，设置亮度值为0，制作镜头光晕强进弱出的闪光效果，如图5-137所示。

图5-136 设置层模式

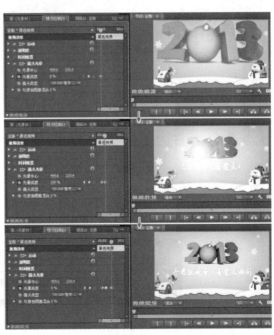

图5-137 设置镜头光晕显示动画

10 完成的最终动画效果，如图5-138所示。

图5-138　最终动画效果

5.5　创建新元素

在Premiere Pro CS5中，除了使用导入的素材创建动画外，还可以创建一些新元素，这些元素可以使动画制作过程中的素材更加丰富，部分元素在影片制作过程中也是较常用的。

5.5.1　通用倒计时片头

一般影片在倒计时常会用到"通用倒计时片头"，在Premiere Pro CS5中提供了预设的"通用倒计时片头"，在使用时可以简便快捷地创建一个标准的倒计时片头素材，而在编辑过程中还可以随时地对其进行更改，效果如图5-139所示。具体操作如下：

图5-139　通用倒计时片头效果

01 在"项目"面板中单击 （新建分项）按钮，在弹出的菜单中选择"通用倒计时片头"命令，也可以在项目面板中单击鼠标"右"键，在弹出的菜单中选择【新建分项】→【通用倒计时片头】命令。

02 执行该命令会弹出"新建通用倒计时片头"对话框，在对话框中可以对"通用倒计时片头"的视频的尺寸大小、像素纵横比与时基进行设置，还可以对音频的采样率进行设置，如图5-140所示。

03 设置完毕后会弹出"通用倒计时片头设置"对话框，在其中可以对"通用倒计时片头设置"中的"视频"与"音频"选项进行设置，如图5-141所示。

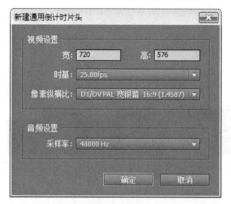

图5-140 新建通用倒计时片头对话框

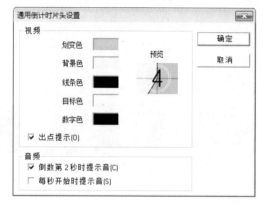

图5-141 通用倒计时片头设置对话框

- 划变色：可以设置在播放倒计时影片时，指示线围绕圆心转动时擦除后的颜色。
- 背景色：可以设置在指示线转动之前的背景颜色。
- 线条色：可以设置屏幕中十字标框的颜色。
- 目标色：可以设置屏幕中圆形图形的颜色。
- 数字色：可以设置播放"通用倒计时片头"时的数字颜色。
- 出点提示：可以设置在播放"通用倒计时片头"时是否显示结束提示。
- 倒数第2秒时提示音：可以设置在倒计时第2秒处是否发出提示音。
- 每秒开始时提示音：可以设置在倒计时每秒处是否发出提示音。

在对"通用倒计时片头"设置完毕后，单击"确定"按钮即可在"项目"面板中创建出"通用倒计时片头"。在编辑过程中如需对其再次进行编辑，可以在"项目"面板或"时间线"面板中双击该素材，对其进行编辑操作。

5.5.2 彩条与黑场

在影片编辑时，彩条与黑场可以起到提示和制作素材的作用。

1. 彩条

在编辑影片的过程中，可以为影片的开始与结束位置添加一段"彩条"，开始位置的彩条一般用于测试视频颜色是否准确，结束位置的彩条表示节目结束。

01 在"项目"面板中单击 （新建分项）按钮，在弹出的菜单中选择"彩条"命令，也可以在"项目"面板中单击鼠标右键，在弹出的菜单中选择【新建分项】→【彩条】命令。

02 执行该命令时会弹出"新建彩条"对话框，在对话框中可以对"彩条"的视频尺寸大小、像素纵横比与时基进行设置，还可以对音频的采样率进行设置，如图5-142所示。

03 设置完毕后，单击"确定"按钮即可在"项目"面板中创建出"彩条"素材，效果如图5-143所示。

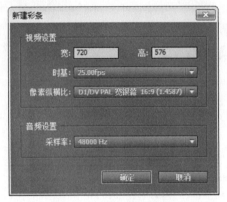

图5-142　新建彩条对话框

图5-143　彩条效果

2. 黑场

"黑场"一般应用在两个镜头之间起到过渡作用，通常会调节其"透明度"并为其设置关键帧，使其得到柔和的过渡效果。

01 在"项目"面板中单击 🔲（新建分项）按钮，在弹出的菜单中选择"黑场"命令，也可以在项目面板中单击鼠标"右"键，在弹出的菜单中选择【新建分项】→【黑场】命令。

02 执行该命令会弹出"新建黑场视频"对话框，在对话框中可以对"黑场"视频的尺寸大小、像素纵横比与时基进行设置，如图5-144所示。

03 设置完毕后，单击"确定"按钮即可在"项目"面板中创建出"黑场"视频素材。

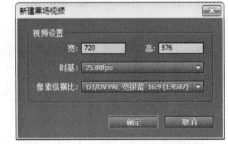

图5-144　新建黑场视频对话框

5.5.3　彩色蒙板

"彩色蒙板"可以为影片创建一层带有颜色的图层，使用"彩色蒙板"作为背景层，并将"彩色蒙板"层创建在素材层之上，可以通过设置彩色蒙板的颜色、透明度与叠加类型来控制素材的颜色倾向。

01 在"项目"面板中单击 🔲（新建分项）按钮，在弹出的菜单中选择"彩色蒙板"命令，也可以在项目面板中单击鼠标"右"键，在弹出的菜单中选择【新建分项】→【彩色蒙板】命令。

02 执行该命令会弹出"新建彩色蒙板"对话框，在对话框中可以对"新建彩色蒙板"视频的尺寸大小、像素纵横比与时基进行设置，如图5-145所示。

⑱ 设置完成后，单击"确定"按钮会弹出"颜色拾取"对话框，在该对话框中可以设置"彩色蒙板"的颜色属性，如图5-146所示。

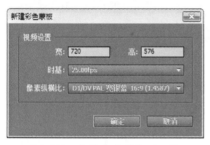

图5-145　新建彩色蒙板对话框

图5-146　颜色拾取对话框

⑲ 为"彩色蒙板"指定颜色后，单击"确定"按钮会弹出"选择名称"对话框，在该对话框中可以为创建的"彩色蒙板"命名。单击"确定"按钮即可在"项目"面板中创建出"彩色蒙板"素材。如图5-147所示。

图5-147　选择名称对话框

5.6　创建文字动画

文字在视频编辑过程中起着至关重要的作用，几乎所有的视频作品中都会存在各种各样的文字。使用最多的就是影片的标题、字幕以及说明，通过在视频中添加文字效果，可以使影片中的元素更加丰富。

5.6.1　静态字幕

在视频的编辑过程中，有时需要为视频添加动态字幕，使用Premiere Pro CS5可以方便快捷地制作动态字幕。在创建动态字幕时，可以通过系统的预设创建出由下至上、由左至右与由右至左的滚动字幕。

⓵ 在"项目"面板中单击🔳新建分项按钮，在弹出的菜单中选择"字幕"命令，如图5-148所示。

⓶ 执行该命令后会弹出"新建字幕"对话框，在该对话框中可以对所创建字幕层的尺寸大小、时基、像素纵横比与名称进行设置，如图5-149所示。

图5-148　选择字幕命令

03 设置完毕后单击"确定"按钮会弹出"字幕"对话框，在该对话框中单击 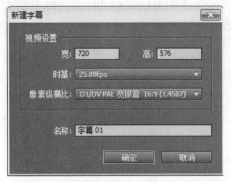（滚动/游动）按钮会弹出对话框，其中可以设置"字幕类型"与"时间（帧）"等选项，如图5-150所示。

图5-149 新建字幕对话框

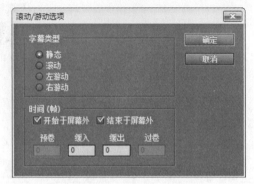

图5-150 滚动/游动选项对话框

04 设置完成后，单击"确定"按钮即可回到"字幕"对话框，点击 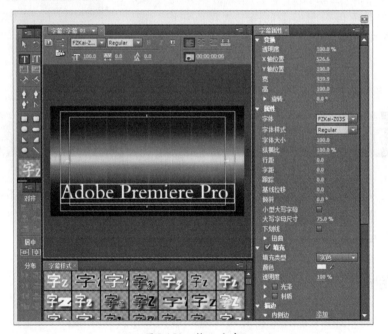（输入工具）按钮在文字输入区域输入字幕内容；设置完成后即可关闭"字幕"对话框，在"项目"面板中将创建出"字幕"素材，如图5-151所示。

图5-151 输入文字

5.6.2 动画字幕

在编辑过程中，如果需要在视频中创建出更为复杂的字幕动画效果，可以手动调节关键帧动画。使用手动调节的字幕动画效果更为丰富，在编辑过程中较为复杂的字幕效果都需要手动进行调节。

01 在"项目"面板中单击鼠标右键，在弹出的菜单中选择【新建分项】→【字幕】命令，如图5-152所示。

02 执行该命令后会弹出"新建字幕"对话框，在该对话框中可以对所创建的字幕层的尺寸大小、时基、像素纵横比与名称进行设置，如图5-153所示。

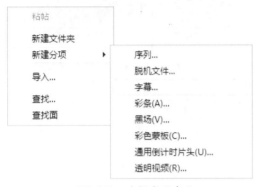

图5-152　选择字幕命令　　　　　　　　　　　图5-153　新建字幕对话框

03 设置完毕后，单击"确定"按钮会弹出"字幕"对话框，点击Ｔ（输入工具）按钮即可在文字输入区域输入字幕内容，如图5-154所示。

图5-154　输入文字

04 设置完成后即可关闭"字幕"对话框，在项目面板中将创建出"字幕"素材，再将"字幕"素材拖拽至"序列"面板中，然后在"特效控制台"面板中为其手动调节动画效果。

5.6.3　文字动画范例

本实例主要介绍文字动画的制作过程，包括新建项目文件、导入素材文件、创建字幕素材、动画设置等步骤，范例效果如图5-155所示。

图5-155　范例效果

1. 新建项目文件

01 打开Adobe Premiere Pro CS5软件，弹出"欢迎使用Adobe Premiere Pro"对话框，在对话框中单击"新建项目"按钮会弹出"新建项目"对话框，在该对话框中对项目文件的保存路径以及项目名称进行设置，如图5-156所示。

02 设置完成后，单击"确定"按钮会弹出"新建序列"对话框，在"新建序列"对话框中需要对序列进行定义设置，在Premiere Pro CS5提供的常用序列预设中选择所需的"序列预设"，如图5-157所示。

图5-156　设置项目名称及路径

图5-157　选择序列预设

03 单击"确定"按钮即可在"项目"面板中创建序列，如图5-158所示。

2. 导入素材文件

01 在"项目"面板中单击鼠标右键，在弹出的菜单中选择"导入"命令，如图5-159所示。

图5-158　创建序列

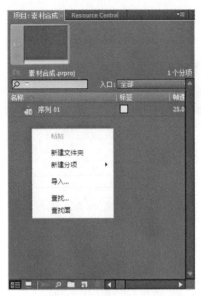

图5-159　选择导入命令

02 执行"导入"命令后会弹出"导入"对话框，在该对话框中选择"背景"素材并单击"打开"按钮，即可将素材导入到"项目"面板中，如图5-160所示。

03 继续执行"导入"命令，在导入命令中选择"素材1"PSD格式图层文件，再单击"打开"按钮导入，如图5-161所示。

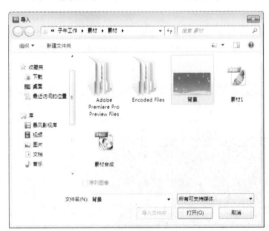

图5-160　选择文件

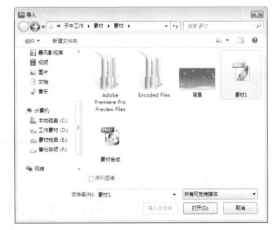

图5-161　选择文件

04 打开PSD图层文件时会弹出"导入分层文件"对话框，单击"导入为"选项后方的 ▼（下箭头）按钮，在弹出的列表中选择"序列"选项，便会在导入图层文件时将以序列的方式进行导入，如图5-162所示。

05 设置完成后，单击"确定"按钮即可将图层文件导入到"项目"面板中，如图5-163所示。

图5-162　设置导入方式

3. 创建字幕素材

01 在菜单栏中选择【字幕】→【新建字幕】→【默认静态字幕】命令，如图5-164所示。

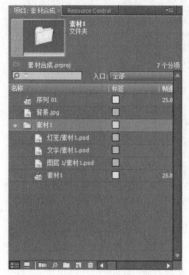

图5-163 导入分层文件

图5-164 选择默认静态字幕命令

02 执行该命令会弹出"新建字幕"对话框，在该对话框中可以对字幕文件的尺寸大小、时基、像素纵横比与名称等进行设置。一般情况下不对其进行设置，在本例中同样不对其进行设置直接单击"确定"按钮，如图5-165所示。

03 单击"确定"按钮会弹出"字幕"对话框，在对话框中单击 **T**（输入工具）按钮在文字输入区域进行文字输入，并设置字体样式与文字大小的值为60，如图5-166所示。

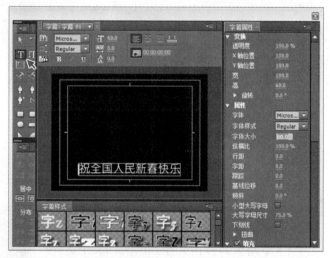

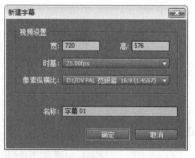

图5-165 新建字幕对话框

图5-166 输入及设置文字

04 将该对话框关闭，在"项目"面板中将创建出字幕素材，如果想要对其进行二次修改，可以在"项目"面板中双击该素材对其进行修改操作，如图5-167所示。

4. 动画设置

01 在"项目"面板中将"背景"图片导入到"序列"面板中，然后将 **■**（时间标记）移动到"时间标尺"第8秒处的位置再将鼠标移动到素材出点位置，当鼠标箭头变为 图标时，拖拽鼠标将出点位置移动到时间标记处，出点位置将自动吸附到时间标记处，如图5-168所示。

图5-167　创建字幕文件

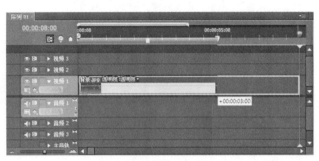

图5-168　导入背景素材

02 将"项目"面板中PSD分层文件中的"灯笼"与"文字"图层导入到"序列"面板中，然后在"序列"面板中调节素材文件所在的轨道位置，并调节素材出点到"时间标尺"第8秒处的位置，保持编辑影片的时间位置统一，如图5-169所示。

03 单击"视频3"轨道中的 （切换轨道输出）按钮，将"视频3"轨道中的文字素材进行隐藏，在对其他轨道中的素材进行编辑时不会受到影响。选择"序列"面板"视频2"轨道中的文字素材，再切换至"特效控制台"面板并展开运动选项，调节缩放比例值为70，如图5-170所示。

图5-169　导入图层素材

图5-170　调节缩放比例

04 在"特效控制台"中拖拽 （时间标记）移动到开始帧位置，单击位置、缩放比例与旋转选项前的 （切换动画）按钮来记录该素材的开始帧信息，再调节其中位置值为

900、700，旋转值为－20，使"灯笼"位于屏幕外侧右下角的区域，如图5-171所示。

⑤ 将 ▦（时间标记）移动到"时间标尺"2秒的位置，然后调节位置值为150、220，缩放比例值为40，旋转值为40，当选项中的参数值调节后将自动记录关键帧，如图5-172所示。

图5-171　设置开始帧素材位置　　　　　图5-172　调节运动参数

⑥ 通过关键帧动画设置得到"灯笼"由屏幕右下角飞入到左上角的动画效果，播放观察动画效果，如图5-173所示。

图5-173　动画效果

⑦ 单击"视频3"轨道中的 ◉（切换轨道输出）按钮，将"视频3"轨道中的素材进行显示，准备对"文字"层素材进行动画设置。在"序列"面板中将 ▦（时间标记）移动到"时间标尺"1秒15帧的位置，再调节"文字"层素材的入点位置到"时间标尺"处，如图5-174所示。

⑧ 切换至"特效控制台"面板，然后单击缩放比例与透明度项前的 ◉（切换动画）按钮记录该素材的开始帧，再调节缩放比例值为600，透明度值为0，如图5-175所示。

⑨ 将 ▦（时间标记）移动到"时间标尺"2秒钟位置，然后调节透明度值为100，记录该素材在1秒15帧～2秒钟位置文字由完全透明到完全不透明的渐显动画效果，如图5-176所示。

⑩ 将 （时间标记）移动到"时间标尺"4秒钟位置，调节缩放比例值为80，记录"文字"素材的由大到小的缩放动画，如图5-177所示。

图5-174　调节素材入点位置

图5-175　记录素材关键帧

图5-176　记录透明动画效果

图5-177　记录缩放比例动画效果

⑪ 记录"文字"素材的透明度与缩放比例动画后，通过播放观察动画效果，得到了文字由透明到显示并飞入屏幕的动画效果，如图5-178所示。

图5-178　文字动画效果

⓬ 通过观察发现"文字"层会与后方的"灯笼"层发生遮挡，这时需要适当地调整文字层的位置，切换至"特效控制台"面板将位置值设置为365、370，如图5-179所示。

⓭ 在"项目"面板中将创建的"字幕01"素材导入到序列面板中，然后将（时间标记）移动到"时间标尺"4秒钟位置，再调节"字幕01"素材的入点位置到（时间标记）处，如图5-180所示。

图5-179　调节文字位置

图5-180　导入并调节素材

⓮ 切换至"特效控制台"面板设置缩放比例值为65，然后单击位置选项前的 （切换动画）按钮记录该素材的开始帧，再调节位置值为840、370，如图5-181所示。

⓯ 将"时间标记"移动到"时间标尺"第6秒钟位置，然后在"特效控制台"面板中设置位置值为520、370，如图5-182所示。

图5-181　记录素材开始帧动画

图5-182　设置位置参数

⓰ 通过记录"字幕01"素材的位置动画得到了字幕文字由屏幕右侧飞入画面的动画效果，如图5-183所示。

⓱ 在"节目"监视器面板中单击 （安全框）按钮，将"节目"监视器的安全框显示出来。通过观察发现，有些素材的边缘位置太靠近安全框，如果在电视中播放边缘位置可能会被剪裁，所以需要对所编辑的素材进行调整，如图5-184所示。

⓲ 在"序列"面板中对"视频1"轨道中的"灯笼"素材进行选择，然后切换至"特效

控制台"面板，将 （时间标记）移动到所记录的关键帧位置，再调节缩放比例值为35，如图5-185所示。

图5-183 字幕动画效果

图5-184 显示安全框

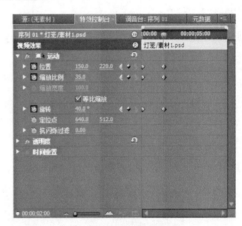

图5-185 调节缩放比例

⑲ 在"序列"面板中对"视频2"轨道中的"文字"素材进行选择，然后切换至"特效控制台"面板将 （时间标记）移动到所记录的关键帧位置，并调节"缩放比例"值为35，如图5-186所示。

⑳ 经过调节后，播放观察动画的效果，如图5-187所示。

图5-186 调节缩放比例

图5-187 调节后动画效果

㉑ 通过观察动画效果，发现其中的"字幕01"的文字颜色比较浅，在画面中不是很明显，所以需要对"字幕01"进行设置。在"序列"面板中双击"字幕01"素材，将会弹出"字幕"对话框，如图5-188所示。

㉒ 在"字幕属性"面板的"描边"项目中单击"外侧边"选项后的"添加"按钮，并在下方单击勾选启用"外侧边"选项，然后设置类型为深度、大小值为15，如图5-189所示。

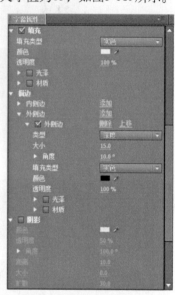

图5-188　打开字幕对话框　　　　　　　　图5-189　设置字幕参数

㉓ 设置完成后，通过播放观察最终效果，如图5-190所示。

图5-190　动画效果

5.7　本章小结

对于非线编辑人员来说，软件的操作熟练度只是编辑技术的基础，编辑人员对编辑技术的理解能力也是影片编辑成功与否的关键。本章对Premiere中编辑影片的基本技术和操作进行详细的讲解。

本章主要对Premiere Pro CS5中编辑相关知识与如何创建动画进行讲解，包括监视器面板、在其他软件中打开素材、影片剪裁操作、动画设置、创建新元素、创建文字动画。对于编辑人员来说，此章内容是Premiere Pro CS5编辑的核心内容。

5.8 习题

1. Premiere中左右两个监视器是什么？
2. 请列举影片剪裁主要使用的操作方法。
3. 如何分离视频与音频素材？
4. 子编辑的作用是什么？
5. 创建字幕的方式有哪些？

第6章
视频切换与特效

本章主要介绍Premiere Pro CS5中的视频切换与特效，包括创建视频切换、调整与设置视频切换、视频切换类型、添加视频特效、设置视频特效、视频特效类型和特效综合范例等。

视频切换与特效在实际编辑工作中占据着非常重要的位置，直接决定影片的品质。

6.1 创建视频切换

视频切换的作用是使镜头间产生过渡，对两个画面的编辑进行特技处理，完成场景转换的方法，从而使视频在播放时更加流畅。一般视频切换包括叠化、淡入淡出、翻页、定格、翻转画面和多屏幕分切等技巧，也就是常说的"转场"。

视频镜头切换可以在同一轨道的两个素材间使用，也可以在单独的素材中使用，但在单独轨道中使用时需要注意，如果被添加视频切换的素材轨道层下方的轨道层中没有与其叠加的素材时，在进行切换的过程中将显示为黑色背景。当在上方轨道与下方轨道中的素材添加视频切换时，视频切换必须添加在上方轨道的素材上，这时将使用下方轨道中的素材作为背景。

添加视频切换的方法如下：

01 切换至"效果"面板，在"效果"面板中选择需要的视频切换类型，如图6-1所示。

02 单击鼠标左键将视频拖拽至"序列"面板中需要添加视频切换的素材片段上，如图6-2所示。

图6-1　选择视频切换

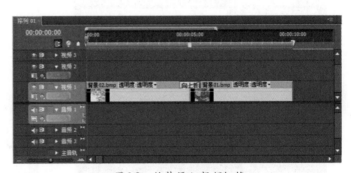

图6-2　拖拽添加视频切换

在拖拽添加视频切换时需要注意，只有素材片段的入点与出点位置可以被添加视频切换。在为相邻的两个素材片段之间添加视频切换时，可以通过拖拽调整视频切换的两端来控制转换的时间。

6.2 调整与设置视频切换

在"序列"面板中被添加视频切换的素材上会出现重叠区域，该重叠区域即视频切换的区域，通过调整这段区域的长度即可调节视频切换的长度。

在"序列"面板中调节视频切换区域的长度时，同样可以使用 选择工具进行调整，与调节素材片段长度的方法相似，将鼠标移动到视频切换的边缘，当鼠标箭头变为 图标时，就可以通过拖拽鼠标来调节视频切换的长度，如图6-3所示。

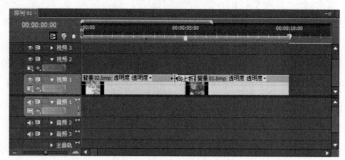

图6-3　调节视频切换长度

6.2.1　特效设置台

如果需要对视频切换进行设置，可以通过切换至"特效设置台"面板对视频切换进行详细的设置，不同视频切换类型中的设置选项会有差异，如图6-4所示。

在"特效设置台"面板的最上方是播放与预览的区域，在其中可以通过单击▶（播放转场过渡效果）按钮在下方的预览区域中进行预览效果，在上方还可以对持续时间以及对齐方式进行设置，如图6-5所示。

图6-4　视频切换选项

图6-5　视频切换预览区域

在预览区域下方为视频切换的效果调整区域，在该区域可以调整对视频切换的开始帧与结束帧位置的视频切换效果，如图6-6所示。

1. 显示实际来源

"显示实际来源"选项主要设置切换在预览与调整区域是否以素材画面显示，当勾选该选项时，左侧显示的是开始视频的缩略图，右侧显示的是结束视频的缩略图，如图6-7所示。

2. 边宽

"边宽"选项可以为转场时两个画面之间添加过渡边并设置过渡边的宽度，默认的

图6-6　效果调整区域

"边宽"值为0，即不为画面之间添加过渡边。添加过渡边的效果如图6-8所示。

图6-7　显示实际来源

图6-8　边宽效果

3. 边色

"边色"选项可以设置添加"边宽"的颜色，通过单击███（颜色拾取）按钮进行颜色拾取，还可以单击✎（吸管）按钮对屏幕中的颜色进行拾取。

4. 反转

勾选"反转"选项可以倒放视频切换效果，使开始与结束位置的视频切换相互调换。

5. 抗锯齿品质

通过"抗锯齿品质"选项可以设置两个画面边缘的柔和过渡效果，得到画质更高的视频切换效果。

6.2.2　持续时间

在"特效设置台"面板的右侧可以对视频切换的持续时间进行精确的设置，在其中可以将相邻的两段素材与视频切换分层显示。在素材层上将以两种颜色显示，其中浅色区域为素材的实际长度，在两个素材区域中间的为"视频"切换长度，如图6-9所示。

控制持续时间的方法如下：

01 在"特效设置台"面板中调节视频切换与素材的长度，可以将鼠标移动到"视频切换"素材上，鼠标的箭头将发生变化。当鼠标移动到素材边缘时将以▣图标显示，可以通过拖拽调节素材长度，如图6-10所示。

图6-9　视频切换调节区域

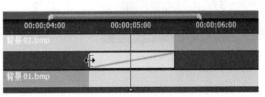

图6-10　调整素材方式

02 当鼠标移动到"视频切换"素材上时将以 ⊟ 图标显示，可以通过拖拽调整"视频切换"素材的位置，"视频切换"的入点向右移动不可以超过两个素材的中点，"视频切换"的出点向左移动同样不可以超过两个素材的中点，如图6-11所示。

03 当鼠标移动到"视频切换"素材中心时将以 ▦ 图标显示，拖拽调整时将同时调整"视频切换"与素材之间的中点位置，类似于"工具"面板中的 ▦ 滚动编辑工具，如图6-12所示。

图6-11　调整素材方式

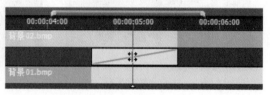
图6-12　调整素材方式

6.3　视频切换类型

在Premiere Pro CS5中提供了多种视频切换类型，其中包括3D运动、伸展、划像与卷叶等视频切换类型，本节将对其中的"视频切换"效果进行介绍。

6.3.1　3D运动

在"3D运动"文件夹中包含了10种三维运动的视频切换效果，其中包括向上折叠、帘式、摆入与摆出等切换效果，如图6-13所示。

1. 向上折叠

可以使"画面A"像折纸一样重复对折而显示"画面B"的过渡效果，如图6-14所示。

图6-13　3D运动视频切换类型

图6-14　向上折叠效果

2. 帘式

可以使"画面A"像窗帘一样被拉起而显示"画面B"的过渡效果，类似舞台上的幕布张开一样，如图6-15所示。

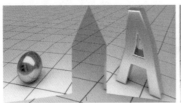 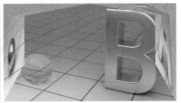

图6-15　帘式效果

3. 摆入

可以使"画面B"沿一侧轴产生由外向内的转动效果，而将"画面A"覆盖，如图6-16所示。

图6-16　摆入效果

4. 摆出

可以使"画面B"沿一侧轴产生由内向外的转动效果，从而将"画面A"覆盖，如图6-17所示。

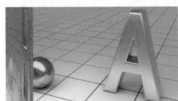 

图6-17　摆出效果

5. 旋转

可以使"画面B"产生由"画面A"中心旋转拉伸展开的视频切换效果，如图6-18所示。

图6-18　旋转效果

6. 旋转离开

"旋转离开"视频切换效果与旋转离开效果相似，"画面B"同样以"画面A"中心进行旋转切换，如图6-19所示。

图6-19　旋转离开效果

7. 立方体旋转

"立方体旋转"视频切换将"画面A"与"画面B"作为立方体的两个面，产生由立方体的A面旋转至B面的过渡效果，如图6-20所示。

图6-20　立方体旋转效果

8. 筋斗过渡

可以将"画面A"作为卡片，得到旋转翻入到画面B的过渡效果，如图6-21所示。

图6-21　筋斗过渡效果

9. 翻转

可以将"画面A"与"画面B"作为一张卡片的两个面，以这个卡片的中心进行旋转，得到"画面A"转向"画面B"的过渡效果，如图6-22所示。

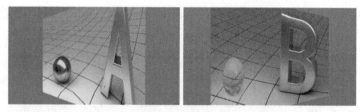

图6-22　翻转效果

在"特效设置台"中还可以对"翻转"视频切换效果进行自定义设置，单击"自定义"设置按钮会弹出"翻转设置"对话框，在该对话框中可以对"带"与"填充颜色"进行设置，如图6-23所示。

- 带：设置"画面A"垂直翻转条的数量。
- 填充颜色：设置图像背景区域的颜色。

10. 门

将"画面B"作为两扇门，得到门关闭的视频切换效果，如图6-24所示。

图6-23　翻转设置

图6-24　门效果

6.3.2　伸展

在"伸展"文件夹中包含了4种视频切换效果，即交叉伸展、伸展、伸展覆盖与伸展进入，如图6-25所示。

1. 交叉伸展

可以得到"画面B"拉伸而挤压"画面A"的视频切换效果，如图6-26所示。

图6-25　伸展视频切换类型

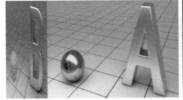

图6-26　交叉伸展效果

2. 伸展

可以得到"画面B"拉伸而覆盖"画面A"的视频切换效果，如图6-27所示。

图6-27　伸展效果

3. 伸展覆盖

可以得到"画面B"横向缩放、纵向拉伸并覆盖"画面A"的视频切换效果，如图6-28所示。

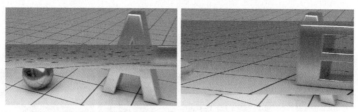

图6-28　伸展覆盖效果

4. 伸展进入

可以得到"画面B"由透明到不透明并横向拉伸的视频过渡效果，如图6-29所示。

在"特效设置台"中还可以对"伸展进入"视频切换效果进行自定义设置。单击"自定义"设置按钮会弹出"伸展进入设置"对话框，在该对话框中可以对"带"进行设置，如图6-30所示。

图6-29　伸展进入效果

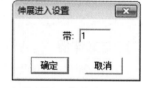

图6-30　伸展进入设置

- 带：设置水平伸展条的数量。

6.3.3　划像

在"划像"文件夹中包括7种视频切换效果，其中包含了划像交叉、划像形状、圆划像与星形划像等，如图6-31所示。

1. 划像交叉

可以得到"画面B"呈十字形从"画面A"中展开的视频切换效果，如图6-32所示。

图6-31　划像视频切换类型

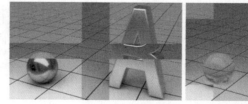

图6-32　划像交叉效果

2. 划像形状

可以得到"画面B"呈规则形从"画面A"中伸展过渡的视频切换效果，如图6-33所示。

在"特效设置台"面板中还可以对"划像形状"视频切换效果进行自定义设置,单击"自定义"按钮会弹出"划像形状设置"对话框,在对话框中可以对"形状数量"与"形状类型"进行设置,如图6-34所示。

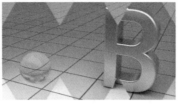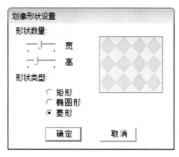

图6-33 划像形状 　　　　　　　　　　　图6-34 划像形状设置

- 形状数量:设置画面中水平与垂直的图形数量。
- 形状类型:设置画面中的图形形状,其中有矩形、椭圆形与菱形。

3. 圆划像

可以得到"画面B"呈圆形从"画面A"中展开的视频切换效果,如图6-35所示。

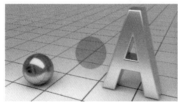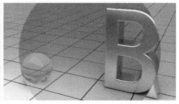

图6-35 圆划像效果

4. 星形划像

可以得到"画面B"呈星形从"画面A"中展开的视频切换效果,如图6-36所示。

图6-36 星形划像效果

5. 点划像

可以得到"画面B"呈斜十字形从"画面A"中展开的视频切换效果,如图6-37所示。

图6-37 点划像效果

6. 盒形划像

可以得到"画面B"呈长方形从"画面A"中展开的视频切换效果，如图6-38所示。

图6-38 盒形划像

7. 菱形划像

可以得到"画面B"呈菱形从"画面A"中显示的视频切换效果，如图6-39所示。

图6-39 菱形划像效果

6.3.4 卷页

在"卷页"文件夹中包括5种视频切换效果，分别为中心剥落、剥开背面、卷走、翻页与页面剥落，如图6-40所示。

1. 中心剥落

可以将"画面A"作为一张纸，将"画面A"分为四块从中心位置向四角位置卷起，并将"画面B"显示出来的视频切换效果，如图6-41所示。

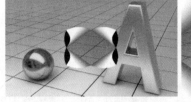

图6-40 卷页视频切换类型　　　　　　图6-41 中心剥落效果

2. 剥开背面

"剥开背面"视频切换效果与"中心剥落"视频切换效果相似，同样是将"画面A"分为四块从中心位置向四角位置卷起，但是在卷起时分先后顺序进行，如图6-42所示。

图6-42　剥开背面效果

3. 卷走

可以得到"画面A"以画轴的方式从一侧卷起并显示出"画面B"的视频切换效果，如图6-43所示。

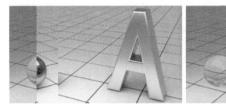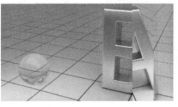

图6-43　卷走效果

4. 翻页

可以得到"画面A"由画面左上角向右下角卷起并露出"画面B"的视频切换效果，如图6-44所示。

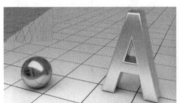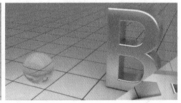

图6-44　翻页效果

5. 页面剥落

可以得到"画面A"像纸一样从画面左上角向右下角卷起并露出"画面B"的视频切换效果，如图6-45所示。

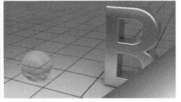

图6-45　页面剥落效果

6.3.5　叠化

在"叠化"文件夹中包括7种视频切换效果，其中包含了交叉叠化、抖动溶解、白场过渡与附加叠化等，如图6-46所示。

1. 交叉叠化（标准）

可以使"画面A"淡化为"画面B"的视频切换效果，如图6-47所示。

图6-46 叠化视频切换类型 　　　　　　　　图6-47 交叉叠化效果

2. 抖动溶解

可以使"画面A"以颗粒状溶解的方式转换为"画面B"，效果如图6-48所示。

图6-48 抖动溶解效果

3. 白场过渡

可以使"画面A"以变亮的模式转换为"画面B"，效果如图6-49所示。

图6-49 白场过渡效果

4. 附加叠化

可以使"画面A"以加亮模式淡化为"画面B",效果如图6-50所示。

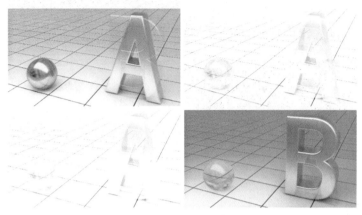

图6-50 附加叠化效果

5. 随机反相

可以使"画面A"以随机块过渡到"画面B",并在随机块中显示反相效果,如图6-51所示。

在"特效设置台"面板中还可以对"随机反相"视频切换效果进行自定义设置。单击"自定义"按钮会弹出"随机反相设置"对话框,在对话框中可以对"宽"、"高"、"反相源"与"反相目标"进行设置,如图6-52所示。

图6-51 随机反相效果　　　　图6-52 随机反相设置

- 宽:设置图像水平的随机块数量。
- 高:设置图像垂直的随机块数量。
- 反相源:随机块中显示"画面A"的反相效果。
- 反相目标:随机块中显示"画面B"的反相效果。

6. 非附加叠化

可以得到亮度叠加的效果,如图6-53所示。

7. 黑场过渡

可以使"画面A"以变暗的模式转换为"画面B",效果如图6-54所示。

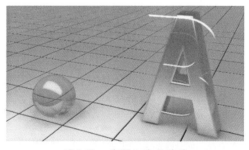

图6-53 非附加叠化效果

图6-54　黑场过渡效果

6.3.6　擦除

在"擦除"文件夹中包括17种视频切换效果，其中包含了双侧平推门、带状擦除、径向划变与插入等，如图6-55所示。

1. 双侧平推门

以拉门开关方式从屏幕中心位置对"画面A"进行擦除，显示出"画面B"效果如图6-56所示。

图6-55　擦除视频切换类型

图6-56　双侧平推门效果

2. 带状擦除

以条状对"画面A"进行擦除并显示出"画面B"，效果如图6-57所示。

图6-57　带状擦除效果

在"特效设置台"面板中还可以对"带状擦除"视频切换效果进行自定义设置。单击"自定义"按钮会弹出"带状擦除设置"对话框，在对话框中可以对"带数量"进行设置，如图6-58所示。

● 带数量：设置水平方向条状格的数量。

3. 径向划变

可以得到以屏幕的右上角顺时针旋转擦除"画面A"并显示"画面B"的视频切换效果，如图6-59所示。

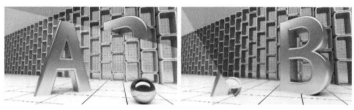

图6-58 带状擦除设置   图6-59 径向划变效果

4. 插入

可以得到由画面右上角向左下角擦除"画面A"并显示"画面B"的视频切换效果，如图6-60所示。

图6-60 插入效果

5. 擦除

可以得到由左至右擦除"画面A"并显示"画面B"的视频切换效果，如图6-61所示。

图6-61 擦除效果

6. 时钟式划变

可以得到时钟式旋转擦除"画面A"并显示出"画面B"的视频切换效果，如图6-62所示。

7. 棋盘

以棋盘的方式擦除"画面A"并显示"画面B"，效果如图6-63所示。

在"特效设置台"面板中还可以对"棋盘"视频切换效果进行自定义设置。单击"自定义"按钮会弹出"棋盘设置"对话框，在对话框中可以对"水平切片"与"垂直切片"进行设置，如图6-64所示。

图6-62　时钟式划变效果

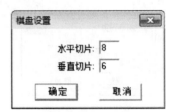

图6-63　棋盘效果　　　　　　　　　　　　　　　　图6-64　棋盘设置

- 水平切片：设置水平方向的棋盘格数量。
- 垂直切片：设置垂直方向的棋盘格数量。

8. 棋盘划变

"棋盘划变"视频切换可以得到以单独的棋盘格为单位的擦除"画面A"并显示"画面B"的视频切换效果，如图6-65所示。

在"特效设置台"面板中还可以对"棋盘划变"视频切换效果进行自定义设置。单击"自定义"按钮会弹出"棋盘式划出设置"对话框，在对话框中可以对"水平切片"与"垂直切片"进行设置，如图6-66所示。

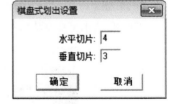

图6-65　棋盘划变效果　　　　　　　　　　　　　　图6-66　棋盘式划出设置

- 水平切片：设置水平方向的棋盘格数量。
- 垂直切片：设置垂直方向的棋盘格数量。

9. 楔形划变

"楔形划变"视频切换以扇形打开的方式擦除"画面A"并显示"画面B"，效果如图6-67所示。

10. 水波块

沿"Z"字形擦除"画面A"并显示"画面B"的效果，如图6-68所示。

图6-67　楔形划变效果

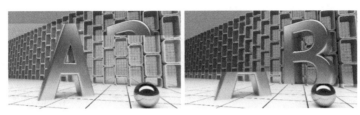

图6-68　水波块效果

在"特效设置台"面板中还可以对"水波块"视频切换效果进行自定义设置。单击"自定义"按钮会弹出"水波块设置"对话框，在对话框中可以对"水平"与"垂直"进行设置，如图6-69所示。

- 水平：设置水平方向水波块的数量。
- 垂直：设置垂直方向水波块的数量。

11. 油漆飞溅

可以得到以液体泼溅方式擦除"画面A"并显示"画面B"的效果，如图6-70所示。

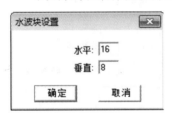

图6-69　水波块设置

图6-70　油漆飞溅效果

12. 渐变擦除

可以得到以灰度渐变擦除"画面A"并显示"画面B"的效果，如图6-71所示。

在"特效设置台"面板中还可以对"渐变擦除"视频切换效果进行自定义设置。单击"自定义"按钮会弹出"渐变擦除设置"对话框，在对话框中可以单击"选择图像"按钮选择图片作为灰度图片，在"柔和度"中可以对边缘过渡的柔和度进行设置，如图6-72所示。

图6-71　渐变擦除效果

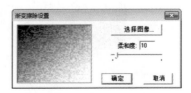

图6-72　渐变擦除设置

13. 百叶窗

可以得到以百叶窗开关的方式擦除"画面A"并显示"画面B"的效果，如图6-73所示。

在"特效设置台"面板中还可以对"百叶窗"视频切换进行自定义设置。单击"自定义"按钮会弹出"百叶窗设置"对话框，在对话框中可以对"带数量"进行设置，如图6-74所示。

  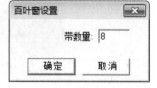

图6-73　百叶窗效果　　　　　　　　　　　　图6-74　百叶窗设置

● 带数量：设置百叶窗翻转时叶片的数量。

14. 螺旋框

可以得到向内螺旋擦除"画面A"并显示"画面B"的过渡效果，如图6-75所示。

在"特效设置台"面板中还可以对"螺旋框"视频切换进行自定义设置。单击"自定义"按钮会弹出"螺旋框设置"对话框，在对话框中可以对"水平"与"垂直"进行设置，如图6-76所示。

  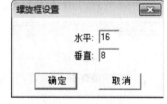

图6-75　螺旋框效果　　　　　　　　　　　　图6-76　螺旋框设置

● 水平：设置水平方向的图像块的数量。
● 垂直：设置垂直方向的图像块的数量。

15. 随机块

可以得到由随机块的方式擦除"画面A"并显示"画面B"的视频切换效果，如图6-77所示。

图6-77　随机块效果

在"特效设置台"面板中还可以对"随机块"视频切换效果进行自定义设置。单击"自定义"按钮会弹出"随机块设置"对话框，在对话框中可以对"宽"与"高"进行设置，如图6-78所示。

- 宽：设置水平方向的随机块数量。
- 高：设置垂直方向的随机块数量。

16. 随机擦除

可以得到随机块由上至下擦除"画面A"并显示"画面B"的视频切换效果，如图6-79所示。

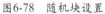

图6-78 随机块设置

图6-79 随机擦除效果

17. 风车

可以得到将"画面A"以画面中心辐射分割为若干等份，并进行旋转擦除而显示为"画面B"的视频切换效果，如图6-80所示。

在"特效设置台"面板中还可以对"风车"视频切换效果进行自定义设置。单击"自定义"按钮会弹出"风车设置"对话框，在对话框中可以对"楔形数量"进行设置，如图6-81所示。

图6-80 风车效果

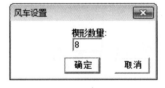

图6-81 风车设置

- 楔形数量：设置风车叶片的数量。

6.3.7 映射

在"映射"文件夹中包括两种视频切换效果，即"明亮度映射"和"通道映射"，这两种视频切换方式是通过使用影像通道影响视频中画面的方式作为视频切换效果的，如图6-82所示。

1. 明亮度映射

可以得到由图像中的明度值产生映射的叠加效果，效果如图6-83所示。

图6-82　映射视频切换类型

图6-83　明亮度映射效果

2. 通道映射

可以通过切换的图像通道完成所需的视频切换效果，如图6-84所示。

在"特效设置台"面板中还可以对"通道映射"视频切换进行自定义设置。单击"自定义"按钮会弹出"通道映射设置"对话框，对话框中可以在"映射"选项中对映射源的类型进行设置，如图6-85所示。

图6-84　通道映射效果

图6-85　通道映射设置

6.3.8　滑动

在"滑动"文件夹中包括12种视频切换效果，其中包含了中心合并、中心拆分、互换与多旋转等，如图6-86所示。

1. 中心合并

可以得到将"画面A"以"十字"方式进行分割并向中心合并，并显示"画面B"的视频切换效果，如图6-87所示。

2. 中心拆分

可以得到将"画面A"以"矩形"方式向四角拆分，并显示"画面B"的视频切换效果，如图6-88所示。

图6-86　滑动视频切换类型

图6-87 中心合并效果

图6-88 中心拆分效果

3. 互换

可以将"画面A"与"画面B"分别向两侧移动，在移动到中点时"画面B"将覆盖"画面A"，并且两个画面回到原位置得到两个画面互换效果，如图6-89所示。

图6-89 互换效果

4. 多旋转

可以得到"画面B"被切分为若干个小画面并旋转铺入的视频切换效果，如图6-90所示。

"特效设置台"面板中还可以对"多旋转"视频切换效果进行自定义设置。单击"自定义"按钮会弹出"多旋转设置"对话框，在对话框中可以对"水平"与"垂直"进行设置，如图6-91所示。

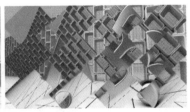

图6-90 多旋转效果　　　　　　图6-91 多旋转设置

- 水平：设置水平方向的切分画面数量。
- 垂直：设置垂直方向的切分画面数量。

5. 带状滑动

可以得到将"画面B"以条状向屏幕中心介入，并覆盖"画面A"的视频切换效果，如图9-92所示。

在"特效设置台"面板中还可以对"带状滑动"视频切换效果进行自定义设置。单击"自定义"按钮会弹出"带状滑动设置"对话框,在对话框中可以对"带数量"进行设置,如图6-93所示。

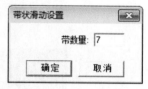

图9-92　带状滑动效果　　　　　　　　　　　　　　图6-93　带状滑动设置

● 带数量:设置滑动条的数量。

6. 拆分

可以得到"画面A"双向拉门打开并露出"画面B"的视频切换效果,如图6-94所示。

图6-94　拆分效果

7. 推

使用"画面B"将"画面A"推出屏幕,效果如图6-95所示。

图6-95　推效果

8. 斜线滑动

可以将"画面B"以线条状倾斜划入到"画面A",效果如图6-96所示。

图6-96　斜线滑动

9. 滑动

可以得到"画面B"由屏幕左侧滑动到屏幕右侧并覆盖"画面A"的视频切换效果,如图6-97所示。

图6-97　滑动效果

10. 滑动带

可以得到"画面B"以条形带的方式划入，并覆盖"画面A"的视频切换效果，如图6-98所示。

图6-98　滑动带效果

11. 滑动框

"滑动框"视频切换与"滑动带"视频切换的效果相似，但"画面B"在滑动时滑动条的形状不会发生改变，如图6-99所示。

在"特效设置台"面板中还可以对"滑动框"视频切换效果进行自定义设置。单击"自定义"按钮会弹出"滑动框设置"对话框，在对话框中可以对"带数量"进行设置，如图6-100所示。

图6-99　滑动框效果

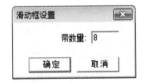

图6-100　滑动框设置

- 带数量：设置滑动条的数量。

12. 旋涡

可以将"画面B"分割为若干小块并在"画面A"中旋转而出，效果如图6-101所示。

图6-101　旋涡效果

6.3.9 特殊效果

在"特殊效果"文件夹中包括3种视频切换效果，即映射红蓝通道、纹理与置换，如图6-102所示。

1. 映射红蓝通道

将"画面A"中的红蓝通道映射混合到"画面B"中，效果如图6-103所示。

2. 纹理

可以使"画面A"作为纹理图与"画面B"做颜色混合过渡，效果如图6-104所示。

图6-102　特殊效果视频切换类型

图6-103　映射红蓝通道效果

图6-104　纹理效果

3. 置换

将"画面A"作为位移图，以其像素颜色的明暗，分别用水平与垂直的错位，影响与其进行切换的片段，效果如图6-105所示。

图6-105　置换效果

6.3.10 缩放

在"缩放"文件夹中包括4种视频切换效果，即交叉缩放、缩放、缩放拖尾与缩放框，如图6-106所示。

1. 交叉缩放

将"画面A"放大冲出而"画面B"缩小进入，效果如图6-107所示。

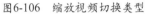

图6-106 缩放视频切换类型

图6-107 交叉缩放效果

2. 缩放

将"画面B"从"画面A"中放大出现，效果如图6-108所示。

图6-108 缩放效果

3. 缩放拖尾

可以得到使"画面A"缩小并带有拖尾消失从而显示"画面B"的过渡效果，如图6-109所示。

在"特效设置台"面板中可以对"缩放拖尾"视频切换效果进行自定义设置。单击"自定义"按钮会弹出"缩放拖尾设置"对话框，在对话框中可以对"拖尾数量"进行设置，如图6-110所示。

图6-109 缩放拖尾效果

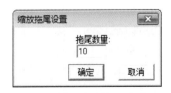

图6-110 缩放拖尾设置

● 拖尾数量：设置所产生的幻影拖尾的数量。

4.缩放框

将"画面B"分为多个方块从"画面A"中放大出现，效果如图6-111所示。

在"特效设置台"面板中可以对"缩放框"视频切换效果进行自定义设置。单击"自定义"按钮会弹出"缩放框设置"对话框，在对话框中可以对"形状数量"进行设置，如图6-112所示。

图6-111 缩放框效果   图6-112 缩放框设置

● 形状数量：可以控制水平与垂直方向的缩放框数量。

6.4 添加视频特效

"视频特效"主要为了弥补视频素材的不足和提升视觉效果，为素材赋予一个视频特效比较简单，只需要将"效果"面板中选择的视频特效拖拽到"序列"面板中的素材片段上即可。

添加视频特效的方法如下：

01 切换至"效果"面板，在"效果"面板中选择所需添加的视频特效类型，如图6-113所示。

02 单击鼠标左键拖拽"视频特效"至"序列"面板中需要添加视频特效的素材片段上，添加完视频特效的素材片段不会发生明显变化，但切换至"特效控制台"面板中会显示所添加的视频特效，如图6-114所示。

03 单击添加的视频特效前方的 fx （切换效果）开关，可以控制视频特效的启动与关闭。

还可以通过向"特效控制台"面板中拖拽添加视频特效。只需在"序列"面板中选择需添加视频特效的素材片段，然后切换至"特效控制台"面板并在"效果"面板中选择视频特效将其拖拽到"特效控制台"中，即可为素材添加该视频特效。使用这种方法添加视频特效相对复杂，一般在编辑过程中使用较少。

图6-113 选择视频特效

图6-114 视频特效

6.5 设置视频特效

在添加完成视频特效后，可以在"特效控制台"中对视频特效进行设置，从而调节视频特效的效果。还有一些视频特效在添加后即得到相应效果，不用再对其进行设置。

在"序列"面板中选择需要调节视频特效的素材片段，并切换至"特效控制台"面板，在"特效控制台"面板中即可找到添加的视频特效。当添加的视频特效前方带有 （箭头）按钮时可将该视频特效的属性设置展开，对其进行详细的设置，从而得到所需的效果，如图6-115所示。

可以通过以下几种方式对视频特效的属性设置：

方式1 将鼠标箭头移动到视频特效属性右侧的参数值上时，鼠标箭头会变为 图标，通过拖拽鼠标即可调节参数值，如图6-116所示。

图6-115 展开修改属性

图6-116 拖拽调节参数值

方式2 通过使用鼠标单击属性右侧的参数值可以直接输入数值，如图6-117所示。

方式3 单击所需调节属性前方的▶（箭头）按钮，将该属性展开并拖拽滑块控制该参数值，如图6-118所示。

图6-117 输入参数值

图6-118 拖拽滑块调节参数值

方式4 单击视频特效后方的 （设置）按钮会弹出该特效的设置对话框，在对话框中同样可以对视频特效进行设置，不同的视频特效有时弹出的视频对话框中的选项也会不同，如图6-119所示。

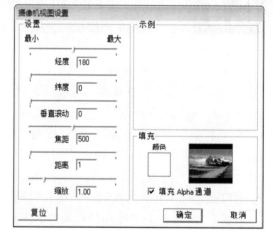

图6-119 设置对话框

6.6 视频特效类型

Premiere的视频特效与Photoshop的滤镜和After Effects的特效使用方式非常相似，在本节中将对部分视频特效进行讲解，包括"变换"、"扭曲"、"时间"与"杂波与颗粒"等。

6.6.1 变换视频特效

"变换"视频特效文件夹中主要包括7种视频特效，其中包括了"垂直保持"、"垂直翻转"、"摄影机视图"与"水平保持"等，如图6-120所示。

1. 垂直保持

"垂直保持"视频特效可以使素材画面产生向上翻转的效果,如图6-121所示。

图6-120 变换视频特效类型

图6-121 垂直保持效果

2. 垂直翻转

"垂直翻转"视频特效可以使素材画面产生上下翻转效果,如图6-122所示。

图6-122 垂直翻转效果

3. 摄影机视图

"摄影机视图"视频特效可以使素材画面在二维或三维的空间中旋转素材,效果如图6-123所示。

在"特效控制台"面板中可以将该视频特效的属性设置展开,可以对其中的参数值进行设置,如图6-124所示。

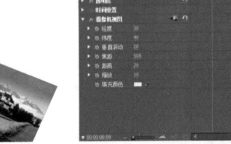

图6-123 摄影机视图效果

图6-124 摄影机视图设置

- 经度：可以控制画面沿素材中心的垂直轴向旋转。
- 纬度：可以控制画面沿素材中心的水平轴向旋转。
- 垂直滚动：以素材中心做平面旋转。
- 焦距：设置摄影机的焦距。
- 距离：设置摄影机与素材之间的距离。
- 缩放：设置素材的大小缩放。
- 填充颜色：设置素材旋转后的背景填充颜色。

4. 水平保持

"水平保持"视频特效可以使素材画面产生由偏移拉伸恢复到原始画面的效果，如图6-125所示。

在"特效控制台"中可以展开该视频特效，对偏移值进行设置。还可以单击该视频特效后方的 ▣ （设置）按钮，弹出"水平保持设置"对话框，在该对话框中可以通过拖拽滑块控制素材向左或向右的偏移效果，如图6-126所示。

图6-125　水平保持效果

图6-126　水平保持设置

5. 水平翻转

"水平翻转"视频特效可以使素材画面产生水平镜像效果，如图6-127所示。

图6-127　水平翻转效果

6. 羽化边缘

"羽化边缘"视频特效可以使素材画面产生边缘羽化效果，如图6-128所示。

在"特效控制台"中可以对"羽化边缘"的数量值进行设置，可以通过数量值控制边缘的模糊程度，如图6-129所示。

7. 剪裁

"剪裁"视频特效可以对素材画面边缘进行剪裁，效果如图6-130所示。

在"特效控制台"中可以对"剪裁"视频特效的参数值进行设置，如图6-131所示。

图6-128 羽化边缘效果

图6-129 羽化边缘设置

图6-130 剪裁效果

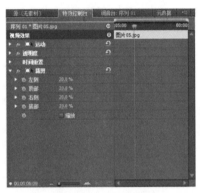

图6-131 剪裁设置

- 左侧：控制素材画面左侧的剪裁区域。
- 顶部：控制素材画面顶部的剪裁区域。
- 右侧：控制素材画面右侧的剪裁区域。
- 底部：控制素材画面底部的剪裁区域。
- 缩放：勾选该选项可以将剪裁后的素材匹配为当前"序列"的原始尺寸。

6.6.2 扭曲视频特效

"扭曲"视频特效文件夹中包括11种视频特效类型，其中包含"偏移"、"变换"、"弯曲"与"放大"等，如图6-132所示。

1. 偏移

"偏移"视频特效可以使素材画面产生偏移效果，在偏移时还可以设置偏移后图像的透明度使之与原始图像产生叠加效果，如图6-133所示。

在"特效控制台"中可以对"偏移"视频特效的参数值进行设置，如图6-134所示。

图6-132 扭曲视频特效类型

图6-133　偏移效果　　　　　　　　　　　图6-134　偏移设置

- 将中心转换为：设置偏移的位置。
- 与原始图像混合：设置与原始图像的混合程度。

2. 变换

"变换"视频特效可以使素材画面得到二维变换效果，使用该特效可以沿任何轴向将素材倾斜，如图6-135所示。

在"特效控制台"中可以对"变换"视频特效的参数值进行设置，如图6-136所示。

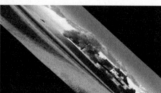

图6-135　变换效果　　　　　　　　　　　图6-136　变换设置

- 定位点：设置定位点的值，可以使素材向反方向移动。
- 位置：设置素材在画面中的位置。
- 统一缩放：勾选该选项时将不可以设置"缩放高度"与"缩放宽度"，启用后将出现"缩放"选项，通过调节"缩放"值可以对素材画面进行等比缩放。
- 缩放高度：设置素材的纵向缩放。
- 缩放宽度：设置素材的横向缩放。
- 倾斜：设置素材的倾斜值。
- 倾斜轴：设置素材的倾斜角度。
- 旋转：设置素材的旋转角度。
- 透明度：设置素材的透明程度。
- 快门角度：使用合成的快门角度。
- 快门角度：设置特效产生的角度。

3. 弯曲

"弯曲"视频特效可以使素材画面产生波浪变形效果,可以根据不同的尺寸与速率产生不同的波浪效果,如图6-137所示。

在"特效控制台"中可以对"弯曲"视频特效的参数值进行设置,如图6-138所示。

图6-137　弯曲效果

图6-138　弯曲设置

- 水平强度:调整水平方向素材画面的弯曲程度。
- 水平速率:调整水平方向素材画面的弯曲抖动速度。
- 水平宽度:调整水平方向素材画面的弯曲宽度。
- 垂直强度:调整垂直方向素材画面的弯曲程度。
- 垂直速率:调整垂直方向素材画面的弯曲抖动速度。
- 垂直宽度:调整垂直方向素材画面的弯曲宽度。

如果需要对"弯曲"视频特效继续进行设置,可以单击 ⚏≡(设置)按钮,在弹出的"弯曲设置"对话框中进行设置,在该对话框中可以预览"弯曲"视频特效的效果,如图6-139所示。

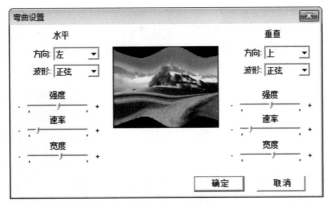

图6-139　弯曲设置对话框

4. 放大

"放大"视频特效可以使素材画面的某个部分或整个区域放大,效果如图6-140所示。

在"特效控制台"中可以对"放大"视频特效的属性进行设置,如图6-141所示。

图6-140　放大效果 　　　　　　　图6-141　放大设置

- 形状：设置放大区域的形状，其中提供了圆形与方形两种形状类型。
- 居中：设置放大区域的位置。
- 放大率：设置效果的放大倍率。
- 链接：设置放大区域的模式。选择"无"类型选项后，放大区域大小设置与放大区域中素材的放大倍率没有连动性；选择"达到放大率的大小"类型选项后，在设置放大率时，放大区域同样会进行匹配调整；选择"达到放大率的大小和羽化"类型选项后，再调整放大率时，放大区域与边缘羽化区域同样会进行匹配调整。
- 大小：设置放大区域的大小。
- 羽化：设置边缘羽化的程度。
- 透明度：设置放大区域的透明度。
- 缩放：设置放大区域的图像范围。
- 混合模式：设置放大区域的叠加模式。
- 调整图层大小：控制整体图像的尺寸。

5. 旋转扭曲

"旋转扭曲"视频特效可以使素材画面得到旋涡状的扭曲效果，如图6-142所示。

在"特效控制台"中可以对"旋转扭曲"视频特效的参数值进行设置，如图6-143所示。

图6-142　旋转扭曲效果 　　　　　　图6-143　旋转扭曲设置

- 角度：设置旋转扭曲的旋转角度。

- 旋转扭曲半径：设置扭曲的半径范围。
- 旋转扭曲中心：设置扭曲范围的中心位置。

6. 波形弯曲

"波形弯曲"视频特效可以使素材画面得到规则的波纹弯曲效果，如图6-144所示。

在"特效控制台"中可以对"波形弯曲"视频特效的参数值进行设置，如图6-145所示。

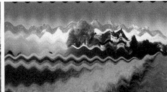

图6-144 波形弯曲效果

图6-145 波形弯曲设置

- 波形类型：设置波纹的形状，其中提供了正弦、方形、三角与锯齿等形状类型。
- 波形高度：设置波纹的起伏高度。
- 波形宽度：设置波纹的水平宽度。
- 方向：设置波纹的倾斜方向。
- 波形速度：设置波纹的波动速度。
- 固定：设置不受波纹影响的区域。
- 相位：设置波纹角度。
- 消除锯齿：设置波形弯曲特效的抗锯齿质量。

7. 球面化

"球面化"视频特效可以使素材画面产生包裹球面效果，可以使素材画面或文字产生立体的三维效果，如图6-146所示。

在"特效控制台"中可以对"球面化"视频特效的参数值进行设置，如图6-147所示。

图6-146 球面化效果

图6-147 球面化设置

- 半径：设置球形的半径值。
- 球面中心：设置球形中心位置。

8. 紊乱置换

"紊乱置换"视频特效可以使素材画面产生不规则的变形效果，如图6-148所示。

图6-148　紊乱置换效果

在"特效控制台"中可以对"紊乱置换"视频特效的参数值进行设置，如图6-149所示。

- 置换：设置素材的变形类型，其中包括湍流、凸起与扭转等。
- 数量：设置素材画面变形的程度。
- 大小：设置素材画面变形的大小。
- 偏移：设置紊乱特效的偏移位置。
- 复杂度：设置素材画面变形的复杂程度。
- 演化：调整素材画面的变形。
- 演化选项：设置素材画面的紊乱变形。勾选"循环演化"选项可以激活"循环（演化）"参数设置；

图6-149　紊乱置换设置

"循环（演化）"项目将设定圆周运动的数目，在素材重复之前不规则碎片形成循环，在被允许的时间内确定碎片数量的圆周运动或速度；"随机植入"项目设置参数产生素材画面的随机紊乱值。
- 固定：设置素材画面的固定区域，其中提供了全部固定、水平固定、垂直固定与左侧固定等。
- 调整图层大小：勾选该选项后，允许被扭曲的图像超出原素材的尺寸大小。
- 消除锯齿（最佳品质）：选择图像的抗锯齿质量。

9. 边角固定

"边角固定"视频特效可以通过定位素材画面四角的四个顶点，使图像产生变形效果，如图6-150所示。

在"特效控制台"中可以对"边角固定"视频特效的参数值进行设置，如图6-151所示。

图6-150　边角固定效果　　　　　　　　图6-151　边角固定设置

- 左上：调整素材左上角的位置。
- 右上：调整素材右上角的位置。
- 左下：调整素材左下角的位置。
- 右下：调整素材右下角的位置。

10. 镜像

"镜像"视频特效可以使素材画面沿一条直线裂开，并将其中一边的素材反射到另一边，效果如图6-152所示。

在"特效控制台"中可以对"镜像"视频特效的参数值进行设置，如图6-153所示。

图6-152　镜像效果　　　　　　　　　图6-153　镜像设置

- 反射中心：设置映射的中心位置。
- 反射角度：设置映射的角度。

11. 镜头扭曲

"镜头扭曲"视频特效是模拟一种从变形镜头观看素材的效果，如图6-154所示。

在"特效控制台"中可以对"镜头扭曲"视频特效的参数值进行设置，如图6-155所示。

- 弯度：设置画面弯曲的变形程度。
- 垂直偏移：设置垂直方向弯曲中心的水平位置。
- 水平偏移：设置水平方向弯曲中心的垂直位置。

- 垂直棱镜：设置素材画面左右两边棱角的弧度。
- 水平棱镜：设置素材画面上下两边棱角的弧度。
- 填充颜色：设置素材被扭曲变形后背景的填充颜色。

图6-154　镜头扭曲效果

图6-155　镜头扭曲设置

如果需要对"镜头扭曲"视频特效继续进行设置，可以通过单击 （设置）按钮，在弹出的"镜头扭曲"对话框中进行设置，在该对话框中可以预览"镜头扭曲"视频特效的效果，如图6-156所示。

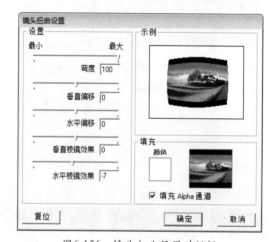

图6-156　镜头扭曲设置对话框

6.6.3　时间视频特效

"时间"视频特效文件夹中包括两种视频特效类型，即"抽帧"和"重影"，如图6-157所示。

1. 抽帧

"抽帧"视频特效主要对视频素材的帧速率进行修改，通过修改帧速率可以控制每秒钟播放帧的数量。

2. 重影

"重影"视频特效可以将素材中不同时间帧的画面进行混合从而得到重影效果，如图6-158所示。

在"特效控制台"中可以对"重影"视频特效的参数值进行设置，如图6-159所示。

图6-157　时间视频特效类型

图6-158 重影效果　　　　　　　　　　　　　图6-159 重影设置

- 回显时间（秒）：设置所使用重影素材的时间点。
- 重影数量：设置所产生重影的数量。
- 起始强度：设置素材前部分的亮度。
- 衰减：设置产生重影的透明度。
- 重影运算符：设置原素材与重影素材之间的混合模式。

6.6.4　杂波与颗粒视频特效

"杂波与颗粒"视频特效文件夹中包括6种视频特效类型，其中包含"中值"、"杂波"、"杂波Alpha"与"杂波HLS"等，如图6-160所示。

1. 中值

"中值"视频特效可以调节素材画面的光泽程度，效果如图6-161所示。

图6-160 杂波与颗粒视频特效类型

图6-161 中值效果

在"特效控制台"中可以对"中值"视频特效的参数值进行设置，如图6-162所示。

- 半径：设置素材画面的光泽半径。
- 在Alpha通道上操作：当被添加该特效的素材具有Alpha通道时，通过勾选该选项，再设置"半径"值时，将会对素材的Alpha通道产生影响。

图6-162 中值设置

2. 杂波

"杂波"视频特效可以为素材画面添加颗粒，效果如图6-163所示。

在"特效控制台"中可以对"杂波"视频特效的参数值进行设置，如图6-164所示。

图6-163 杂波效果 图6-164 杂波设置

- 杂波数量：设置素材画面中的颗粒数量。
- 杂波类型：当勾选该选项时可以为素材画面添加彩色颗粒，取消勾选时添加的颗粒为黑白颗粒。
- 剪切：当取消勾选该选项时，并且"杂波数量"值为100时画面中将完全显示颗粒。

3. 杂波Alpha

"杂波Alpha"视频特效可以为素材画面添加颗粒效果，如图6-165所示。

在"特效控制台"中可以对"杂波Alpha"视频特效的参数值进行设置，如图6-166所示。

- 杂波：设置素材添加的杂波类型，其中包括"统一随机"、"方形随机"、"统一动画"与"方形动画"。
- 数量：设置画面中的杂波颗粒数量。
- 原始Alpha：设置素材画面透明通道的类型。"添加"类型为素材的透明和不透明区域添加阈值；"钳子"类型只在素材的不透明区域添加阈值；"缩放"类型只有为素材添加足够多的阈值时才会显示素材画面；"边缘"类型只在素材透明部分的边缘添加阈值。

- 溢出：选择效果映射在灰度映射范围之外的模式类型，其中包括"编辑"、"折回"和"绕图"。
- 随机植入：设置杂波颗粒的随机值，当杂波类型切换为"统一动画"或"方形动画"时，该选项将切换为"杂波相位"。
- 杂波选项（动画）：设置阈值的循环动画。

图6-165 杂波Alpha效果　　　　　　图6-166 杂波Alpha设置

4. 杂波HLS

"杂波HLS"视频特效可以为素材画面添加杂质，并可以控制添加杂质的类型、色相、明度与饱和度等，效果如图6-167所示。

在"特效控制台"中可以对"杂波HLS"视频特效的参数值进行设置，如图6-168所示。

图6-167 杂波HLS效果　　　　　　图6-168 杂波HLS设置

- 杂波：设置素材画面中杂波的类型，其中包括"统一"、"方形"与"颗粒"。
- 色相：设置素材中杂质的色彩指数比例。
- 明度：设置该参数，控制杂质中灰色颜色值的数量。
- 饱和度：设置添加杂质的饱和度。
- 颗粒大小：当"杂波"选项设置为"颗粒"时将激活该选项，通过该选项可以设置画面中添加颗粒的大小。

● 杂波相位：设置添加杂质的方向角度。

5. 灰尘与划痕

"灰尘与划痕"视频特效可以减少图像中的颜色，达到平衡整个图像色彩的效果，如图6-169所示。

在"特效控制台"中可以对"灰尘与划痕"视频特效的参数值进行设置，如图6-170所示。

 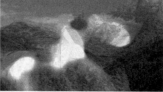

图6-169　灰尘与划痕效果

图6-170　灰尘与划痕设置

● 半径：设置减少图像中的颜色值。
● 阈值：设置减少颜色值的数量。
● 在Alpha通道上操作：当被添加该特效的素材具有Alpha通道时，通过勾选该选项，在设置"半径"值时，将会对素材的Alpha通道进行影响。

6. 自动杂波HLS

"自动杂波HLS"视频特效与"杂波HLS"视频特效相似，但"自动杂波HLS"视频特效可以自动添加杂波动画，效果如图6-171所示。

在"特效控制台"中可以对"自动杂波HLS"视频特效的参数值进行设置，如图6-172所示。

图6-171　自动杂波HLS效果

图6-172　自动杂波HLS设置

● 杂波：设置素材画面中杂波的类型，其中包括"统一"、"方形"与"颗粒"。
● 色相：设置素材中杂质的色彩指数比例。

- 明度：设置该参数，控制杂质中灰色颜色值的数量。
- 饱和度：设置添加杂质的饱和度。
- 颗粒大小：当"杂波"选项设置为"颗粒"时将激活该选项，通过该选项可以设置画面中添加颗粒的大小。
- 杂波动画速度：设置杂波的抖动速度。

6.6.5 模糊与锐化视频特效

"模糊与锐化"视频特效文件夹中包括10种视频特效类型，其中包含"快速模糊"、"摄像机模糊"、"方向模糊"与"残像"等，如图6-173所示。

1. 快速模糊

"快速模糊"视频特效可以使素材画面得到模糊效果，如图6-174所示。

图6-173 模糊与锐化视频特效类型

图6-174 快速模糊效果

在"特效控制台"中可以对"快速模糊"视频特效的参数值进行设置，如图6-175所示。

- 模糊量（上）：设置素材画面的模糊程度。
- 模糊量（下）：设置素材画面的模糊模式，其中包括水平与垂直、水平、垂直等类型。
- 重复边缘像素：在进行模糊操作时素材的图像边缘会发生透明，通过勾选该选项可以避免边缘透明效果。

图6-175 快速模糊设置

2. 摄影机模糊

"摄影机模糊"视频特效可以使素材画面得到类似摄影机拍摄时移动产生的模糊效果，如图6-176所示。

图6-176　摄影机模糊效果

在"特效控制台"中通过调节"模糊百分比"值可以控制素材画面的模糊程度，如图6-177所示。

通过单击 ▦目（设置）按钮，在弹出的"摄影机模糊设置"对话框中进行设置，该对话框中可以在设置时预览"摄影机模糊"视频特效效果，如图6-178所示。

图6-177　摄影机模糊设置

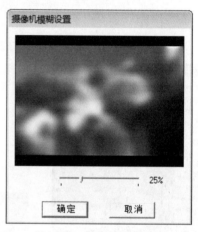

图6-178　摄影机模糊设置

3. 方向模糊

"方向模糊"视频特效可以使素材画面得到具有方向性的模糊效果，如图6-179所示。

在"特效控制台"中可以对"方向模糊"视频特效的参数值进行设置，如图6-180所示。

图6-179　方向模糊效果

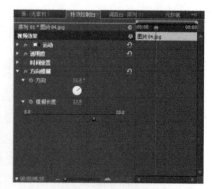

图6-180　方向模糊设置

- 方向：设置素材画面模糊的方向。
- 模糊长度：设置素材画面模糊拉伸的长度。

4. 残像

"残像"视频特效可以为动态的视频素材添加幻影效果,如图6-181所示。

图6-181　残像效果

5. 消除锯齿

"消除锯齿"视频特效可以通过轻微的模糊图像使素材图像软化,从而得到消除素材画面锯齿的效果。

6. 混合模糊

"混合模糊"视频特效可以对同一视频轨道中的素材进行模糊操作,还可以对多条轨道中重叠的素材进行模糊操作,得到叠加模糊的效果,如图6-182所示。

在"特效控制台"中可以对"混合模糊"视频特效的参数值进行设置,如图6-183所示。

图6-182　混合模式效果　　　　　　图6-183　混合模糊设置

- 模糊图层:设置需要模糊素材的视频轨道。
- 最大模糊:设置素材画面的模糊程度。
- 图层大小不同:当两个不同轨道中的重叠素材的尺寸大小不同时,选择该选项可以将较小的素材画面拉伸匹配到当前画面。
- 反相模糊:勾选该选项可以得到反相混合模式的模糊效果。

7. 通道模糊

"通道模糊"视频特效可以对素材的红、绿、蓝与Alpha通道分别进行模糊处理,效果如图6-184所示。

在"特效控制台"中可以对"通道模糊"视频特效的参数值进行设置,如图6-185所示。

图6-184 通道模糊效果　　　　　　图6-185 通道模糊设置

- 红色模糊度：设置素材画面红色通道的模糊值。
- 绿色模糊度：设置素材画面绿色通道的模糊值。
- 蓝色模糊度：设置素材画面蓝色通道的模糊值。
- Alpha模糊度：设置素材画面Alaph通道的模糊值。
- 边缘特性：通过勾选"重复边缘像素"选项可以控制边缘是否模糊。
- 模糊方向：设置模糊的方向，其中包括水平和垂直、水平、垂直。

8. 锐化特效

"锐化"视频特效可以增加素材画面中突变部分的对比度，在"特效控制台"中可以通过"锐化数量"值来控制素材画面的锐化程度，效果如图6-186所示。

图6-186 锐化效果

9. 非锐化遮罩

"非锐化遮罩"视频特效与"锐化"视频特效的效果类似，但在使用该特效时可以得到颜色边缘差别更为明显的效果，如图6-187所示。

在"特效控制台"中可以对"非锐化遮罩"视频特效的参数值进行设置，如图6-188所示。

图6-187 非锐化遮罩效果　　　　　　图6-188 非锐化遮罩设置

- 数量：设置锐化程度。
- 半径：设置锐化范围。
- 阈值：设置锐化值的数量。

10. 高斯模糊

"高斯模糊"视频特效可以模糊与柔化素材画面并能消除噪波，效果如图6-189所示。

在"特效控制台"中可以对"高斯模糊"视频特效的参数值进行设置，如图6-190所示。

图6-189　高斯模糊效果　　　　　　　　　　图6-190　高斯模糊设置

- 模糊度：设置素材画面的模糊程度。
- 模糊方向：设置素材画面的模糊方向，其中包括水平与垂直、水平、垂直。
- 重复边缘像素：在进行模糊操作时素材的图像边缘会发生透明，通过勾选该选项可以避免边缘透明效果。

6.6.6　生成视频特效

"生成"视频特效文件夹中包括12种视频特效类型，其中包含"书写"、"吸色管填充"、"四色渐变"与"圆"等，如图6-191所示。

1. 书写

"书写"视频特效可以在素材上创建一个画笔绘制的动画，动画效果如图6-192所示。

图6-191　生成视频特效类型　　　　　　　　图6-192　书写动画效果

在"特效控制台"中可以对"书写"视频特效的参数值进行设置，如图6-193所示。

图6-193　书写设置

- 画笔位置：设置画笔位置，可以通过记录画笔位置完成书写动画。
- 颜色：设置画笔的颜色。
- 画笔大小：设置画笔的半径。
- 画笔硬度：设置画笔边缘的模糊程度。
- 画笔透明度：设置画笔的透明度。
- 描边长度：设置笔画的长度，当该参数值为0时，笔画的长度无限。
- 画笔间距：设置笔划运动时间的间隔速度。
- 绘画时间属性：设置笔画每一段或整段应用的效果，其中包括无、透明度与颜色。
- 画笔时间属性：确定特性是否应用到每个笔划片段或整个笔画，其中包括大小、运动与大小与运动。
- 上色样式：确定笔画是否应用最初的层或一个透明的层。

2. 吸色管填充

"吸色管填充"视频特效可以在原始图像上提取颜色，然后与原始图像进行混合，效果如图6-194所示。

在"特效控制台"中可以对"吸色管填充"视频特效的参数值进行设置，如图6-195所示。

图6-194　吸色管填充效果　　　　　　图6-195　吸色管填充设置

- 取样点：设置吸色管提取颜色的位置。
- 取样半径：设置提取颜色的半径。
- 平均像素颜色：可以选择"跳过空白"等选项。
- 与原始图像混合：与素材混合的程度。

3. 四色填充

"四色填充"视频特效可以为素材画面添加4种不同的颜色，并可以设置与原始图像的混合模式，效果如图6-196所示。

在"特效控制台"中可以对"四色填充"视频特效的参数值进行设置，如图6-197所示。

图6-196 四色填充效果 　　　　　　　　　图6-197 四色填充设置

- 位置与颜色：设置图像中四种颜色的位置与颜色。
- 混合：综合四个颜色的颜色值。
- 抖动：设置该参数，可以调整颜色的像素值。
- 透明度：设置4个颜色的透明度值。
- 混合模式：设置颜色与该图层的混合模式类型。

4. 圆

"圆"视频特效可以在素材画面中创建出一个实体的圆或一个圆环，效果如图6-198所示。

在"特效控制台"中可以对"圆"视频特效的参数值进行设置，如图6-199所示。

图6-198 圆效果 　　　　　　　　　图6-199 圆设置

- 居中：设置圆心在画面中的位置。
- 半径：设置创建圆的半径，控制圆的大小。
- 边缘：设置创建圆的边缘类型。"无"类型创建的圆为实心图形；"边缘半径"类型可以创建一个圆环，通过"半径"值控制圆环的外半径，"厚度"值控制圆环的内半径；"厚度"类型可以创建一个圆环，通过"半径"值控制圆环的半径，"厚度"值控制圆环的厚度；"厚度*半径"类型可以创建一个圆环，通过设置"半径"值可以同时改变圆环的半径与厚度，"厚度"值只可以改变圆环的厚度；"厚度和羽化*半径"类型可以创建一个圆环，通过设置"半径"值可以同时改变圆环的半径值、厚度与模糊程度。

- 厚度：可以控制创建的圆环厚度，当"边缘"设置为"无"时，创建的"圆"为实心，不可以对厚度值进行设置。
- 羽化：设置创建"圆"的边缘模糊程度。
- 反相圆形：选择该选项，创建的"圆"将反相填充。
- 颜色：设置创建"圆"的颜色。
- 透明度：设置创建"圆"的透明程度。
- 混合模式：设置创建"圆"与原始图像的混合模式。

5. 棋盘

"棋盘"视频特效可以为素材画面添加棋盘格效果，如图6-200所示。

在"特效控制台"中可以对"棋盘"视频特效的参数值进行设置，如图6-201所示。

图6-200　棋盘效果　　　　　　　　　　　　图6-201　棋盘设置

- 定位点：设置"棋盘格"的位置。
- 从以下位置开始的大小：设置方格的尺寸类型，其中包括角点、宽度滑块与宽度和高度滑块。
- 边角：当"从以下位置开始的大小"设置为"角点"时将激活该选项，可以设置水平方向和垂直方向方格的定点。
- 宽度：当"从以下位置开始的大小"设置为"宽度滑块"时将激活该选项，可以设置"宽度"值等比缩放方格。
- 高度：在"从以下位置开始的大小"设置为"宽度和高度滑块"时将激活该选项，可以对方格的"等比"值进行设置。
- 羽化：设置方格边缘的模糊程度，在其中分别可以对宽度与高度的模糊程度进行设置。
- 颜色：设置方格的颜色。
- 透明度：设置创建方格的透明度。
- 混合模式：设置创建方格与原始图层的混合模式。

6. 椭圆

"椭圆"视频特效可以将原始画面创建为圆形图形，还可以在原始画面上创建圆形图形，效果如图6-202所示。

在"特效控制台"中可以对"椭圆"视频特效的参数值进行设置，如图6-203所示。

图6-202 椭圆效果　　　　　　　　　　　　　　　　图6-203 椭圆设置

- 中心：设置创建椭圆的中心在画面中的位置。
- 宽：设置椭圆的宽度。
- 高：设置椭圆的高度。
- 厚度：设置椭圆圆环的厚度。
- 柔化：设置"外侧颜色"的模糊程度。
- 内侧颜色：设置创建的椭圆圆环的内侧颜色。
- 外侧颜色：设置创建的椭圆圆环的外侧颜色。
- 在原始图像上合成：将"在原始图像上合成"选项勾选时，可直接在原始画面上创建图形。

7. 油漆桶

"油漆桶"视频特效可以在素材上提取一点的颜色，然后根据所选择的颜色为素材进行填充，效果如图6-204所示。

在"特效控制台"中可以对"油漆桶"视频特效的参数值进行设置，如图6-205所示。

图6-204 油漆桶效果　　　　　　　　　　　　　　　图6-205 油漆桶设置

- 填充点：选择效果填充的颜色区域。
- 填充选取器：设置填充的模式，其中包括颜色和Alpha、直接颜色与透明度等。
- 宽容度：设置图像颜色填充的范围。

- 查看阈值：可以通过勾选"查看阈值"选项将填充颜色范围显示为白色区域，其他的区域将显示为黑色区域。
- 描边：设置填充颜色区域边缘的描边类型，其中包括消除锯齿、羽化、扩展与阻塞等。下方的选项分别对应所设置的描边类型，对描边的程度进行设置。
- 反相填充：勾选"反相填充"选项，将得到反相模式的填充效果。
- 颜色：设置填充素材图像的颜色。
- 透明度：设置填充颜色的透明度。
- 混合模式：设置填充颜色与原始图像的混合模式。

8. 渐变

　　"渐变"视频特效可以在原始画面上创建出由一个颜色到另一个颜色的渐变效果，并可以与原始图像混合，如图6-206所示。

　　在"特效控制台"中可以对"渐变"视频特效的参数值进行设置，如图6-207所示。

图6-206　渐变效果　　　　　　　　　　图6-207　渐变设置

- 渐变起点：设置渐变颜色的起点位置。
- 起始颜色：设置渐变起点的颜色。
- 渐变终点：设置渐变颜色的终点位置。
- 结束颜色：设置渐变终点的颜色。
- 渐变形状：设置渐变的模式，其中包括线性渐变与径向渐变。
- 渐变扩散：设置渐变中的颗粒大小。
- 与原始图像混合：设置创建渐变的透明度，达到与原始图像的混合效果。

9. 网格

　　"网格"视频特效可以将原始画面创建为方格效果，并可以与原始图像混合，如图6-208所示。

图6-208　网格效果

在"特效控制台"中可以对"网格"视频特效的参数值进行设置，如图6-209所示。

- 定位点：移动方格水平方向与垂直方向上的定位点。当"从以下位置开始的大小"设置为"角点"时，调节"定位点"的值将调节方格的大小。
- 从以下位置开始的大小：设置方格的尺寸类型，其中包括角点、宽度滑块与宽度和高度滑块。
- 边角：当"从以下位置开始的大小"设置为"角点"时将激活该选项，可以设置水平方向和垂直方向方格的定点。

图6-209　网格设置

- 宽度：在"从以下位置开始的大小"设置为"宽度滑块"时将激活该选项，可以设置"宽度"值等比缩放方格。
- 高度：在"从以下位置开始的大小"设置为"宽度和高度滑块"时将激活该选项，可以对方格的"高度"值进行设置。
- 边框：设置方块的边框宽度。
- 羽化：设置方格边缘的模糊程度。
- 反相网格：通过勾选该选项可以得到网格的反相显示效果。
- 颜色：设置创建方格的颜色。
- 透明度：设置创建方格的透明程度。
- 混合模式：设置创建方格与原始图像的混合模式类型。

10. 蜂巢图案

"蜂巢图案"视频特效可以使素材图像产生类似蜂窝状的形状效果，如图6-210所示。

在"特效控制台"中可以对"蜂巢图案"视频特效的参数值进行设置，如图6-211所示。

图6-210　蜂巢图案效果　　　　　　　图6-211　蜂巢图案设置

- 单元格图案：设置"蜂巢图案"的形状类型，其中包括气泡、晶体、印板与静态

205

板等。

- 反相：当勾选"反相"选项时"蜂巢图案"的颜色将反相显示，当"单元格图案"设置为"晶格化"与"晶格化HQ"时，将不可以对其进行选择。
- 对比度：设置创建"蜂巢图案"的颜色对比程度。当"单元格图案"设置为印板、静态板与晶格化类型时，该选项将切换为"锐度"选项，设置图形边缘的锐化程度。
- 溢出：设置显示图像的方式，其中包括剪切、软钳与折回。
- 分散：设置图像中图形的边与边之间的角度。
- 大小：设置图像中图形的大小。
- 偏移：设置图像中图形的位置。
- 拼贴选项：当勾选"启用拼贴"时，可以对"水平单元格"与"垂直单元格"进行设置。
- 演化：设置图像中图形的随机变化。
- 演化选项：设置提供一个循环描绘效应对图案的变化进行控制。"循环演化"选项可以对"循环（演化）"选项进行设置，勾选该选项后在设置"演化"选项的动画时可以得到循环往复的动画效果；"循环（演化）"选项设置图案的循环值；"随机植入"选项设置随机产生的图案。

11. 镜头光晕

"镜头光晕"视频特效可以为素材画面添加在拍摄时产生的光晕效果，如图6-212所示。

在"特效控制台"中可以对"镜头光晕"视频特效的参数值进行设置，如图6-213所示。

图6-212　镜头光晕效果

图6-213　镜头光晕设置

- 光晕中心：设置发光点的中心位置。
- 光晕亮度：设置创建的"镜头光晕"发光点的亮度。
- 镜头类型：设置不同的镜头类型，其镜头类型影响产生的光晕效果。
- 与原始图像混合：设置创建的"镜头光晕"的透明度，使其产生与原始图像混合的效果。

12. 闪电

"闪电"视频特效可以在画面中产生闪电放电的动画效果，如图6-214所示。

在"特效控制台"中可以对"闪电"视频特效的参数值进行设置，如图6-215所示。

图6-214　闪电效果　　　　　　　　　　　　　图6-215　闪电设置

- 起始点：设置闪电起始点的位置。
- 结束点：设置闪电结束点的位置。
- 线段：设置闪电的转折次数。
- 波幅：设置闪电波动的幅度。
- 细节层次：设置闪电的细节程度与亮度。
- 细节波幅：设置闪电转折的波动幅度。
- 分支：设置闪电在"线段"设置后的基础上增加分支。
- 再分支：控制闪电的分支数量。
- 分支角度：设置"闪电"分支之间的角度大小。
- 分支线段长度：设置"闪电"分支后分支的长度。
- 分支线段：设置"闪电"分支的线段长度。
- 分支宽度：设置"闪电"分支的线段宽度。
- 速度：设置"闪电"的运动速度。
- 稳定性：设置该参数值，决定"闪电"向前运动时开始和结束点接近范围，值越大跳动得越激烈。
- 固定端点：勾选"固定端点"选项可以使"闪电"两端在波动时保持固定。
- 宽度：设置"闪电"的宽度。
- 宽度变化：设置"闪电"宽度的变化程度。
- 核心宽度：设置"闪电"内侧核心的宽度。
- 外部颜色：设置"闪电"外部的颜色。
- 内部颜色：设置"闪电"内部的颜色。
- 拉力：设置"闪电"波动时的拉伸力量。

- 拉力方向：设置"闪电"波动时拉伸的方向。
- 随机植入：设置"闪电"的随机波动。
- 混合模式：设置创建的"闪电"与原始图层之间的混合叠加模式。
- 模拟：可以通过勾选"模拟"选项在每一帧处重新运行，在每帧将再次产生闪电。

6.6.7 视频

"视频"视频特效文件夹中只包含了"时间码"1种视频特效类型，如图6-216所示。

"时间码"视频特效主要提供了标记不同摄影机素材的作用，在后期制作的过程中可以方便地显示素材所属的摄影机与素材的时间信息等，如图6-217所示。

图6-216 时间码视频特效

图6-217 时间码效果

在"特效控制台"中可以对"时间码"视频特效的参数值进行设置，如图6-218所示。

- 位置：设置时间码在素材图像中的位置。
- 大小：设置创建时间码显示的大小。
- 透明度：设置创建时间码的透明程度。
- 场符号：设置在创建的时间码中是否显示场符号，可以通过该项来标记素材的场。
- 格式：设置素材的时间码显示类型，其中包括SMPTE(时码)、帧、英尺数+帧数（16毫米）与英尺数+帧数（35毫米）。
- 时间码源：设置显示时间码的来源，其中包括素材、媒体与生成。
- 时间显示：设置显示时间码所使用的时基。
- 偏移：设置时间码的前后偏移量。
- 起始时间码：当"时间码源"设置为"生成"时，将激活该项用于设置时间码的起始时间。

图6-218 时间码设置

● 标签文本：设置时间码的标示字符从"摄影机1"至"摄影机9"，在后期可以根据标示找到该素材来自于哪部摄影机。

6.6.8 过渡视频特效

"过渡"视频特效文件夹中包括5种视频特效类型，其中包含"块溶解"、"径向擦除"、"渐变擦除"与"百叶窗"等，如图6-219所示。

1. 块溶解

"块溶解"视频特效可以将素材图像以溶解的方式直到最后消失，效果如图6-220所示。

图6-219　过渡视频特效类型

图6-220　块溶解效果

在"特效控制台"中可以对"块溶解"视频特效的参数值进行设置，如图6-221所示。

● 过渡完成：设置素材图像的溶解程度。
● 块宽度：设置溶解块的宽度。
● 块高度：设置溶解块的高度。
● 羽化：设置溶解块的边缘模糊程度。
● 柔化边缘（最佳品质）：勾选该选项可以使溶解块的边缘过渡更为柔和。

图6-221　块溶解设置

2. 径向擦除

"径向擦除"视频特效可以为素材图像设置一个擦除的中心点，然后素材将以这个中心点以"顺时针"、"逆时针"或"两者兼有"的方式进行擦除，效果如图6-222所示。

在"特效控制台"中可以对"径向擦除"视频特效的参数值进行设置，如图6-223所示。

图6-222　径向擦除效果　　　　　　　　　　图6-223　径向擦除设置

- 过渡完成：设置素材旋转擦除的程度。
- 起始角度：设置素材旋转擦除的起始角度。
- 擦除中心：设置素材旋转中心的位置。
- 擦除：设置素材旋转擦除的方向。
- 羽化：设置擦除素材边缘的模糊程度。

3. 渐变擦除

"渐变擦除"视频特效以素材图像的亮度为基础与底层素材图像产生擦除过渡效果，如图6-224所示。

在"特效控制台"中可以对"渐变擦除"视频特效的参数值进行设置，如图6-225所示。

图6-224　渐变擦除效果　　　　　　　　　　图6-225　渐变擦除设置

- 过渡完成：设置渐变过渡完成的程度。
- 过渡柔和度：设置渐变过渡的柔和程度。
- 渐变图层：设置执行渐变擦除效果的图层。
- 渐变位置：设置过渡素材放置在原始素材中的位置。
- 反相渐变：勾选"反相渐变"选项可以将过渡层与原始图层位置反转。

4. 百叶窗

"百叶窗"视频特效可以得到类似百叶窗开关的过渡效果，如图6-226所示。

在"特效控制台"中可以对"百叶窗"视频特效的参数值进行设置，如图6-227所示。

图6-226　百叶窗效果

图6-227　百叶窗设置

- 过渡完成：设置百叶窗开关过渡擦除的程度。
- 方向：设置百叶窗开关过渡的方向。
- 宽度：设置百叶窗叶片的宽度。
- 羽化：设置百叶窗擦除边缘的模糊程度。

5. 线性擦除

"线性擦除"视频特效可以得到素材图像以一条单线由屏幕的一侧到另一侧的擦除效果，如图6-228所示。

在"特效控制台"中可以对"线性擦除"视频特效的参数值进行设置，如图6-229所示。

图6-228　线性擦除效果

图6-229　线性擦除设置

- 过渡完成：设置素材图像被擦除的程度。
- 擦除角度：设置素材图像的擦除角度。
- 羽化：设置素材擦除边缘的模糊程度。

6.6.9　透视视频特效

"透视"视频特效文件夹包括5种视频特效类型，其中包含"基本3D"、"径向阴影"、"投影"、"斜角边"与"斜面Alpha"等，如图6-230所示。

1. 基本3D

"基本3D"视频特效可以得到素材图层的三维变换效果。使用该特效可以在一个虚拟的三维空间中控制该素材，可以旋转素材并为其添加高光效果，如图6-231所示。

图6-230　透视视频特效类型

图6-231　基本3D效果

在"特效控制台"中可以对"基本3D"视频特效的参数值进行设置，如图6-232所示。

- 旋转：设置素材图像水平方向旋转的角度。
- 倾斜：设置素材图像垂直方向旋转的角度。
- 与图像的距离：设置素材图像与"节目"监视器的距离。
- 镜面高光：勾选"显示镜面高光"选项可以为素材添加高光效果。
- 预览：勾选"绘制预览线框"选项将以线框的方式对三维效果进行预览。

图6-232　基本3D设置

2. 径向阴影

"径向阴影"视频特效可以为素材图像产生一个阴影，该特效还可以通过原素材的Alpha通道影响阴影的颜色，效果如图6-233所示。

在"特效控制台"中可以对"径向阴影"视频特效的参数值进行设置，如图6-234所示。

图6-233　径向阴影效果

图6-234　径向阴影设置

- 阴影颜色：设置物体投射阴影的颜色。
- 透明度：设置阴影的透明程度。
- 光源：设置发光体的位置。
- 投影距离：设置物体与阴影之间的距离。
- 柔和度：设置投射阴影边缘的模糊程度。
- 渲染：设置产生阴影的显示方式，其中包括"常规"与"玻璃边缘"。
- 颜色影响：当"渲染"选项设置为"玻璃边缘"时，将激活该选项，通过该选项可以调节"玻璃边缘"效果对阴影颜色的影响程度。
- 仅阴影：勾选"仅阴影"选项将仅显示所产生的阴影，原图像将被隐藏。
- 调整图层大小：所创建的阴影只可以产生在该图层范围内，当勾选"调整图层大小"选项时阴影可以投射在图层范围外。

3. 投影

"投影"视频特效可以为素材图像添加类似于阳光照射产生的阴影效果，如图6-235所示。

在"特效控制台"中可以对"投影"视频特效的参数值进行设置，如图6-236所示。

图6-235　投影效果　　　　　　　　　　　　　图6-236　投影设置

- 阴影颜色：设置图层产生阴影的颜色。
- 透明度：设置产生阴影的透明度。
- 方向：设置阴影投射的方向。
- 距离：设置阴影投射的距离。
- 柔和度：设置阴影边缘的模糊程度。
- 仅阴影：勾选"仅阴影"选项可以将原始图层隐藏只显示阴影。

4. 斜角边

"斜角边"视频特效可以使素材图像边缘产生凸起的斜面效果，并可以模拟出所产生的阴影效果，如图6-237所示。

在"特效控制台"中可以对"斜角边"视频特效的参数值进行设置，如图6-238所示。

- 边缘厚度：设置边缘凸起的高度。
- 照明角度：设置灯光的照明角度。

- 照明颜色：设置灯光的颜色。
- 照明强度：设置灯光的照明亮度。

图6-237　斜角边效果

图6-238　斜角边设置

5. 斜面Alpha

"斜面Alpha"视频特效可以为素材图像Alpha通道的边缘添加倒角边的效果，并使素材图像的Alpha通道边缘产生明暗变化效果，从而得到三维的立体效果，如图6-239所示。

在"特效控制台"中可以对"斜面Alpha"视频特效的参数值进行设置，如图6-240所示。

图6-239　斜面Alpha效果

图6-240　斜面Alpha设置

- 边缘厚度：设置素材边缘的倒角程度。
- 照明角度：设置灯光照射的角度。
- 照明颜色：设置灯光的颜色。
- 照明强度：设置灯光的照明亮度。

6.6.10　通道视频特效

"通道"视频特效文件夹中包括7种视频特效类型，其中包含"反转"、"固态合成"、"复合算法"与"混合"等，如图6-241所示。

1. 反转

"反转"视频特效可以将素材图像中的颜色与Alpha通道进行反转显示，还可以设置反转效果的透明度，使其与原始图像产生混合效果，如图6-242所示。

图6-241 通道视频特效类型

图6-242 反转效果

在"特效控制台"中可以对"反转"视频特效的参数值进行设置，如图6-243所示。

- 通道：设置反转的通道类型。
- 与原始图像混合：设置反转效果的透明程度。

图6-243 反转设置

2. 固态合成

"固态合成"视频特效可以在素材图像下方添加单色层，并可以通过调节原素材与单色层的透明度得到混合效果，还可以对图层之间的混合模式进行设置使图像得到更丰富的效果，如图6-244所示。

在"特效控制台"中可以对"固态合成"视频特效的参数值进行设置，如图6-245所示。

图6-244 固态合成效果

图6-245 固态合成设置

3. 复合算法

"复合算法"视频特效可以得到不同轨道中素材的叠加效果，如图6-246所示。

在"特效控制台"中可以对"复合算法"视频特效的参数值进行设置，如图6-247所示。

图6-246　复合算法效果　　　　　　　　　　　图6-247　复合算法设置

- 二级源图层：设置产生混合效果的图层。
- 操作符：设置混合效果的类型。
- 在通道上操作：设置混合效果所使用的通道类型。
- 溢出特性：选择两个素材混合后颜色允许的范围。
- 伸展二级源以适配：当原素材与混合素材的尺寸大小不统一时，可以通过勾选"伸展二级源以适配"选项将素材尺寸拉伸对齐重合。
- 与原始图像混合：设置混合素材的透明度值，调节素材之间的混合程度。

4. 混合

"混合"视频特效可以使不同轨道中的素材图像得到混合效果，如图6-248所示。

在"特效控制台"中可以对"混合"视频特效的参数值进行设置，如图6-249所示。

图6-248　混合效果　　　　　　　　　　　图6-249　混合设置

- 与图层混合：当为顶层视频轨道中的图像添加"混合"视频特效时，可以通过该选项选择与其混合的指定轨道中的素材。
- 模式：设置两个素材中的混合部分的类型。
- 与原始图像混合：设置所选素材与原始素材的混合程度。

● 图层大小不同：设置当所混合的素材大小不同时的处理方式，其中包括"居中"与"伸展与适配"。

5. 算法

"算法"视频特效可以根据控制红色、绿色、蓝色的值，并通过配合不同模式得到不同的颜色效果，如图6-250所示。

在"特效控制台"中可以对"算法"视频特效的参数值进行设置，如图6-251所示。

图6-250　算法效果　　　　　　　　　　图6-251　算法设置

● 操作符：设置颜色的计算方式。
● 红色值：设置素材图像需要计算的红色值。
● 绿色值：设置素材图像需要计算的绿色值。
● 蓝色值：设置素材图像需要计算的蓝色值。
● 剪切：勾选"剪切结果值"可以对操作中超出有效范围的色彩数值进行限制。

6. 计算

"计算"视频特效可以得到在两个轨道中重叠素材的叠加效果，如图6-252所示。

在"特效控制台"中可以对"计算"视频特效的参数值进行设置，如图6-253所示。

图6-252　计算效果　　　　　　　　　　图6-253　计算设置

● 输入：设置原素材的显示效果。
● 输入通道：设置原素材所显示的通道。
● 反相输入：将显示在"输入通道"中设置通道的反相效果。

- 二级源：设置与原素材混合素材的效果。
- 二级图层：设置所需二级图层所在的轨道。
- 二级图层通道：设置二级图层与原素材混合时所使用的通道。
- 二级图层透明度：设置二级图层的透明度，可以调节与原素材的混合程度。
- 反相二级图层：勾选该选项可以使用"二级图层"的反相效果与原图层产生混合效果。
- 伸展二级图层：当与原素材混合的素材图像位置与大小不匹配时，可以通过勾选该选项将其拉伸匹配。
- 混合模式：设置两图层的混合模式。
- 保留透明度：勾选"保留透明度"选项可以使素材的透明度不被修改。

7. 设置遮罩

"设置遮罩"选项可以将其他层的素材作为蒙板添加给原始素材，效果如图6-254所示。

在"特效控制台"中可以对"设置遮罩"视频特效的参数值进行设置，如图6-255所示。

图6-254　设置遮罩效果　　　　　　　　　图6-255　设置遮罩项

- 从图层获取遮罩：设置被当做遮罩图层的轨道。
- 用于遮罩：设置蒙版的遮罩模式。
- 反相遮罩：勾选"反相遮罩"选项将显示遮罩层效果。
- 伸展遮罩以适配：勾选"伸展遮罩以适配"选项可以将遮罩层拉伸匹配大小。
- 将遮罩与原始图像合成：勾选"将遮罩与原始图像合成"选项将得到图层的混合效果。
- 预先进行遮罩图层正片叠底：勾选"预先进行遮罩图层正片叠底"选项将软化蒙版层素材边缘。

6.6.11　风格化视频特效

"风格化"视频特效文件夹中包括13种视频特效类型，其中包含"Alpha辉光"、"复制"、"彩色浮雕"与"曝光过度"等，如图6-256所示。

1. Alpha辉光

"Alpha辉光"视频特效可以对具有Alpha通道的素材产生发光效果，如图6-257所示。

图6-256 风格化效果

图6-257 Alpha辉光效果

在"特效控制台"中可以对"Alpha辉光"视频特效的参数值进行设置，如图6-258所示。

- 发光：设置素材图层发光放射的程度。
- 亮度：设置素材图层发光的明亮程度。
- 起始颜色：设置素材发光内侧的颜色。
- 结束颜色：设置素材发光外侧的颜色。
- 使用结束颜色：勾选"使用结束颜色"选项可以将起始颜色与结束颜色统一使用结束颜色。
- 淡出：勾选"淡出"选项可以将图层发光的边缘柔化。

图6-258 Alpha辉光设置

2. 复制

"复制"视频特效可以将屏幕分为多块并在每个块中都显示独立的画面，效果如图6-259所示。

在"特效控制台"中可以对"复制"视频特效的参数值进行设置，可以通过设置"计数"值控制画面中图像重复的数量，如图6-260所示。

图6-259 复制效果

图6-260 复制设置

3. 彩色浮雕

"彩色浮雕"视频特效可以使素材图像产生凹凸的纹理效果，如图6-261所示。

在"特效控制台"中可以对"彩色浮雕"视频特效的参数值进行设置，如图6-262所示。

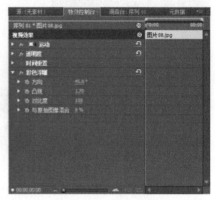

图6-261 彩色浮雕效果 　　　　　　　　　　图6-262 彩色浮雕设置

- 方向：设置浮雕凸起的方向。
- 凸现：设置浮雕凸起的程度。
- 对比度：设置浮雕凸起后画面的对比度。
- 与原始图像混合：设置浮雕凸起后画面的透明度产生与原画面的混合效果。

4. 曝光过度

"曝光过度"视频特效可以使画面产生一个正片与负片之间的混合，类似一张相片在显影时快速曝光，效果如图6-263所示。

在"特效控制台"中可以对"曝光过度"视频特效的参数值进行设置，可以通过"阈值"对曝光程度进行控制，如图6-264所示。

图6-263 曝光过度效果 　　　　　　　　　　图6-264 曝光过度设置

5. 材质

"材质"视频特效可以通过混合不同图层为素材添加纹理效果，如图6-265所示。

在"特效控制台"中可以对"材质"视频特效的参数值进行设置，如图6-266所示。

图6-265　材质效果　　　　　　　　　图6-266　材质设置

- 纹理图层：设置与原始素材图像产生纹理效果的图层。
- 照明方向：设置影响照射素材图像光源的方向。
- 纹理对比度：设置素材产生纹理效果的强弱。
- 纹理位置：设置纹理图层与原始素材图层位置发生变化时对画面边缘的处理方式。

6. 查找边缘

"查找边缘"视频特效可以将图像边缘有明显变化的区域进行显示，可以将边缘显示为白色背景上的黑色线和黑色背景上的彩色线，效果如图6-267所示。

在"特效控制台"中可以对"查找边缘"视频特效的参数值进行设置，如图6-268所示。

图6-267　查找边缘效果　　　　　　　图6-268　查找边缘设置

- 反相：反相显示当前的效果。
- 与原始图像混合：设置"查找边缘"的透明度使之与原始素材图像产生混合效果。

7. 浮雕

"浮雕"视频特效可以将素材画面中的色彩边缘进行锐化，并改变其素材画面的原始颜色得到立体浮雕的效果，如图6-269所示。

在"特效控制台"中可以对"浮雕"视频特效的参数值进行设置，如图6-270所示。

- 方向：设置浮雕纹理的方向。

- 凸现：设置浮雕的凹凸程度。
- 对比度：设置画面的对比度，可以调节素材内部细节的凹凸程度。
- 与原始图像混合：设置"浮雕"的透明度使之与原始素材图像产生混合效果。

  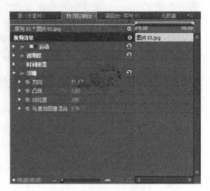

图6-269　浮雕效果　　　　　　　　　　　　图6-270　浮雕设置

8. 笔触

"笔触"视频特效可以使素材图像得到粗糙的图像边缘效果，如图6-271所示。

在"特效控制台"中可以对"笔触"视频特效的参数值进行设置，如图6-272所示。

图6-271　笔触效果　　　　　　　　　　　　图6-272　笔触设置

- 描绘角度：设置画笔描绘素材图像纹理的角度。
- 画笔大小：设置绘制素材图像使用笔刷的大小。
- 描绘长度：设置绘制素材图像使用笔刷的长度。
- 描绘浓度：设置描绘素材图像的强度。
- 描绘随机性：设置描绘素材图像的随机性。
- 表面上色：设置给素材图像的上色方式。
- 与原始图像混合：设置"笔触"视频特效层透明度，产生与原始图像的混合效果。

9. 色调分离

"色调分离"视频特效使素材图像得到渐变色阶的突然转变效果，如图6-273所示。

在"特效控制台"中可以对"色调分离"视频特效的参数值进行设置，并通过色阶值控制素材色阶突变的程度，如图6-274所示。

图6-273 色调分离效果 　　　　　　　　　图6-274 色调分离设置

10. 边缘粗糙

"边缘粗糙"视频特效可以为素材图像的边缘添加参差不齐的效果，如图6-275所示。

在"特效控制台"中可以对"边缘粗糙"视频特效的参数值进行设置，如图6-276所示。

图6-275 边缘粗糙效果 　　　　　　　　　图6-276 边缘粗糙设置

- 边缘类型：设置不同的边缘粗糙类型。
- 边缘颜色：当"边缘类型"设置为颜色粗糙化时，将激活当前选项可以拾取颜色作为画面边缘颜色。
- 边框：设置边缘粗糙的厚度。
- 边缘锐度：设置边缘的锐利程度。
- 不规则碎片影响：设置边缘碎片的不规则程度。
- 缩放：设置素材边缘碎片的大小，值越大边缘的碎片越大，值越小边缘的碎片越小。
- 伸展宽度或高度：拉伸素材边缘的宽度或高度，使素材边缘的锯齿变得平滑，值越大边缘越接近于直线。当值为正数时将拉伸素材画面的宽度碎片，当值为负数时将拉伸素材画面的高度碎片。
- 偏移：设置素材边缘碎片的随机变化。
- 复杂度：设置素材边缘碎片的变化复杂程度。
- 演化：设置碎片产生的方向。
- 演化选项：设置素材边缘碎片的循环周期。

11. 闪光灯

"闪光灯"视频特效可以使素材画面产生颜色闪动效果，如图6-277所示。

在"特效控制台"中可以对"闪光灯"视频特效的参数值进行设置，如图6-278所示。

图6-277　闪光灯效果　　　　　　　　　　图6-278　闪光灯设置

- 明暗闪动颜色：设置素材在闪动时的颜色。
- 与原始图像混合：设置颜色闪动时的透明度，使其与原始图像产生混合效果。
- 明暗闪动持续时间（秒）：设置颜色闪动一次的持续时间。
- 明暗闪动间隔时间（秒）：设置颜色闪动时，两次闪动时的时间间隔。
- 随机明暗闪动概率：设置闪动持续时间的随机性。
- 闪光：设置使用闪光层的类型，其中包括"仅对颜色操作"与"使用透明层"。
- 闪光运算符：设置闪光层与原始图层的混合模式。
- 随机植入：设置闪光层闪动的随机性。

12. 阈值

"阈值"视频特效可以通过调节色阶的方式将素材图像调节为黑白效果，如图6-279所示。

在"特效控制台"中可以对"阈值"视频特效的参数值进行设置，并通过控制"色阶"值来调节画面中黑白区域的比例程度，如图6-280所示。

图6-279　阈值效果　　　　　　　　　　图6-280　阈值设置

13. 马赛克

"马赛克"视频特效可以将素材画面以马赛克的方式显示，效果如图6-281所示。

在"特效控制台"中可以对"马赛克"视频特效的参数值进行设置，如图6-282所示。

图6-281　马赛克效果

图6-282　马赛克设置

- 水平块：设置图像水平方向的马赛克块的数量。
- 垂直块：设置图像垂直方向的马赛克块的数量。
- 锐化颜色：勾选"锐化颜色"选项可以锐化"马赛克"块中的颜色。

6.7　特效综合范例

本节通过对视频变速效果、过渡变色效果、镜头闪白效果和地图穿梭效果四个范例的演示，将常用的特效运用方法进行讲解，使用户快速掌握软件的应用技巧。

6.7.1　视频变速效果

01 选择一段太极剑视频影片素材，准备对其应用"速度/持续时间"的滤镜特效，使原本持续速度改变为缓速、加速至匀速的变速效果，使太极剑视频产生快慢速变化，更突显太极剑刚柔并济的特点，如图6-283所示。

图6-283　太极剑视频

02 将太极剑视频导入至Premiere Pro CS5软件"序列"面板中的"时间线"上，播放影片至2秒位置的舞剑动作转折处，使用✂剃刀工具将视频裁切为两部分，如图6-284所示。

03 在"时间线"中继续播放影片至5秒位置的舞剑动作转折处，再次使用 ![剃刀] 剃刀工具对视频进行裁切，将整段太极剑影片切分为三部分，如图6-285所示。

图6-284 导入并裁切　　　　　　　　　　图6-285 裁切视频

04 为了区分每段太极剑素材，可对三个部分进行重命名操作，在每段太极剑素材上单击鼠标右键，并在弹出的列表中选择"重命名"命令，如图6-286所示。

05 在"时间线"中第一段太极剑素材上单击鼠标右键，并在弹出的列表中选择"重命名"命令会自动弹出"重命名素材"对话框，设置素材名为"准备"，即可为第一段素材进行重命名操作，如图6-287所示。

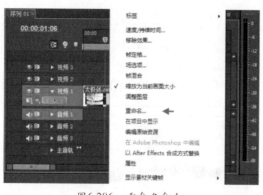

图6-286 重命名命令　　　　　　　　　　图6-287 第一段素材重命名

06 使用同样的方式，将第二段与第三段太极剑素材进行重命名操作，设置完成后，第一段至第三段素材名分别为"准备"、"过程"和"结束"，如图6-288所示。

07 在"时间线"中选择第二段"过程"视频素材并单击鼠标右键，在弹出的列表中选择"速度/持续时间"命令，如图6-289所示。

08 单击"速度/持续时间"命令后会弹出"素材速度/持续时间"对话框，设置速度值为500，使太极剑第二段"过程"视频素材加速显示，如图6-290所示。

09 在"时间线"中显示出太极剑第二段"过程"视频素材，为其设置加速后的对比效果如图6-291所示。

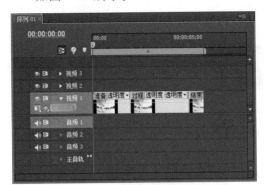

图6-288 为每段素材重命名

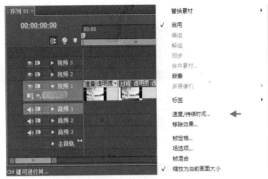

图6-289 速度/持续时间命令

图6-290 设置速度值

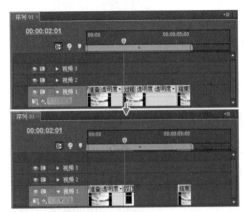

图6-291 "过程"加速对比

⑩ 使用同样的方式,继续为太极剑第一段"准备"与第三段"结束"视频素材设置"速度/持续时间"的速度值,在"时间线"中显示出为太极剑每段视频素材设置速度后的效果,参数如图6-292所示。

⑪ 在效果面板选择【模糊和锐化】→【残像】滤镜特效项,并拖拽至"时间线"中的第二段"过程"视频素材上,使太极剑的"过程"产生幻影效果,如图6-293所示。

图6-292 设置每段素材速度

图6-293 残像滤镜特效

⑫ 播放影片，观察太极剑视频速度改变并加入特效的效果，使原本平常的影片变得缓急适度，残像效果的使用更烘托了太极剑兼柔并济的效果，如图6-294所示。

图6-294　视频变速效果

6.7.2　过渡变色效果

① 选择一段视野广阔的城市全景视频影片，准备为其应用"黑白"与"颜色平衡"的滤镜特效，将影片作较大的颜色反差效果，再使用"交叉叠化"视频切换滤镜特效完成过渡色的变化，如图6-295所示。

图6-295　城市全景视频

② 将城市全景视频导入至Premiere Pro CS5软件"序列"面板中的"时间线"上，播放影片至5秒12帧的位置，作为应用过渡的起始处，使用 剃刀工具将视频裁切为两部分，如图6-296所示。

③ 在"效果"面板选择【图像控制】→【黑白】滤镜特效项，并拖拽至"时间线"中城市全景视频的第一部分素材上，使前段素材去色显示，如图6-297所示。

④ 在"效果"面板选择【图像控制】→【颜色平衡（RGB）】滤镜特效项，并拖拽至"时间线"中城市全景视频的第一部分素材上，然后在"特效控制台"面板中设置R（红色）值为105、G（绿色）值为105和B（蓝色）值为90，将前段素材在原黑白显示的基础上增加了淡淡的颜色，使其柔和自然地显示，如图6-298所示。

⑤ 在"效果"面板选择【叠化】→【交叉叠化】视频切换效果项，并拖拽至"时间

线"中城市全景视频的第一部分素材出点与第二部分素材入点处，作淡入淡出的转场效果，使城市全景视频影片从第一部分淡色渐渐显示出第二部分原色的影片效果，如图6-299所示。

图6-296 导入并裁切

图6-297 黑白滤镜特效

图6-298 颜色平衡滤镜特效

图6-299 交叉叠化视频

06 播放影片，观察城市全景视频影片的过渡变色效果，如图6-300所示。

图6-300 过渡变色效果

6.7.3 镜头闪白效果

01 选择小溪与小桥两段视频素材，准备使用"亮度与对比度"滤镜特效与"附加叠化"视频切换完成两个镜头间的闪白过渡效果，如图6-301所示。

02 将小溪与小桥两段视频素材导入至Premiere Pro CS5软件"序列"面板中的"时间线"上，在"效果"面板选择【图像控制】→【颜色平衡（RGB）】滤镜特效项，并拖拽至"时间线"中小溪视频素材上，然后在"特效控制台"面板中设置R（红色）值为100、G（绿色）值为110和B（蓝色）值为120，使两段素材颜色统一显示，如图6-302所示。

图6-301　两段视频素材　　　　　　　　图6-302　颜色平衡滤镜特效

03 在"效果"面板选择【色彩校正】→【亮度与对比度】滤镜特效项，并拖拽至"时间线"中小溪视频素材上，然后播放影片至5秒位置，在"特效控制台"面板中单击"亮度"项前的码表按钮，增加亮度关键帧，如图6-303所示。

04 播放影片至6秒09帧的位置，在"特效控制台"面板中设置"亮度"项的数值为100，使特效由0至100产生亮度变化，如图6-304所示。

图6-303　亮度与对比度滤镜特效　　　　　图6-304　设置亮度值

05 在"效果"面板选择【色彩校正】→【亮度与对比度】滤镜特效项，并拖拽至"时间线"中小桥视频素材上，然后播放影片至6秒10帧位置，在"特效控制台"面板中单击"亮度"项前的码表按钮并设置其值为100，如图6-305所示。

06 播放影片至7秒10帧的位置，在"特效控制台"面板中设置"亮度"项的数值为0，使特效由100~0产生亮度变化，如图6-306所示。

图6-305 亮度与对比度滤镜特效　　　　　图6-306 设置亮度值

07 在"效果"面板选择【叠化】→【附加叠化】视频切换效果项，并拖拽至"时间线"中两段视频素材的交接位置，作闪白的转场效果，如图6-307所示。

图6-307 附加叠化视频切换

08 播放影片，观察小溪视频素材与小桥视频素材间的闪白过渡效果，如图6-308所示。

图6-308 镜头闪白效果

6.7.4　地图穿梭效果

01 选择四张地图图像素材，准备制作由中国全貌推进至北京市区的穿梭动画效果，如图6-309所示。

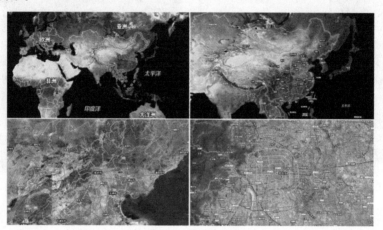

图6-309　地图素材层

02 选择天空素材层，准备制作穿梭间的云层效果，如图6-310所示。

03 在菜单中选择【编辑】→【首选项】→【常规】项，准备设置导入图像素材的默认时间，如图6-311所示。

图6-310　天空素材层

图6-311　常规项

04 在弹出的"首选项"对话框"常规"项中设置"静帧图像默认持续时间"的值为70帧，如图6-312所示。

05 在"项目"面板显示导入的地图素材与天空素材，如图6-313所示。

06 在"时间线"中的视频轨道上摆放地图素材层与天空素材层，位置如图6-314所示。

07 在"时间线"中选择第一张地图素材层，播放影片至0秒的位置，在"特效控制台"面板中单击"位置"与"缩放"项前的 ○码表按钮，设置"位置"值为360、288，"缩放"值为105；播放影片至2秒的位置，再设置"缩放"值为130；播放影片至3秒的位置，再设置"位置"值为200、400，"缩放"值为250，使地图在放大的同时产生先慢后快的变速动画，如图6-315所示。

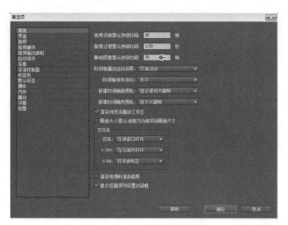

图6-312　设置持续时间值

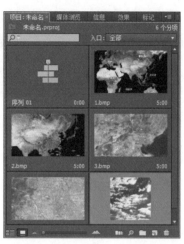

图6-313　导入的素材

图6-314　素材摆放位置

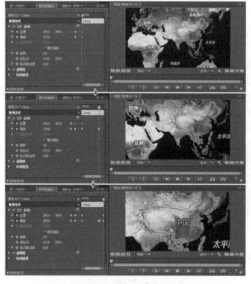

图6-315　动画素材记录

08 第一张地图素材的动画效果如图6-316所示。

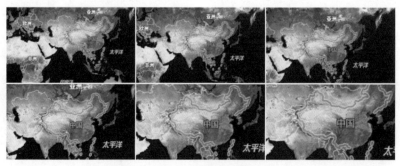

图6-316　动画效果

09 框选第一张地图素材的缩放关键帧，然后在选择关键帧位置单击鼠标右键，将设置的关键帧进行"复制"操作，如图6-317所示。

10 选择第二张地图素材并展开"特效控制台"面板，然后在运动的"缩放"项目上单击鼠标"右"键，将第一张地图素材的缩放关键帧"粘贴"其中，如图6-318所示。

图6-317 复制关键帧

图6-318 粘贴关键帧

11 在"特效控制台"面板设置第二张地图素材的"透明度"动画，使素材由不可见至可见，可与第一张地图素材完成渐变过渡，如图6-319所示。

12 第二张地图素材的动画效果如图6-320所示。

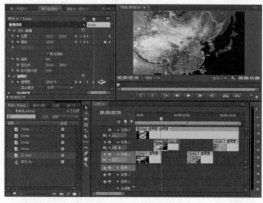

图6-319 透明度设置

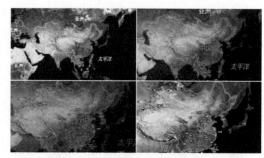

图6-320 动画效果

13 使用相同方式为第三张地图素材、第四张地图素材完成缩放和透明动画，如图6-321所示。

14 将"时间线"视频3中的素材长度进行调节，目的为遮挡每张地图素材的过渡区域，如图6-322所示。

图6-321 其他动画设置

图6-322 素材长度调节

⑮ 在"特效控制台"面板中单击"缩放"的 （码表）按钮，然后记录"缩放"值由110 至350的动画，如图6-323所示。

⑯ 在"特效控制台"面板"天空"素材中间位置单击"透明度"的 （码表）按钮，准 备制作透明度的动画，如图6-324所示。

图6-323　缩放动画设置　　　　　　　　　图6-324　设置透明度关键帧

⑰ 分别设置素材头尾两端的"透明度"关键帧，使"天空"素材产生由不可见至可见， 再由可见至不可见的渐变透明动画，如图6-325所示。

⑱ 在"效果"面板选择【模糊和锐化】→【高斯模糊】滤镜特效项，并拖拽至"时间 线"中第一张地图素材上，准备制作两段素材穿梭时的速度感，如图6-326所示。

图6-325　渐变透明动画设置　　　　　　　图6-326　高斯模糊滤镜特效

⑲ 在"特效控制台"面板先设置模糊方向为"水平"类型，然后在穿梭的起始位置单击 "模糊度"的 （码表）按钮并设置 值为0，再将时间滑块移动至穿梭的 结束位置并设置值为100，如图6-327 所示。

⑳ 在"效果"面板选择【模糊和锐化】→ 【高斯模糊】滤镜特效项，并拖拽至 "时间线"中天空素材上，制作素材 穿梭时的速度感，如图6-328所示。

㉑ 设置"模糊度"的穿梭动画，如图6-329 所示。

图6-327　模糊动画设置

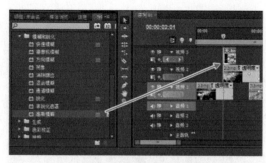

图6-328　高斯模糊滤镜特效

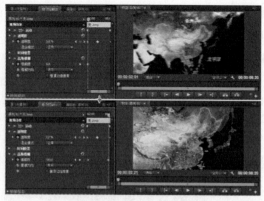

图6-329　模糊动画设置

㉒ 为其他几段素材的穿梭位置继续添加"天空"效果，完成整段地图穿梭的动画，如图6-330所示。

㉓ 完成的最终地图穿梭的动画效果如图6-331所示。

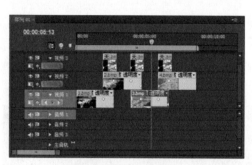

图6-330　继续添加效果

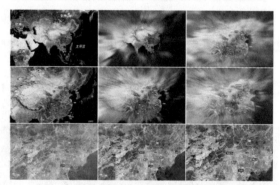

图6-331　地图穿梭效果

6.8　本章小结

　　本章主要对Premiere Pro CS5中的视频切换与视频特效进行讲解，其中包括创建视频切换、调整与设置视频切换、视频切换类型、添加视频特效、设置视频特效、视频特效类型，可以为影片素材之间或为素材添加丰富多样的视觉效果，对于后期制作人员非常实用。

6.9　习题

　　1. 添加视频切换的方法有哪些？

　　2. 如何调节已经添加视频切换的时间长度？

　　3. 视频特效的应用方式是怎样的？

中文版
Premiere Pro CS5
非线性编辑

第7章
高级视频处理

本章主要介绍Premiere Pro CS5中的高级视频处理，包括监视器调色知识、视频调色特效、插件调色、认识抠像、透明与叠加、键控特效，最后以Looks综合范例介绍视频处理技巧。

7.1 监视器调色知识

在调色编辑时，可以通过监视器查看编辑效果，所以监视器的颜色准确性就显得尤为重要。通常使用专业的硬件设备来校正监视器的颜色，缺乏硬件设备时也可以靠肉眼观察。

由于不同的工作需要，通常会用到各种素材的显示方式来辅助对影片色彩的分析和查看。另外，窗口的绑定功能提供了原始素材和节目的同步播放功能，这样在编辑的同时可以对比源素材来分析和调色操作。

调出显示模式菜单有两种方法，一种是单击"输出"按钮，另一种是单击鼠标右键在弹出的快捷菜单中进行选择。

1. 右键快捷菜单

在"节目"监视器中影片上单击鼠标右键，在弹出的菜单中选择"显示模式"会弹出子菜单，在其中可以对显示模式进行设置，如图7-1所示。

2. 输出按钮

单击"节目"监视器窗口右下方的 ▨ （输出）按钮，会弹出下拉菜单显示众多的素材显示方式，当需要查看影片的各种信息时，可以选择不同的显示模式来帮助分析，如图7-2所示。

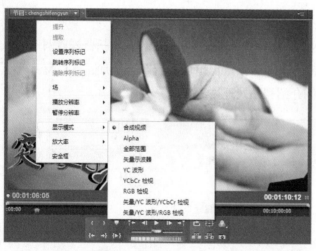

图7-1　右键快捷菜单

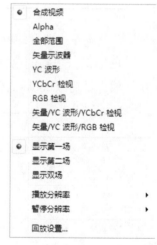

图7-2　显示模式

7.1.1 显示模式

在"节目"监视器中提供了多种素材显示方式，以适应不同工作性质的需要，同时方便对影片颜色的分析，主要包含合成视频、Alpha通道以及各种检测工具系统。

1. 合成视频

如果选择合成视频模式，监视器将显示编辑合成后的影片效果。在此种模式下，可以在编辑影片的同时直接查看监视器里的合成效果来同步操作，如图7-3所示。

2. Alpha

如果选择Alpha模式，则显示影片的Alpha通道信息。在制作影片的过程中，通常会用到带有Alpha通道信息的素材，包括使用3ds Max、Maya等软件渲染的包含Alpha通道的TGA格式图片序列，以及使用Photoshop制作的包含Alpha通道图片。

将制作的图片导入Premiere中并拖拽到时间线上之后，选择此图片的Alpha显示模式，"节目"监视器中显示的就是素材Alpha黑白通道信息，白色区域代表的是实体信息，黑色区域代表的是透明信息，如图7-4所示。

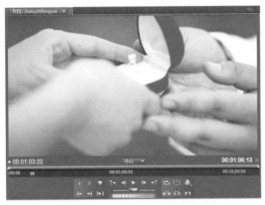

图7-3 合成视频模式

图7-4 Alpha模式

3. 全部范围

如果选择全部范围模式，则在"节目"监视器显示颜色的波形、矢量、YCBCr和RGB等所有的分析图，如图7-5所示。

4. 矢量示波器

如果选择矢量示波器显示模式，则在节目监视器中只显示矢量示波器图，可以查看色相与饱和度信息，如图7-6所示。

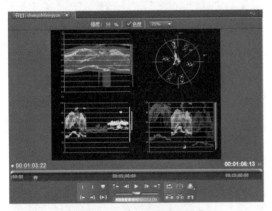

图7-5 全部范围显示模式

图7-6 矢量示波器

在影片制作过程中经常会用到"矢量显示器"这种硬件设备来提供标准色检测信号，"矢量示波器"显示模式可以兼容这些标准颜色信号，其中显示的圆形图表信号由色相与饱和度构成。圆形图表被分割成多个代表完全饱和的色相扇形区，区域里的字母指的是色相扇形区代表的色相，分别是R(红色)、MG(红紫色)、B（蓝色）、CY（蓝绿色）、G（绿色）和YI（黄色）。影片的整体色调偏向什么色相，图表中的信号就指向对应的色相扇区，并且信号越往外扩展，影片的饱和度也就越高，而信号的密集程度也可以决定影片图像中的颜色分布。

5. YC波形

如果选择YC波形模式，则在节目监视器中只显示YC波形，显示的是亮度信号，如图7-7所示。

在制作影片时，经常用到"YC波形"来检测影片的亮度信息。它采用IRE（无线电工程师学会）标准单位检测，水平轴表示图像信息，垂直轴表示亮度信息。影片中每一帧图像的亮度波形图都不同，波形图的上方的区域亮，下方的区域暗。

6. YCBCr检视

YCBCr检视模式用来检测NTSC的颜色区间，主要应用在美、日电视信号的处理上。生成的分析图由水平轴、垂直轴和波形组成；水平轴显示影片的色相区域，垂直轴显示的是影片的亮度信息，波形高低显示的是饱和度高低。水平轴从左至右显示了蓝绿色、洋红色、黄色等色相，垂直轴从下至上显示的色调越来越亮。整个图中包含三个色相的波纹，波纹越高时，影片也就越亮，色相的饱和度越高。例如水平轴上显示了蓝绿色、洋红色、黄色的颜色区间，蓝绿色最多，黄色其次，洋红色最少，如图7-8所示。

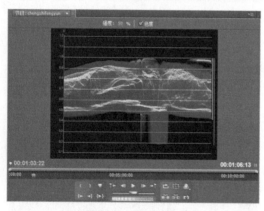

图7-7　YC波形　　　　　　　　　　图7-8　YCBCr检视

7. RGB检视

RGB检视模式主要用来检视RGB颜色的区间。水平轴显示了红色、绿色、蓝色的颜色区间，垂直轴则显示颜色数值，影片中的每一帧产生的检视图都不同，同一帧调节之前和之后的RGB检视图也不同，可以通过对比来调节影片的RGB颜色，如图7-9所示。

8. 矢量/YC波形/YCBCr检视

此显示模式主要用来分析NTSC信号的颜色饱和度、亮度和YCBCr颜色区间的综合信息，如图7-10所示。

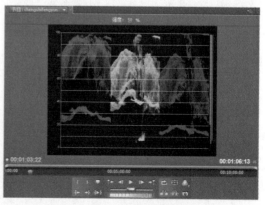

图7-9　RGB检视

9. 矢量/YC波形/RGB检视

此显示模式主要用来分析PAL制式信号的颜色饱和度、亮度和RGB颜色区间的综合信息，如图7-11所示。

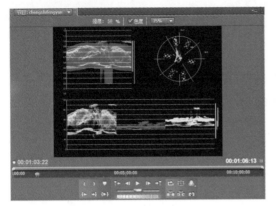

图7-10　矢量/YC波形/ YCBCr检视

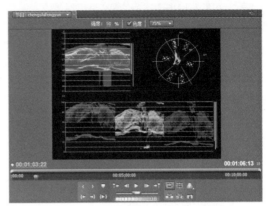

图7-11　矢量/YC波形/RGB检视

7.1.2　显示场

因为逐行扫描和隔行扫描，视频在电视上播出会出现条状的次条，这种在专业上称为场，而目前非编软件中和视频处理软件中都带有去场的功能。在"节目"监视器中可以设置显示第一场、显示第二场和显示双场三种模式。

1. 显示第一场

显示场顺序针对隔行扫描产生的交错视频来说，通常交错视频在显示器中播放时场是不明显的，只有慢速播放或帧冻结时，才可以清晰辨别帧内容的场。

在隔行扫描中，每个帧都由2个场构成，场以水平分隔线方式隔行保存了帧的内容，在显示时首先显示第一场所保存的内容，然后再显示第二个场的内容来填充第一场留下的缝隙，Premiere中一般默认为显示第一场。

2. 显示第二场

"显示第二场"的工作原理是显示时首先显示第二场所保存的内容，然后再显示第一场的内容来填充第二场的交错内容。

3. 显示双场

选择"显示双场"时，将同时显示第一场和第二场的交错内容，类似于计算机操作系统的非交错形式来显示视频。

7.1.3　播放控制

监视器中的播放控制主要是控制播放时分辨率信息与回放设置信息等。

1. 播放分辨率

分辨率决定了每一帧的信息量，影响图像的质量高低。在影片编辑过程中，很多时候由于文件量太大或者编码问题，在播放预览时会出现播放不流畅的现象，此时可以降低播放的分辨率来提高运行速度。降低播放分辨率并不影响素材的质量，只是在"节目"监视器中播放显示的质量降低。播放分辨率包括全分辨率、1/2、1/4、1/8、1/16五个级别供用户选择，如图7-12所示。

2. 暂停分辨率

当预览合成视频暂停时，监视器中显示的画面包含的信息量多少或质量的高低由"暂停分辨率"决定。可以根据需要选择"暂停分辨率"下拉菜单中的几个显示级别，指定当暂停播放时监视器中画面的分辨率，如图7-13所示。

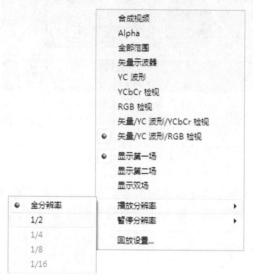

图7-12　播放分辨率子菜单

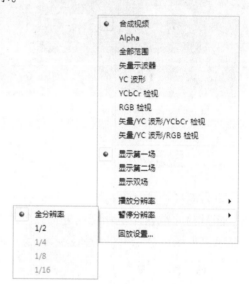

图7-13　暂停分辨率子菜单

3. 回放设置

"回放设置"通常在外部设备支持下，对素材的交错模式转换来使视频播放得更流畅。在"回放设置"对话框中，"外部设备"项目可以设置播放和输出设备类型；"24p转换方式"项目选择重复帧或交错帧的方式来使24p素材转换成PAL制式的25p素材或NTSC制式的30p素材，如图7-14所示。

图7-14　回放设置对话框

7.1.4　绑定窗口

在调色过程中，需要不断地在原稿、调色稿与检测分析图之间切换对比观察，这就需要将"源素材"窗口与"节目"窗口同步播放。这两个窗口同步播放的方法是单击"素材"监视器窗口或"节目"监视器窗口右上方的卷展栏按钮，在弹出的菜单栏中选择"绑定源与节目"命令，在后续的编辑合成操作时，播放其中一个窗口时，另一个窗口也跟着播放，这就方便了调色时的效果与源素材的对比，如图7-15所示。

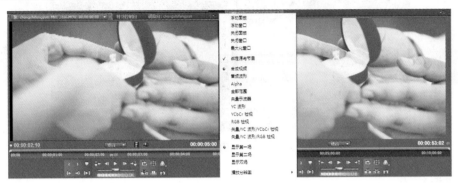

图7-15　绑定窗口

7.2　视频调色特效

在影片的编辑操作中，素材的颜色往往不能达到需要的效果，这时就需要为影片添加调色特效来改变颜色，以控制影片的整体色调。Premiere提供的关于调色的特效分别是"图像控制"、"实用"、"调节"和"色彩校正"特效，它们位于"效果"面板中的"视频特效"文件夹下。

7.2.1　图像控制

"图像控制"视频特效文件夹中包含了5个视频特效，其中包括"灰度系数（Gamma）校正"、"色彩传递"、"颜色平衡（RGB）"、"颜色替换"与"黑白"特效，这些特效可以有效地对视频素材颜色进行调校。

图7-16　灰度系数校正设置

1. 灰度系数（Gamma）校正

"灰度系数（Gamma）校正"视频特效在保持图像的黑色与高亮区不变的情况下，调节影片中间色调的亮度来轻微调节影片明暗度。将此特效拖拽到时间线中的素材上，在"特效控制台"面板中便可以对该特效进行设置，如图7-16所示。

- 灰度系数（Gamma）：可以控制素材画面的明暗程度，最大值设置为28，其中值越大画面越暗，值越小画面越亮。对比效果如图7-17所示，左图为源素材，右图为添加特效后的效果。

图7-17　效果对比

2. 色彩传递

"色彩传递"视频特效可以指定影片中某种颜色保持不变，而其他部分的颜色全部转换成灰色。为影片添加此特效后，在"特效控制器"面板中可以对该特效进行设置，如图7-18所示。

- 相似性：控制要保持不变的颜色范围。
- 颜色：可以设置保持不变的颜色，单击"颜色"后方的"颜色拾取"按钮，在弹出的"颜色拾取"对话框中可以进行颜色拾取，如图7-19所示。

图7-18　色彩传递设置

图7-19　颜色拾取对话框

- 吸管：可以单击 (吸管)按钮在弹出的"色彩传递设置"对话框中吸取颜色。另外，可以单击特效控制器面板中的 (设置)按钮对相似性进行设置，如图7-20所示。

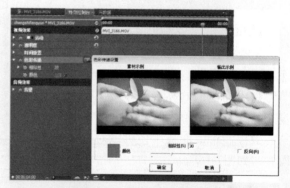

图7-20　色彩传递设置对话框

为图像添加"色彩传递"特效并设置参数完成后，左图为原稿素材，右图为添加特效后的显示效果，影片产生变化的效果对比如图7-21所示。

3. 颜色平衡

"颜色平衡"视频特效提供了通过调整影片中的R、G、B颜色值来控制影片色调的功能。在"特效控制台"面板中设置"红色"、"绿色"、"蓝色"的数值，或者展开卷展栏后拖动滑块来控制效果，如图7-22所示。

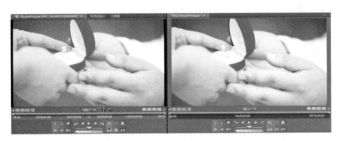

图7-21 效果对比　　　　　　　　　　图7-22 颜色平衡设置

可以通过调节"红色"、"绿色"、"蓝色"的值调节素材画面的色调，原始素材与调节后的效果对比如图7-23所示。

4. 颜色替换

"颜色替换"视频特效可以将影片中指定的颜色用新颜色来替换。在"特效控制台"中可以对该特效进行设置，如图7-24所示。

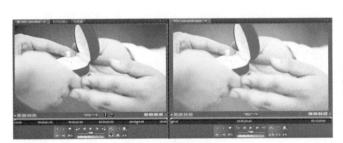

图7-23 效果对比　　　　　　　　　　图7-24 颜色替换设置

- 相似性：相似性可以指定颜色的影响范围。
- 目标颜色：设置画面中需要替换的颜色。
- 替换颜色：设置替换后的颜色。还可以通过单击 ▫▫▫（设置）按钮在弹出的"颜色替换设置"对话框中进行设置，如图7-25所示。

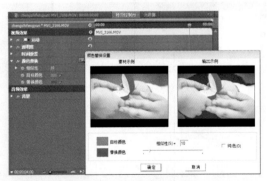

图7-25 颜色替换设置

当添加完此特效后，图像中的目标颜色未被全部替换，这时可以再次为素材添加此特效，用 吸管工具吸取剩余的目标颜色，如图7-26所示。

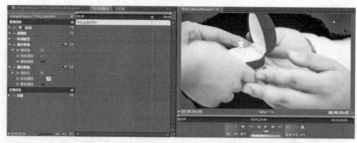

图7-26　重复添加特效

完成所有操作后，原稿素材与替换颜色后的图像对比如图7-27所示。

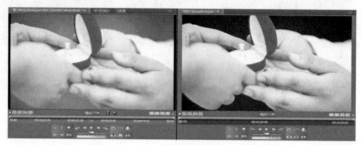

图7-27　效果对比

5. 黑白

"黑白"特效提供了为影片去色，使影片变成黑白效果的功能。为素材添加此特效后，在"特效控制台"中可以点击 （切换效果开关）控制特效的开启与关闭，如图7-28所示。

为影片添加"黑白"特效后，原始素材与添加特效后的效果对比如图7-29所示。

图7-28　黑白设置

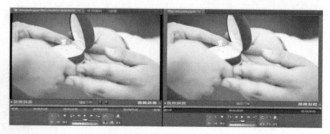

图7-29　效果对比

7.2.2　实用

"实用"视频特效文件夹中只提供了"Cineon转换"一种视频特效。Cineon转换特效可以调节素材图像中高光在广播级限定范围内，为素材添加Cineon特效，在"特效控制台"中可以对该视频特效进行设置，如图7-30所示。

- 转换类型：设置"Cineon转换"特效所使用的转换类型，控制不同的转换效果。
- 10位黑场：设置图像中黑色所占的比例。
- 内部黑场：设置整个素材画面的黑色比例。
- 10位白场：设置图像中白色所占的比例。
- 内部白场：设置整个素材画面的白色比例。
- 灰度系数：设置图像中暗部区域的明亮程度。
- 高光滤除：调整图像中高光区域的明亮程度。

使用该特效可以调节出反相效果，默认情况下"内部黑场"值为0、"内部白场"值为1，如果将两个参数值进行调换，设置"内部黑场"值为1、"内部白场"值为0，即可得到反相效果，如图7-31所示。

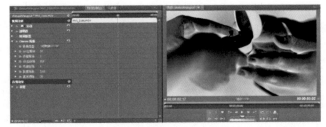

图7-30　Cineon转换设置　　　　　　　　图7-31　反相效果

使用该特效不仅可以调节出"反相效果"，还可以对素材画面的整体效果进行设置，效果对比如图7-32所示。

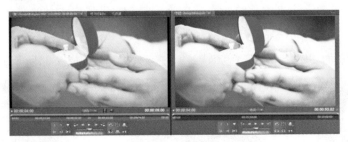

图7-32　效果对比

7.2.3　色彩校正

"色彩校正"就是调色。在整个调色过程中，色彩校正是相当重要的环节。由于拍摄设备、光线等因素的影响，拍摄出的视频画面可能出现偏亮、偏暗或偏色等问题，所以在调色之前，要根据记忆色原理将视频中的颜色、亮度等色彩信息校正准确后，才能正确为视频做调色处理。

当画面颜色校正准确后，可以添加染色、更改颜色或调节色彩平衡来改变色彩，以得到工作需要的颜色以及色彩基调。

　　另外，可以使用第三方插件来进一步调色。

1. RGB曲线

　　"RGB曲线"视频特效提供了通过调整通道内的曲线控制颜色以及亮度，从而改变画面颜色的功能。在调节曲线时，使用鼠标在曲线上单击可以为该曲线上添加一个可控点，使用鼠标拖拽可控点可以对曲线进行调节，曲线变化时素材的画面也会相应的产生变化。为素材添加"RGB曲线"视频特效，在"特效控制台"中可以对该视频特效进行设置，如图7-33所示。

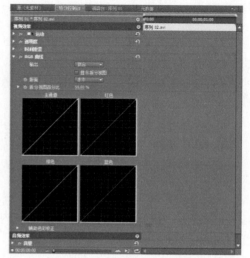

图7-33　RGB曲线设置

- 输出：设置视频文件的输出类型，其中包括"复合"、"Luma"与"蒙板"选项。
- 显示拆分视图：通过勾选该选项可以将"节目"监视器中显示的素材画面从中间分为上下两部分；上方的部分显示为调节后的效果，下方的部分显示为原始效果。
- 版面：设置"显示拆分视图"的分割方式，其中包括"水平"与"垂直"两种方式。
- 拆分视图百分比：设置"显示拆分视图"分割的区域位置的百分比；百分比值越大调节效果的区域越大，百分比值越小调节效果的区域越小。
- 主通道：调整"主通道"曲线可以影响素材画面的亮度与所有颜色通道色调。曲线向上弯曲素材画面将变亮，曲线向下弯曲素材画面将变暗。
- 红色、绿色、蓝色：调整曲线形状可以调整素材画面中与该曲线对应颜色通道与亮度。曲线向上弯曲素材的颜色将变亮，曲线向下弯曲素材的颜色将变暗。
- 辅助色彩校正：可以在调节曲线后再对画面进行颜色校正。

　　通过为素材添加"RGB曲线"视频特效的视频效果对比如图7-34所示。

图7-34　效果对比

2. RGB色彩校正

　　"RGB色彩校正"特效提供了调节素材片段颜色和亮度的功能，并限制特效影响颜色的范围。为素材添加"RGB色彩校正"视频特效，在"特效控制台"面板中可以对该视频特效进行设置，如图7-35所示。

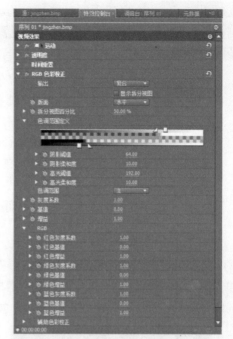

- 输出：设置视频文件的输出类型，其中包括"复合"、"Luma"、"蒙板"与"色彩范围"选项。
- 显示拆分视图：通过勾选该选项可以将"节目"监视器中显示的素材画面从中间分为上下两部分，上方的部分显示为调节后的效果，下方的部分显示为原始效果。
- 版面：设置"显示拆分视图"的分割方式，其中包括"水平"与"垂直"两种方式。
- 拆分视图百分比：设置"显示拆分视图"分割的区域位置的百分比；百分比值越大调节效果的区域越大，百分比值越小调节效果的区域越小。
- 色调范围定义：设置所调节色彩的限制范围。

图7-35　RGB色彩校正设置

- 色调范围：设置参数所调节的颜色区域，其中包括"主"、"高光"、"中间调"与"阴影"四个选项。"主"选项控制画面的整体色调；"高光"选项控制画面的高光区域的色调；"中间调"选项控制画面的中间色区域的色调；"阴影"选项控制画面中暗部区域的色调。当设置为不同的色调范围时，可以在下方的"灰度系数"、"基值"、"增益"中对其进行分别设置。
- 灰度系数：控制素材画面的明暗系数。
- 基值：该设置项与"增益"组合一起控制素材画面中的白色。
- 增益：调整素材画面中的白色，但会略微影响到图像中的黑色。
- RGB：设置素材画面中"红色"、"绿色"、"蓝色"的灰度、色差与增益颜色。
- 辅助色彩校正：可以在调节参数后再对画面进行颜色校正。

通过为素材添加"RGB色彩校正"视频特效的视频效果对比如图7-36所示。

图7-36　效果对比

3. 三路色彩校正

"三路色彩校正"特效提供了对影片的阴影、中间调和高光三项的色彩校正功能，可以单项校正，也可以三项同时校正。为素材添加"三路色彩校正"视频特效，在"特效控制台"面板中可以对该视频特效进行设置，如图7-37所示。

- "黑平衡"、"灰平衡"、"白平衡"：分配黑色、灰色、白色的颜色平衡。可以单击各自后方的 ✎ 吸管工具在软件界面中吸取目标颜色；也可以单击颜色块在弹出的"颜色拾取"对话框中选择颜色。
- 三路色相平衡和角度：在三个彩色圈中调整。左边的圈控制图像色调、中间的圈控制灰度、右边的圈控制图像的亮度。当"色彩范围"设置为主时将只会出现一个彩色圈，因为"色调范围"设置为"主"时控制的是素材画面中整体的色调，所以在控制时只需要一个彩色圈来进行控制。
- 高光饱和度：设置素材画面中高光区域的色彩饱和度。

4. 亮度与对比度

视频素材由于拍摄设备、光线的影响，画面可能偏暗或偏灰，这时可以为视频素材添加"亮度和对比度"特效来调整。为素材添加"亮度与对比度"视频特效后，在"特效控制台"中可以对该视频特效进行设置，如图7-38所示。

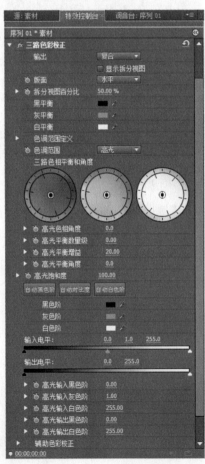

图7-37 三路色彩校正设置

图7-38 亮度与对比度

可以通过输入数值或拖拽滑块设置"亮度"与"对比度"，通过为素材添加"亮度与对比度"视频特效的视频效果对比如图7-39所示。

5. 亮度曲线

"亮度曲线"特效提供了利用曲线来精确调节影片亮度的功能，

图7-39　效果对比

并可以在属性面板中的"辅助色彩校正"选项限制改变后彩色的范围。为素材添加"亮度曲线"视频特效后，在"特效控制台"中可以对该视频特效进行设置，如图7-40所示。

通过调节曲线形状即可对素材画面进行调节，为素材添加"亮度曲线"视频特效的效果对比如图7-41所示。

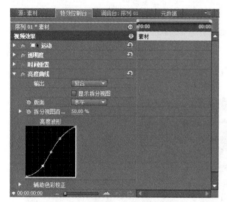

图7-40　亮度曲线设置

图7-41　效果对比

6. 亮度校正

"亮度校正"特效提供了调节图像亮度的功能，并可以设置辅助色彩校正来限制修改图像的彩色范围。为素材添加"亮度校正"视频特效后，在"特效控制台"中可以对该视频特效进行设置，如图7-42所示。

通过为素材添加"亮度校正"视频特效的效果对比如图7-43所示。

图7-42　亮度校正设置

图7-43　效果对比

7. 分色

"分色"特效提供将图像以指定颜色以外进行灰色区分显示的功能。为素材添加"分色"视频特效后，在"特效控制台"中可以对该特效进行设置，如图7-44所示。

通过为素材添加"分色"视频特效的效果对比如图7-45所示。

图7-44　分色设置

图7-45　效果对比

8. 广播级颜色

计算机显示器使用不同的混合信号来显示颜色，而家用视频设备使用的信号有一个确定的幅度限制，所以计算机生成的颜色很容易超出这个限制。可以使用该视频特效，通过降低视频的亮度或饱和度，使它达到家用电视能正常播放的合理标准。

为素材添加"广播级颜色"视频特效后，在"特效控制台"中可以对该特效进行设置，如图7-46所示。

图7-46　广播级颜色设置

9. 快速色彩校正

"快速色彩校正"特效提供了改变素材的色相的饱和度来调整素材颜色，以及更改图像的黑色、白色和灰色的功能。

为素材添加"快速色彩校正"特效，在"特效控制台"中可以对该特效进行设置，如图7-47所示。

- 白平衡：可以设置分配图像中白色的平衡。单击颜色块，在弹出的"颜色拾取"对话框中选择颜色，也可以使用 吸管工具在软件界面中吸取任意颜色。
- 色相平衡和角度：本项中包含"色相角度"、"平衡数量级"、"平衡增益"和"平衡角度"四项属性。该圆环由内圆、外圆环和中心的小圆圈构成，可以拖拽色相环中心处的小圆圈到指定位置，也可以直接输入四项子属性的值来调整。"色相角度"控制"色相平衡和角度"外环的转动角度；平衡数量级控制平衡色彩和校正的数量；平衡增益控制图像的亮度；平衡角度控制色彩平衡角度，即小圆圈指向的角度。

- 饱和度：设置图像的色彩饱和程度，单击 "自动黑色阶"、"自动对比度"、"自动 白色阶"三个按钮，可以自动调整图像的黑 色、黑白对比度、白色。也可以手动设置 黑、白、灰色阶，使用吸管工具或颜色块来 为图像的黑、白、灰指定颜色。

- 输入电平：设置滑块器把黑色点和白色点映 射到输出滑块器，当滑块器在中央时将输入 调整图像的灰阶。

- 输出电平：设置滑块器输出在"输入电平" 中指定数值的黑色点和白色点，输出滑块器 在位置0时，图像输出白色变黑，当滑块器在 位置255时，图像将输出黑色变白。

图7-47　快速色彩校正

通过为素材添加"快速色彩校正"视频特效的效果对比如图7-48所示。

图7-48　效果对比

10. 更改颜色

"更改颜色"特效提供了调整多种颜色的色彩、饱和度和亮度的功能，以及设置一个 基本的颜色和类似数值的选择范围。为素材添加"更改颜色"视频特效，在"特效控制 台"中可以对该特效进行设置，如图7-49所示。

- 视图：通过单击"视图"后方的 ▼（下箭头）按钮可以设置不同的"视图"类 型，其中包括"校正的图层"与"色彩校正蒙版"两个选项。

- 色相变换：设置图像的色调，并在到达一定程度后调整挑选的颜色色彩。

- 明度变换：设置素材画面中亮度值的增加或减少。

- 饱和度变换：设置素材画面中饱和度的增加或减少。

- 要更改的颜色：使用 ✐ 吸管工具吸取软件界面中的颜色，或在单击"颜色块"后 弹出的"颜色拾取"对话框中指定图像中要更改的颜色。

- 匹配宽容度：设置调整彩色匹配的色彩范围。
- 匹配柔和度：设置匹配色彩校正的柔和程度。
- 匹配颜色：设置两种颜色的类似设置准则，可以选择"使用RGB"、"使用色相"与"使用色度"三种模式。
- 反相色彩校正蒙板：勾选"反相色彩校正蒙板"项，则图像中所有颜色将是改正后的颜色反相显示。

通过为素材添加"更改颜色"视频特效的效果对比如图7-50所示。

图7-49 更改颜色设置 图7-50 效果对比

11. 染色

"染色"特效提供了将图像中的黑色、白色染上指定的颜色，以及限制染色程度的功能。为素材添加"染色"视频特效，在"特效控制台"中可以对该特效进行设置，如图7-51所示。

- 将黑色映射到：指定与图像中黑色发生映射颜色。使用 吸管工具在软件界面中吸取颜色，也可以单击"颜色块"，在弹出的"颜色拾取"对话框内指定颜色。
- 将白色映射到：指定与图像中白色发生映射颜色。使用 吸管工具在软件界面中吸取颜色，也可以单击"颜色块"，在弹出的"颜色拾取"对话框内指定颜色。
- 着色数量：设置素材画面的染色程度。

通过为素材添加"染色"视频特效的效果对比如图7-52所示。

图7-51 染色设置 图7-52 效果对比

12. 色彩均化

"色彩均化"特效可以改变图像的像素数值，从而产生一个亮度或色彩比较一致的图像。为素材添加"色彩均化"视频特效，在"特效控制台"中可以对该特效进行设置，如图7-53所示。

- 色调均化：为图像选择一种均化模式，其中包括"RGB亮度"与"Photoshop样式"三种均化模式。
- 色调均化量：设置色调均化的程度。

通过为素材添加"色调均化"视频特效的效果对比如图7-54所示。

图7-53 色彩均化设置

图7-54 效果对比

13. 色彩平衡

"色彩平衡"特效提供了修改图像中阴影、中间调和高光区域中的红、绿、蓝颜色数量的功能。数值从－100～100变化，则指定的颜色由少到多。可以拖动滑块或直接输入数值来确定颜色的多少，勾选"保留亮度"项时，将维持图像的色调平衡。为素材添加"色彩平衡"视频特效后，在"特效控制台"中可以对该视频特效进行设置，如图7-55所示。

通过为素材添加"色彩平衡"视频特效的效果对比如图7-56所示。

图7-55 色彩平衡设置

图7-56 效果对比

14. 色彩平衡（HLS）

"色彩平衡（HLS）"特效可以通过调整图像色相、明度和饱和度来改变图像的颜色以及色调。为素材添加"色彩平衡（HLS）"视频特效后，在"特效控制台"中可以对该视频特效进行设置，如图7-57所示。

通过为素材添加"色彩平衡（HLS）"视频特效的效果对比如图7-58所示。

图7-57　色彩平衡（HLS）设置　　　　　　　　图7-58　效果对比

15. 视频限幅器

为使视频能在家用电视正常播放，可以为素材添加"视频限幅器"特效，限制素材的亮度和颜色，以达到广播级限制的范围。为素材添加"视频限幅器"后，在"特效控制器"中可以对该视频特效进行设置，如图7-59所示。

- 缩小轴：设置对素材画面的限制方式，单击"缩小轴"后方的 ▼（下箭头）按钮可以打开下拉菜单，其中包含"亮度"、"色度"、"色度和亮度"与"智能限制"四种方式。当设置为不同的限制方式时，下方的设置会相应变化。
- 缩小方式：设置限制颜色时作用在素材画面中的颜色区域。

通过为素材添加"视频限幅器"视频特效的效果对比如图7-60所示。

图7-59　视频限幅器设置　　　　　　　　图7-60　效果对比

16. 转换颜色

"转换颜色"视频特效提供了将图像中的一种颜色转换为另一种颜色的功能，并可以更改选择的颜色的色相、明度和饱和度。为素材添加"转换颜色"视频特效，在"特效控制器"中可以对该视频特效进行设置，如图7-61所示。

- 从：设置图像中的目标颜色，可以通过单击"颜色块"在弹出的"颜色拾取"对话框中进行设置，也可以使用吸管工具在软件界面中进行颜色拾取。
- 到：设置将图像中的目标颜色转换到的颜色，可以通过单击"颜色块"在弹出的"颜色拾取"对话框中进行设置，也可以使用吸管工具在软件界面中进行颜色拾取。
- 更改：设置转换后的颜色修改范围，其中包括"色相"、"色相和明度"、"色相和饱和度"以及"色相"等。
- 更改依据：设置转换颜色后色彩变化的方式，其中包括颜色设置和颜色变换两个选项。
- 宽容度：设置图像改变颜色的范围，包括色相、明度和饱和度三个选项。
- 柔和度：控制转换颜色边缘的柔和度。
- 查看校正杂边：勾选"查看校正杂边"项，可以使图像以黑白灰显示，白色为转换颜色主要区域，黑色的区域将保持不变，灰色区域受轻微色彩变化影响，如图7-62所示。

图7-61 转换颜色设置

图7-62 查看校正杂边

通过为素材添加"转换颜色"视频特效的效果对比如图7-63所示。

图7-63 效果对比

17. 通道混合

"通道混合"视频特效可以对图像的各个通道进行混合调节，通过将每个通道输出到目标颜色通道不同的颜色偏移量来校正图像的色彩。此特效操作复杂，但可控性高。为素材添加"通道混合"后，在"特效控制器"中可以对该视频特效进行设置，如图7-64所示。

通过为素材添加"通道混合"视频特效的效果对比如图7-65所示。

图7-64　通道混合设置

图7-65　效果对比

7.3　插件调色

Magic Bullet Looks调色插件是强大的后期处理工具，可以精确操作数字视频，展现出所有传统胶片电影的特性，适合最高标准电影和播放的专业要求。此插件针对电视、电影、MV、广告等各种常见调色预设置，并且可以在预设置上再次进行修改，包括色调、色相、曲线、蒙版、摄像机、阴影等调色工具，深受大家的喜爱。

在Magic Bullet Looks 调色插件的安装与使用中，需要注意一些比较旧的版本在Premiere Pro CS5中无法运行，只有比较新的版本才与Premiere Pro CS5相兼容，如图7-66所示。

图7-66　Magic Bullet Looks调色插件

7.3.1　Magic Bullet Looks插件安装

Magic Bullet Looks调色插件支持多款非线编辑与特性合成软件，包括After Effects、Premiere、Avid、Vegas、EDIUS等，虽然插件的使用方法相同，但安装版本与方式会略有不同。

在After Effects CS5与Premiere Pro CS5中可以同时调取该插件，因为这两个软件同属于Adobe公司，在软件的安装时只要安装一次即可在以上两个软件中使用。Magic Bullet Looks调色插件运行稳定并速度较快，可以使较为复杂的后期校色在Magic Bullet Looks中完成，并可以得到更加优异的效果，但在最终渲染输出的时候会相对慢一些。

一般情况下，购买Magic Bullet Looks调色插件的After Effects版本后运行安装程序，安装过程没有任何复杂的程序操作，也没有什么选项用于设置，只是正确输入序列号和默认安装路径至完成即可，如图7-67所示。

Magic Bullet Looks调色插件安装完成后，可以在Premiere Pro CS5的"效果"面板中找到"Magic Bullet Looks"特效文件夹，打开该文件夹可以在其中找到"looks"视频特效，如图7-68所示。

图7-67　安装调色插件

图7-68　looks插件位置

7.3.2　Magic Bullet Looks插件添加

完成Magic Bullet Looks插件的安装后，在"序列"面板中添加视频素材，将Premiere Pro CS5的面板切换至"效果"面板，在效果面板中选择【视频特效】→【Magic Bullet】→【Looks】命令，再将该命令拖拽至"序列"面板中的素材上，完成Magic Bullet Looks插件的添加工作，如图7-69所示。

图7-69　插件添加

7.3.3 Magic Bullet Looks插件设置

完成Magic Bullet Looks插件的添加工作后，将Premiere Pro CS5切换至"特效控制台"面板，然后单击"Looks"前方的▶（箭头）按钮将该视频特效展开，继续单击"Look"前方的▶（箭头）按钮展开并单击"Edit"按钮进行调色的设置，如图7-70所示。

在弹出的"Looks"对话框中可以单击"Edit"按钮进行调色，如图7-71所示。

图7-70 插件设置

图7-71 插件界面

Looks的工作界面主要包括菜单栏、状态提示栏、效果预设浮动面板、预览视图、工具浮动面板与项目设置面板，如图7-72所示。

1. 菜单栏

Looks的菜单栏中主要有File（文件）、Edit（编辑）和Help（帮助）三部分。文件菜单主要对调色的文件调度与存储等进行设置，其中有New Look（新建）、Open Image File（打开图像文件）、Open Look File（打开调色文件）、Save Image As（存储图像到）、Save Look As（存储调色到）、Preferences（参数设置）、Enter Serial Number（输入序列号）、Recent File（最近文件）和Exit（退出），如图7-73所示。

编辑菜单主要对调色的操作进行管理，其中有Undo（撤销）、Redo（恢复）、Cut（剪切）、Copy（复制）、Paste（粘贴）和Delete（删除），如图7-74所示；帮助菜单的主要作用是查看插件的版本信息与开发信息，如图7-75所示。

图7-72 looks界面分布

图7-73 文件菜单

图7-74　编辑菜单

图7-75　帮助菜单

2. 状态提示栏

Looks的状态提示栏中提供了预设效果的预览、视图显示比例和RGB颜色信息提示。除此之外，还可以单击Graphs（图显）的开关按钮控制是否显示RGB预览和切片图，单击Help（帮助）的开关按钮将对当前选择进行帮助提示，如图7-76所示。

3. 效果预设浮动面板

Looks的效果预设浮动面板默认停靠在屏幕左侧，当鼠标掠过时将弹出面板，其中提供了百余种效果预设，可以根据画面的需要选择使用，还可以将自定义设置的调色文件存储，方便再次使用，如图7-77所示。

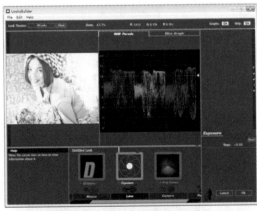

图7-76　状态提示栏

图7-77　效果预设浮动面板

4. 预览视图

Looks的预览视图主要为观察当前调色效果，配合鼠标的"滚轮"键可以进行视图放大和缩小预览操作。

5. 工具浮动面板

Looks的工具浮动面板默认停靠在屏幕右侧，当鼠标掠过时将弹出面板，其中主要提供了Subject（主题）、Matte（遮挡）、Lens（镜头）、Camera（摄影机）和Post（快速）。

Subject（主题）项目中主要提供了改变图像处理的虚拟镜头和照明变化，还有颜色填充和对比度的设置，可以通过曲线和三颜色校正等信息改变颜色和虚拟灯光效果，如图7-78所示。

Matte（遮挡）项目中主要提供了雾化工具、模仿过滤器和现实世界中的磨砂效果，还包括了扩散、颜色和星过滤器等，如图7-79所示。

图7-78　主题项目

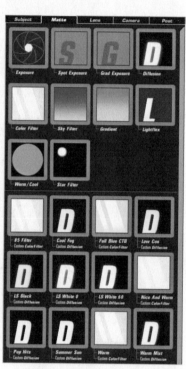

图7-79　遮挡项目

Lens（镜头）项目中主要提供了改变虚拟的镜头效果，包括光晕、边缘柔化等控制，如图7-80所示。

Camera（摄影机）项目中主要提供摄影机的控制工具，包括虚拟记录图像工具、模仿电影颗粒、彩色反转胶片等模拟电影所拍摄的效果，如图7-81所示。

Post（快速）项目中提供了快速调节画面颜色的设置，主要有伽马设置、色彩校正、饱和度、颜色范围、曲线、曝光、对比度等，如图7-82所示。

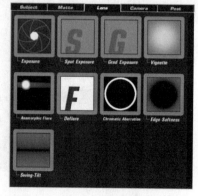

图7-80　镜头项目

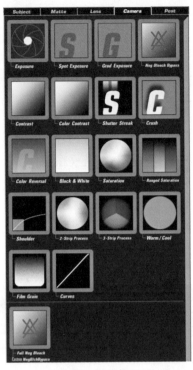

图7-81　摄影机项目

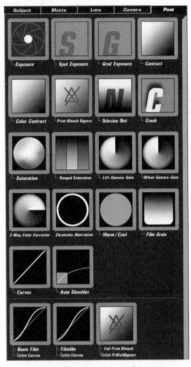

图7-82　快速项目

6. 项目设置面板

　　不管是使用预设还是自定义添加的
项目调节画面颜色，在屏幕底部位置的
"项目设置"面板中将排列出所添加的
项目，每个添加项目的右上角位置也可
控制开启或关闭当前效果。如选择已经
添加的某一项目，会在该项目的右侧弹
出自身参数设置栏，从而控制满意的画
面效果，如图7-83所示。

图7-83　项目设置面板

7.4　抠像、透明与叠加

　　对于抠像、透明和叠加来说，在编辑过程中就应清楚，在制作影片时需要应用哪种方
式。首先透明与叠加相对简单，主要是在视频层罗列时进行设置，通过调节透明度来产生
素材间的叠加效果，并设置不同的叠加方式来产生不同的效果；抠像则是相对复杂的合成
操作，合成效果也会较好。

7.4.1 透明度的应用

在视频编辑过程中，经常用到淡入淡出的效果控制上一层素材的透明度，以达到上层素材在下层素材中显示的效果。

控制素材透明度的方法有多种。在控制整个素材的透明度时，"特效控制台"面板的"透明度"项修改透明度的值和混合模式,如图7-84所示。

也可以为素材的透明度设置动画，单击"特效控制台"中"透明度"属性后的 ◆ （添加/移除关键帧）按钮，为素材添加关键帧后，修改关键帧的透明度数值即可；另外，通过使用"Ctrl+鼠标右键"单击"时间线"窗口中素材上的黄线也可以为素材添加关键帧，上下拖动关键帧也可以控制影片的透明度，如图7-85所示。

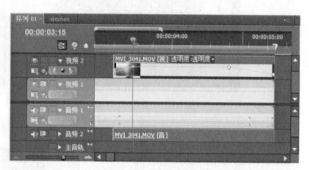

图7-84　设置透明度　　　　　　　　　　　　图7-85　时间线窗口

通过设置"透明度"的关键帧动画后可以得到类似"交叉叠化"的转场效果，在上下层素材片段叠加衔接时同样可以使用设置透明度的方式来过渡视频之间的交接，效果如图7-86所示。

图7-86　透明过渡效果

7.4.2 叠加的应用

在处理两层或多层视频罗列时通常会应用到"透明度"中的"混合模式"，使两层素材之间产生叠加效果，一般情况下在使用叠加时都会相应的调节素材的透明度来控制产生叠加的效果。

在设置"混合模式"时需要在"序列"面板中选择素材，并在"特效控制台"中设置"透明度"下的"混合模式"，如图7-87所示。

图7-87　混合模式

7.4.3　抠像的应用

抠像在后期的制作中也是经常使用的一种形式。因为在后期制作中通常会使用到具有Alpha通道的序列素材，当使用这些序列素材时直接就可以将通道进行键出。但在使用摄像机拍摄素材时，因为摄像机是不能拍摄出具有Alpha通道的素材，所以在编辑与拍摄时就会使用其他的方式来进行抠像。

1. 拍摄用于抠像的视频素材

当需要对摄影机拍摄视频进行抠像时，对于拍摄是有技术要求的。使用Premiere Pro CS5可以对颜色进行键出，在拍摄时将主体与背景的颜色进行区分即可将背景抠除，如果背景颜色单一并与主体的颜色差别很大，通过使用Premiere Pro CS5就可以将背景很好出键出。

在拍摄一些电影、电视节目与广告时会在专业的抠像摄影棚中进行拍摄，一般的背景以绿色或蓝色为主，如图7-88所示。

但在拍摄时需要注意主体人物的服装与装饰等不能与背景颜色相同，如果颜色相同的话在后期制作时相同颜色都会被一起键出。

在拍摄时还要注意灯光的布置，灯光在布置时需要使主体不会产生明显的阴影，并将主体的边缘相对明亮产生与背景

图7-88　抠像摄影棚

边缘的明显区分。在后期抠像时才可以更好地进行抠除。

2. 使用遮罩进行抠像

在Premiere Pro CS5中提供了相对简单的遮罩，不同于Adobe After Effects中的"钢笔"工具可以绘制自由的遮罩。一般在后期制作的过程中使用得相对较少，因为Premiere Pro CS5中提供的遮罩命令是通过调节固定点数的方式来进行抠像，这种方式适用于一些简单形状的抠像制作。

Premiere Pro CS5中提供了三种遮罩命令，其中包括"16点无用信号遮罩"、"4点无用信号遮罩"与"8点无用信号遮罩"，通过使用这些命令可以进行一些简单的抠像。

为素材添加"8点无用信号遮罩"命令后，可以通过设置各个控制点的位置控制遮罩形状，如图7-89所示。

还可以通过单击"8点无用信号遮罩"命令前方的■按钮手动在"节目"监视器中进行拖拽设置，如图7-90所示。

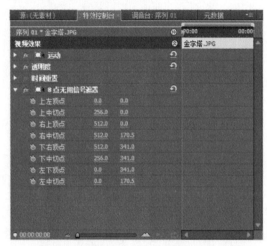

图7-89　设置遮罩形状

图7-90　拖拽调节控制点

使用遮罩控制的合成效果如图7-91所示。

图7-91　抠像效果

7.5　键控特效

抠像所使用的视频特效在Premiere Pro CS5中都集合在"键控"视频特效文件夹中，包括15种视频特效，其中集合了用于抠像的各种视频特效，如图7-92所示。

图7-92 键控视频类型

7.5.1 16点无用信号遮罩

"16点无用信号遮罩"视频特效可以为画面四周添加一个包含16个可控制点的遮罩，并通过调整点的位置来调整遮罩形状，遮罩以外的区域将不显示。

为素材添加"16点无用信号遮罩"特效后，可以在"特效控制台"面板中输入数值对各个顶点与切点之间的位置进行控制，如图7-93所示。

单击"16点无用信号遮罩"视频特效前方的 按钮，可以在"节目"监视器中进行手动拖拽设置，如图7-94所示。

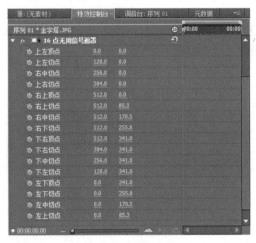

图7-93 遮罩设置

图7-94 拖拽调节控制点

7.5.2 4点无用信号遮罩

"4点无用信号遮罩"视频特效与"16点无用信号遮罩"视频特效的功能和用法相似，只是控制点只有4个，改变后的遮罩形状可变化性更小。在"特效控制台面"中只可以设置4个控制点的位置，如图7-95所示。

使用手动拖拽的方式对控制点进行设置，可以控制的点只有4个，制作的遮罩效果也相对简单，如图7-96所示。

图7-95　遮罩设置

图7-96　拖拽调节控制点

7.5.3　8点无用信号遮罩

"8点无用信号遮罩"视频特效与"16点无用信号遮罩"视频特效的功能和用法相似，只是控制点只有8个，改变后的遮罩形状可变化性较小。在"特效控制台"中只可以设置8个控制点的位置，如图7-97所示。

使用手动拖拽的方式对控制点进行设置时，可以控制的点只有8个，如图7-98所示。

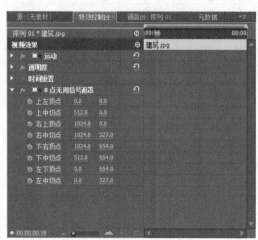

图7-97　遮罩设置

图7-98　拖拽调节控制点

7.5.4　Alpha调整

"Alpha调整"视频特效主要控制具有Alpha通道素材的抠像效果，为素材添加"Alpha调整"视频特效后，在"特效控制台"中可以对该视频特效进行设置，如图7-99所示。

将具有Alpha通道的素材导入Premiere中时，Alpha通道中的黑色将自动透明，下图中的文字即带有Alpha通道的图片素材，如图7-100所示。

图7-99　Alpha调整设置

图7-100　自动键出通道

- 透明度：控制图像的透明程度。
- 忽略Alpha：勾选该选项将不会键出图像中的Alpha通道，效果如图7-101所示。
- 反相Alpha：勾选该选项可以得到Alpha通道的反相效果，效果如图7-102所示。

图7-101　Alpha通道效果

图7-102　反相Alpha效果

- 仅蒙版：勾选该选项可以将不透明的区域作为蒙版，效果如图7-103所示。

图7-103　仅蒙版效果

7.5.5　RGB差异键

　　"RGB差异键"特效提供了通过移除素材中某种颜色来实现抠像效果的功能。为素材添加"RGB差异键"视频特效后，在"特效控制台"中可以对该视频特效进行设置，如图7-104所示。

- 颜色：决定键出的颜色，可以通过单击"颜色块"在弹出的"颜色拾取"对话框中进行颜色设置，也可以通过单击 🖉（吸管）按钮在软件界面中吸取颜色。
- 相似性：设置与键出颜色相近颜色的容差度。容差度越高，与其相邻颜色被透明的就越多；容差度越低，则被透明的颜色越少。
- 平滑：设置被键出颜色后图像与透明区域边缘的羽化。
- 仅蒙版：勾选该选项可以将不透明的区域作为蒙版。

图7-104　RGB差异键设置

- 投影：设置键出颜色后不透明区域是否产生阴影。

　　通过使用"RGB差异键"视频特效进行抠像时，先要确定该视频素材是否适合使用这种方式，所选的素材应该是主体与背景颜色差别较大的素材，下面选用两段素材进行合成，如图7-105所示。将左图海面作为底层素材，将右图鹰作为顶层素材，通过合成得到效果如图7-106所示。

图7-105　合成素材

图7-106　合成效果

7.5.6　亮度键

　　"亮度键"视频特效可以通过控制素材画面的灰度，将图像中的亮部区域与暗部区域进行区分，并可以将亮部区域或暗部区域键出，为素材画面添加"亮度键"视频特效后，在"特效控制台"中可以对该视频特效进行设置，如图7-107所示。

- 阈值：设置键出灰度的范围，阈值越高键出范围的灰度值越高。
- 屏蔽度：辅助控制阈值区域范围内的透明度。

在使用"亮度键"视频特效进行抠像时，先要确定该视频素材是否适合使用这种方式，所选的素材应该是主体与背景明度差别较大的素材。下面选用两段素材进行合成，如图7-108所示。

图7-107 亮度键设置 | 图7-108 合成素材

将左图云作为底层素材，将右图金字塔作为顶层素材，通过合成得到效果如图7-109所示。

图7-109 合成效果

7.5.7 图像遮罩键

"图像遮罩键"特效提供了为素材定义一个由指定的图像构成蒙版的功能。蒙版形成一个透明区域来显示下层图像，蒙版图像中的白色区域使素材不透明，黑色区域使素材透明，灰度区域为半透明。

在"特效控制台"窗口中打开此特效的参数设置面板。在"合成使用"项中可以选择"遮罩Alpha"或"遮罩Luma"两种遮罩方式。勾选"反向"时，遮罩的部分将反向透明。

7.5.8 差异遮罩

"差异遮罩"视频特效是通过对比"序列"面板中上下两层的素材，将相近的颜色信息键出。在"特效控制台"中可以对该视频特效进行设置，如图7-110所示。

选用两段素材进行合成，如图7-111所示。如上图所示，将左图作为底层素材，将右图作为顶层素材，通过合成得到效果如图7-112所示。

图7-110 差异遮罩设置

图7-111 合成素材

图7-112 合成效果

7.5.9 极致键

"极致键"视频特效与"RGB差异键"的抠像方式类似，但在"极致键"视频特效中可以对遮罩部分的颜色进行设置。为素材添加"极致键"视频特效后，在"特效控制台"中可以对该视频特效进行设置，如图7-113所示。

- 输出：设置键出颜色后输出的视频效果。包括"合成"、"Alpha通道"与"颜色通道"三种输出模式。
- 设置：设置不同合成的预设效果。包括"默认"、"散漫"、"活跃"与"定制"四种预设模式。
- 键色：设置键出区域的颜色。可以通过单击"颜色块"在弹出的"颜色拾取"对话框中设置键出颜色，也可以单击 ✎（吸管）按钮在软件界面中进行颜色拾取。

图7-113 极致键设置

- 遮罩生成：可以通过调节"遮罩生成"下的"透明度"、"高光"、"阴影"、"宽容度"与"基准"值控制键出颜色区域的效果。

- 遮罩清理：设置键出颜色区域的效果。
- 溢出抑制：可以通过调节"溢出抑制"下的"降低饱和度"、"范围"、"溢出"与"明度"值限制遮罩区域颜色在安全范围内。
- 色彩校正：可以通过调节"色彩校正"下的"饱和度"、"色相"与"亮度"值对遮罩区域的颜色进行调整。

下面选用两段素材进行合成，如图7-114所示。如上图所示，将左图作为顶层素材，将右图作为底层素材，通过合成得到效果如图7-115所示。

图7-114　合成素材　　　　　　　　　　图7-115　合成效果

7.5.10　移除遮罩

"移除遮罩"视频特效可以将已经添加遮罩视频特效素材的彩色边缘移除。在"特效控制台"中可以对"遮罩类型"进行设置，其中包括"白色"与"黑色"两种遮罩类型，如图7-116所示。

图7-116　移除遮罩设置

7.5.11　色度键

"色度键"视频特效是比较常用的抠像视频特效，该视频特效可以指定素材画面中的颜色并将其键出，在"特效控制台"可以对该特效进行设置，如图7-117所示。

- 颜色：指定要抠取的颜色。单击颜色块在弹出的"颜色拾取"对话框中指定颜色，也可以单击 按钮在软件界面中直接吸取颜色。

- 相似性：设置与指定颜色的容差值，容差值越大，与指定颜色相近的颜色被透明的也越多。
- 混合：设置遮罩区域与背景的融合程度。
- 阈值：调节素材画面中透明区域的阴暗。
- 屏蔽度：设置透明区域键出效果。
- 平滑：设置遮罩边缘区域的柔和程度。
- 仅遮罩：勾选该选项将不透明的区域以遮罩形式显示。

图7-117　色度键设置

　　下面选用两段素材进行合成，如图7-118所示。将左图作为顶层素材，将右图作为底层素材，通过合成得到效果如图7-119所示。

图7-118　合成素材

图7-119　合成效果

7.5.12　蓝屏键

　　"蓝屏键"视频特效可以将纯蓝色变得透明，该特效只用于蓝色背景的素材，所谓纯蓝是不包含任何其他的颜色信息，一般的素材在使用该特效时不能得到很好的效果，在"特效控制台"面板中可以对该特效进行设置，如图7-120所示。

　　下面选用两张图片素材进行合成，如图7-121所示。将左图作为顶层素材，将右图作为底层素材，通过合成得到效果如图7-122所示。

图7-120　蓝屏键设置

图7-121　合成素材　　　　　　　　　　图7-122　合成效果

7.5.13　轨道遮罩键

"轨道遮罩键"视频特效可以将序列中一条轨道上的视频片段或静止图像制作成轨道蒙版，并通过像素的亮度值定义轨道蒙版层的透明度。在屏蔽中的白色区域不透明，黑色区域透明，灰色区域半透明。为了创建素材叠加片段的原始颜色，可以使用灰度图像作为屏蔽遮挡。另外，被指定作为蒙版的轨道应该关闭显示。

"轨道遮罩键"视频特效的工作原理是利用指定蒙版对素材进行透明区域定义，与"图像遮罩键"原理相同。但是，此特效所指定的蒙版是整个轨道上的素材作为透明蒙版，素材可以是运动的，所以蒙版也可以是运动的，而"图像遮罩键"是指定某个图像作为蒙版。

在"特效控制台"面板中打开此特效的参数设置，在"遮罩"选项中可以选择作为蒙版的轨道，在"合成方式"选项中包含Alpha遮罩和Luma遮罩。勾选"反向"时，蒙版层将以反向显示。

7.5.14　非红色键

"非红色键"视频特效提供了在蓝、绿背景上创建透明区的功能，类似于"蓝屏键"的用法，用于绿背景中的时候效果较好。为素材添加"非红色键"视频特效后，在"特效控制台"面板中可以对该视频特效进行设置，如同7-123所示。

下面选用两段素材进行合成，如图7-124所示。将左图作为顶层素材，将右图作为底层素材，通过合成得到效果如图7-125所示。

图7-123　非红色键设置

图7-124 合成素材

图7-125 合成效果

7.5.15 颜色键

"颜色键"视频特效可以在素材中选择一种颜色或一个颜色范围创建透明区，与"色度键"类似。不同之处在于，前者是单独调节素材像素的颜色和灰度值，后者则可以同时调节这些内容。为素材添加"颜色键"视频特效后，在"特效控制台"面板中可以对该视频特效进行设置，如图7-126所示。

下面选用两段素材进行合成，如图7-127所示。将左图作为顶层素材，将右图作为底层素材，通过合成得到效果如图7-128所示。

图7-126 颜色键设置

图7-127 合成素材

图7-128 合成效果

7.6 Looks综合范例

下面透过四个高级Looks视频调色安全，介绍调色技术的运用，四种高级Looks视频调色实例效果如图7-129所示。

图7-129　Looks实例效果

7.6.1　柔光色调

01 启动Premiere的软件，新建编辑文件并导入需要调色的视频素材，然后将视频素材添加至时间线中，如图7-130所示。

02 在"效果"面板中选择【视频特效】 → 【Magic Bullet Looks】 → 【Looks】命令，再将此命令拖拽至时间线中的素材上，完成Magic Bullet Looks插件的添加工作，如图7-131所示。

图7-130　添加视频素材

图7-131　添加特效

03 将Premiere切换至"特效控制台"面板，然后展开Looks项目进入对话框，再单击"Edit"按钮进行调色的设置，如图7-132所示。

04 开启屏幕右侧的工具浮动面板，然后选择Subject（主题）项目中的"Warm/Cool（暖色调/冷色调）"命令块，如图7-133所示。

05 选择"Warm/Cool（暖色调/冷色调）"命令块并拖拽至调色的画面中，系统将自动弹出允许添加

图7-132　编辑特效

的四种类型，在添加类型中选择Subject（主题）项，控制影片颜色的去向，如图7-134所示。

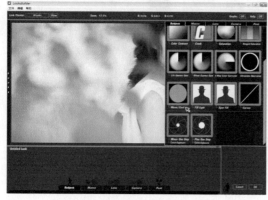

图7-133　选择暖色调/冷色调　　　　　　　　图7-134　添加暖色调/冷色调

06 在屏幕右下侧设置暖色调/冷色调模块的Warm/Cool（暖色调/冷色调）值为－0.62，使画面的颜色偏向淡蓝色，然后设置Tint（色泽）值为－0.14、Exposure Compensation（曝光补偿）值为-2.0，如图7-135所示。

07 开启屏幕右侧的工具浮动面板，然后选择Subject（主题）项目中的"Ranged Saturation（搜索饱和度）"命令块，再将命令块拖拽至Subject（主题）项中，如图7-136所示。

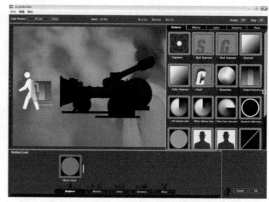

图7-135　暖色调/冷色调设置　　　　　　　　图7-136　选择搜索饱和度

08 在屏幕右下侧设置搜索饱和度模块Saturation（饱和度）项目中的Shadow（阴影）值为89、Midtone（中间调）值为100、Highlight（高光）值为100，再设置Threshold（界限）项目中的Shadow（阴影）值为0.3、Midtone（中间调）值为0.2、Highlight（高光）值为0.15，Exposure Compensation（曝光补偿）值为－0，如图7-137所示。

09 开启屏幕右侧的工具浮动面板，然后选择Matte（遮挡）项目中的"Diffusion（扩散）"命令块，再将命令块拖拽至Matte（遮挡）项中，作为摄影机的滤镜效果处理，如图7-138所示。

10 设置扩散模块的Size（尺寸）值为3.33%、Grade（等级）值为1、Glow（发光）值为88%、Highlights Only（只有强光）值为40%、Highlight Bias（偏移强光）值为0.3、Exposure Compensation（曝光补偿）值为0.88，控制画面的整体柔和程度，如图7-139所示。

⑪ 在工具浮动面板选择"Curves（曲线）"命令块，然后将其拖拽至预览视图的Post（快速）项目中，控制画面中的亮部与暗部程度，如图7-140所示。

图7-137 搜索饱和度设置

图7-138 添加扩散

图7-139 扩散设置

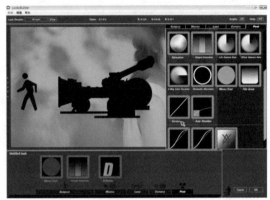

图7-140 添加曲线

⑫ 设置Curves（曲线）模块的Contrast（对比）值为0.5、Shadows（阴影）值为-0.5、Midtones（中间调）值为0.1、Highlights（强光）值为0、Gamma Space（伽马空间）值为2.2，增强画面的对比程度，如图7-141所示。

⑬ 柔光色调的画面风格效果如图7-142所示。

图7-141 曲线设置

图7-142 柔光色调效果

7.6.2 电影色调

01 浓重的色彩层次是模拟电影色调最重要的特点之一。在工具浮动面板选择"Warm/Cool（暖色调/冷色调）"命令块，然后将其拖拽至预览视图的Matte（遮挡）项目中，为拍摄的画面添加摄影机的染色滤片。设置暖色调/冷色调模块的Warm/Cool（暖色调/冷色调）值为－0.53，使画面的颜色偏向土黄色，再设置Tint（色泽）值为－0.17，Exposure Compensation（曝光补偿）值为－2.5，如图7-143所示。

02 在工具浮动面板选择"Diffusion（扩散）"命令块，然后将其拖拽至预览视图的Matte（遮挡）项目中。设置扩散模块的Size（尺寸）值为1%、Grade（等级）值为2、Glow（发光）值为88%、Highlights Only（只有强光）值为37%、Highlight Bias（偏移强光）值为－0.25、Exposure Compensation（曝光补偿）值为0.88，使画面的高光区域产生柔光效果，如图7-144所示。

图7-143　暖色调/冷色调设置　　　　　　　图7-144　扩散设置

03 在工具浮动面板选择"3-Strip Process（三次过程）"命令块，然后将其拖拽至预览视图的Camera（摄影机）项目中，控制画面中的层次效果。设置三次过程模块的Strength（强度）值为-4%、Exposure Compensation（曝光补偿）值为0.45，如图7-145所示。

04 在工具浮动面板选择"Curves（曲线）"命令块，然后将其拖拽至预览视图的Post（快速）项目中，控制画面中的亮部与暗部程度。设置曲线模块的Contrast（对比）值为0、Shadows（阴影）值为-0.4、Midtone（中间调）值为0.55、Highlights（强光）值为1.05，如图7-146所示。

图7-145　三次过程设置　　　　　　　　　图7-146　曲线设置

05 在工具浮动面板选择"Saturation（饱和度）"命令块，然后将其拖拽至预览视图的 Post（快速）项目中。设置饱和度模块的Saturation（饱和度）值为68%、Exposure Compensation（曝光补偿）值为0.5，使画面的饱和度降低并提升画面亮度，如图7-147所示。

06 "电影色调"类型的画面构图大胆并略微过曝，其中的浅景深效果，每一个小细节都透着摄影的魅力，如图7-148所示。

图7-147 饱和度设置

图7-148 电影色调效果

7.6.3 小清新色调

01 "小清新"最初指的是一种以清新唯美、随意创作风格见长的作品。在工具浮动面板选择"Warm/Cool（暖色调/冷色调）"命令块，然后将其拖拽至预览视图的Subject（主题）项目中，设置暖色调/冷色调模块的Warm/Cool（暖色调/冷色调）值为1.17，使画面的颜色偏向蓝紫色，再设置Tint（色泽）值为−0.42、Exposure Compensation（曝光补偿）值为−0.2，如图7-149所示。

02 在工具浮动面板选择"Diffusion（扩散）"命令块，然后将其拖拽至预览视图的Matte（遮挡）项目中，再设置扩散模块的Size（尺寸）值为3.33%、Grade（等级）值为0.5、Glow（发光）值为50%、Highlights Only（只有强光）值为0%、Highlight Bias（偏移强光）值为0、Exposure Compensation（曝光补偿）值为0，控制画面中的柔和程度，如图7-150所示。

图7-149 暖色调/冷色调设置

图7-150 扩散设置

03 在工具浮动面板选择"2-Strip Process（二次过程）"命令块，然后将其拖拽至预览视图的Camera（摄影机）项目中，再设置Green Sensitivity（绿色敏感度）值为80%、Exposure Compensation（曝光补偿）值为0，控制画面中只使用红色与绿色两种颜色层次，如图7-151所示。

图7-151　二次过程设置

04 在工具浮动面板选择"Curves（曲线）"命令块，然后将其拖拽至预览视图的Camera（摄影机）项目中，控制画面中的亮部与暗部程度；设置Curves（曲线）模块的Contrast（对比）值为0.66、Shadows（阴影）值为-0.06、Midtone（中间调）值为0.26、Highlights（强光）值为0.53、Gamma Space（伽马空间）值为2.2，如图7-152所示。

05 带有小情节、小情绪和生活气息的温情柔和感觉，起初"小清新"颇为小众的风格，现在已逐步形成一种文化现象，受到众多年轻人的追捧，效果如图7-153所示。

图7-152　曲线设置

图7-153　小清新色调效果

7.6.4　淡雅色调

01 在工具浮动面板选择"Lift Gamma Gain（提升伽玛增益）"命令块，然后将其拖拽至预览视图Subject（主题）项目中。先设置Gamma Space（伽玛空间）值为2.2、Strength（力度）值为100%、Exposure Compensation（曝光补偿）值为0，再分别调节Lift（提升）、Gamma（伽玛）、Gain（增益）的颜色值，使画面中的色调整体增亮，如图7-154所示。

02 在工具浮动面板选择"Crush（颜色挤压）"命令块，然后将其拖拽至预览视图Subject（主题）项目中。先设置Gamma（伽玛）值为2.5、Exposure Compensation（曝光补偿）值为0，再分别调节Color（颜色）值，使画面原始颜色与调节颜色挤压在一起，如图7-155所示。

图7-154 提升伽玛增益设置

图7-155 颜色挤压设置

03 在工具浮动面板选择"Exposure（曝光）"命令块，然后将其拖拽至预览视图Matte（遮挡）项目中，再设置Stops（停留）值为1.3，使画面得到摄影机光圈的控制，从而提升画面的亮度，如图7-156所示。

04 在工具浮动面板选择"Saturation（饱和度）"命令块，然后将其拖拽至预览视图的Subject（主题）项目中，再设置Saturation（饱和度）值为189%，提升画面中的颜色饱和程度，其目的为稍后降低图像的细节，如图7-157所示。

图7-156 曝光设置

图7-157 饱和度设置

05 在工具浮动面板选择"Color Contrast（颜色对比）"命令块，然后将其拖拽至预览视图的Camera（摄影机）项目中，控制画面中的层次效果，如图7-158所示。

06 在工具浮动面板选择"Shoulder（安全警示）"命令块，然后将其拖拽至预览视图的Camera（摄影机）项目中，控制画面中颜色过曝的区域，如图7-159所示。

图7-158 颜色对比设置

07 在工具浮动面板选择"Saturation（饱和度）"命令块，然后将其拖拽至预览视图的Post（快速）项目中，再设置Saturation（饱和度）值为36%，而画面缺失的细节又很好地刻画出了淡雅效果，如图7-160所示。

图7-159　安全警示设置

图7-160　饱和度设置

08 柔和淡雅色调的最终效果如图7-161所示。

图7-161　淡雅色调效果

7.7　本章小结

　　本章主要介绍了调色的基础知识、调色特效以及对键控的应用。由于视频素材的拍摄时间、空间不同，所以颜色通常差异很大；为了追求完美的画面合成效果，在完成视频素材的编辑后，还需要对影片添加调色特效，改变视频素材的颜色以及影片的色调；抠像在后期的应用中极常用，可以通过这些特效将不同的场景进行混合，从而得到更加丰富的视觉效果。

7.8　习题

　　1. 如何调出显示模式菜单？
　　2. Looks插件是如何工作的？
　　3. 为什么抠像操作一般都是以蓝色或绿色背景？

第8章
音频效果

本章主要介绍Premiere Pro CS5中的音频效果，包括调音台、调节音频、录音和子轨道、时间线面板合成音频、解除和链接视音频、添加音频特效、声音组合形式及作用和5.1声道音效设置等。

一部影片对于观众来说，主要是视觉和听觉的感受。音频对于影片来说，无论是同期的配音还是后期效果、伴乐，都具有非常重要的作用。

8.1 认识音频

Adobe Premiere Pro CS5中提供了非常强大的音频处理能力，通过使用"调音台"面板，用专业调音台的工作方式来控制声音。利用5.1声道的处理能力，可以输出带有AC-3环绕音效的DVD影片。

另外，Premiere还提供了实时的录音功能，以及音频素材和音频轨道的分离处理，在处理声音特效时更加方便、快捷。

8.1.1 音频效果处理方式

Adobe Premiere Pro CS5中提供了多种处理音频的方法，主要有使用"调音台"调整音频，还有在"时间线"中使用 ■（添加-移除关键帧）按钮为音频添加关键帧，通过控制关键帧调整声音的大小。另外，可以为音频添加音频特效，包括5.1效果、单声道效果和立体声效果，音频特效面板如图8-1所示。

音频轨道包含两个声道，即左声道和右声道。根据工作的需要，有的音频素材使用单声道，有的素材使用双声道，如果音频素材使用的是单声道，那么Premiere Pro CS5必须通过添加单声道音频特效改变这个声道的效果；如果音频素材使用的是双声道， Premiere Pro CS5可以在两个声道间实现音频特有的效果；通过摇移操作可以将一个声道的声音转移到另一个声道，实现声音的环绕效果。

图8-1　音频特效

8.1.2 音频处理顺序

Premiere处理音频有一定的先后顺序，所以添加音频效果的时候也要注意添加次序。

01 首先处理对音频应用的滤镜。

02 在"时间线"的音频轨道中添加摇移或者增益效果。

03 如果要对素材的音频进行调整声音增益，使音频素材处于选择状态下，选择菜单栏【素材】→【音频选项】→【音频增益】命令，在弹出的对话框中设置即可，如图8-2所示。

图8-2　音频增益

8.2 调音台

通过"调音台"面板可以使用专业调音台的工作方式控制声音,能更加有效直观地调节音频节目。

"调音台"面板可以实时混合"时间线"面板中各轨道的音频对象,在调节时,可以在"调音台"面板中选择相应的音频控制器进行调节,该控制器调节它在"时间线"面板中对应轨道的音频对象。

选择音频素材,在菜单栏中选择【面板】→【调音台】命令,可以调出"调音台"面板,如图8-3所示。

在Premiere Pro CS5中,在常规工作界面状态下就包含了"调音台"面板,通常为了更加便捷地工作,选择音频素材后,可以直接切换至"调音台"面板进行音频调整。

图8-3 调音台面板

8.2.1 认识调音台面板

"调音台"面板中的轨道音频控制器用于调节与其相对应轨道上的音频对象,控制器1对应"音频1",控制器2对应"音频2",以此类推。轨道音频控制器的数目由"时间线"面板中的音频轨道数目决定,如图8-4所示。

在菜单栏中选择【序列】→【添加轨道】命令,在弹出的"添加视音轨"对话框中设置添加的音频轨道数量为1,如图8-5所示。

图8-4 音频控制器与音频轨道

图8-5 添加视音轨对话框

添加音频轨道后在"调音台"面板中也会相应的添加轨道音频控制器,如图8-6所示。

轨道音频控制器由控制按钮、调节滑轮及滑杆组成。如图8-7所示。

图8-6　添加音轨后效果

图8-7　轨道音频控制器

1. 控制器按钮

轨道音频控制器的控制按钮可以控制音频调节时的调节状态，包括静音轨道、独奏轨道和激活录制轨道，如图8-8所示。

- 静音轨道：通过单击 🔊 (静音) 按钮可以将该轨道音频设置成静音状态。
- 独奏轨：通过单击 🎤 (独奏轨) 按钮，其他未选中独奏轨按钮的轨道音频会被自动设置为静音状态。
- 激活录制轨：通过单击 🎙 (激活录制轨) 按钮，可以利用输入设备将声音录制到目标轨道上。

2. 声音调节滑轮

如果音频素材为双声道音频，可以使用声道滑轮调节播放声道。向左拖动滑轮，输出到左声道的声音增大；向右拖动滑轮，则输出到右声道的声音增大，如图8-9所示。

图8-8　音频控制按钮

图8-9　声音调节滑轮

3. 音量调节滑杆

音量调节滑杆可以控制当前轨道音频对象的音量，向上拖动滑杆可以增加音量，向下拖动滑杆则音量减小。Premiere以分贝数显示音量，也可以在下方的数值栏中输入数值控制当前音频的分贝值。面板左侧为音量表，显示当前播放音频的声音大小；音量表顶部的小方块表示系统所能处理的音量极限，当小方块显示为红色时，表示该音频的音量超过了极限，起到安全提示的作用。音量调节滑杆如图8-10所示。

4. 播放控制器

播放控制器用于控制播放音频，使用方法与监视器面板中的播放控制栏相似，如图8-11所示。

图8-10 音量调节滑杆   图8-11 播放控制器

8.2.2 设置调音台面板

单击"调音台"面板右上方的 按钮，可以在弹出的下拉菜单中对面板进行相关设置，如图8-12所示。

- 显示/隐藏轨道：可以对"调音台"面板中的轨道进行隐藏或者显示设置。执行此命令后，在弹出的对话框中勾选音频轨道时，"调音台"面板只显示勾选的轨道控制器；如果取消勾选轨道，则在"调音台"面板中隐藏该轨道，对话框如图8-13所示。

图8-12 设置菜单

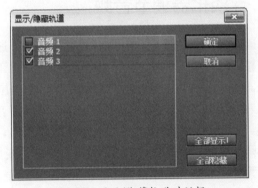

图8-13 显示/隐藏轨道对话框

- 显示音频时间单位：执行此命令后，在"时间线"面板中时间标尺上将以音频单位进行显示，时间标尺图对比效果如图8-14所示。

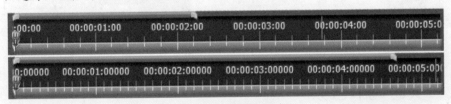

图8-14 显示音频时间单位

- 循环：该命令被勾选的状态下，将循环播放音频。

8.3 调节音频

在"时间线"面板中调节音频有两种类型，为调节素材音量和调节轨道音量。在音频轨道控制面板左侧单击 (显示关键帧)按钮，可以在弹出的菜单中选择音频轨道的显示内容，如图8-15所示。

如果要调节音量，在选择"显示素材音量"时，对音量的调节只对选择的素材有效，则 (显示关键帧)按钮将变化为 按钮；当选择"显示轨道音量"时，对音量的调节则影响整个轨道的音量， (显示关键帧)按钮将变化为 按钮。显示的是两个轨道的音频效果对比，音频轨道1显示的是素材音量，音频轨道2显示的是轨道音量，设置为轨道音量时，调节该轨道中的黄线将影响整条轨道，如图8-16所示。

图8-15　显示菜单

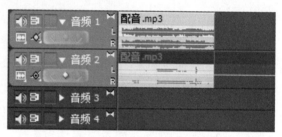

图8-16　显示效果对比

8.3.1　淡化器调节音频

轨道面板左侧的 (折叠-展开轨道)按钮，通常默认为关闭状态，单击 (折叠-展开轨道)按钮可以打开轨道，在工具栏选择 钢笔工具或 选择工具，拖动素材或轨道上音频淡化器即"黄线"，就可以调节整段素材或轨道的音量，如图8-17所示。

如果需要对音频进行淡入淡出处理，可以为音频添加关键帧，按住鼠标左键上下拖动关键帧，关键帧之间递增的直线表示音频的淡入，递减的直线表示音频的淡出。将鼠标移动到音频的黄线上并按住"Ctrl"键时，光标会变成带有加号的钢笔，在黄线上单击鼠标左键即可为音频添加关键帧，如图8-18所示。

图8-17　调节音量

图8-18　淡入淡出

8.3.2　实时调节音频

使用premiere的"调音台"面板调节音量非常便捷，在播放音频时可以进行实时调节。

使用"调音台"面板调节音频的方法如下：

01 在"时间线"面板音频轨道控制面板左侧单击█（显示关键帧）按钮，并选择"显示轨道音量"命令，如图8-19所示。

02 在"调音台"面板对应的轨道音频控制器中，单击"只读"下拉列表并可以对其进行设置，如图8-20所示。

图8-19　显示轨道音量

图8-20　轨道音频控制器设置

- 关：选择该命令时，系统会忽略当前音频轨道上的调节，按照默认设置播放。

- 只读：选择该命令时，系统会读取当前音频轨道上的调节效果，但是不记录音频调节的过程。可以实时记录音频调节的命令包括"锁存"、"写入"和"触动"三种命令。

- 锁存：在自动模式下，锁存命令记录实时播放时调节数据效果，下一次调节时调节滑块在上一次调节后的位置，当停止播放视频时，当前调节块会自动转为音频对象在当前编辑前的参数值。

- 触动：此命令与"锁存"命令不同，同样是自动模式下，每调节一次，下一次调节时调节滑块会自动转为音频对象在进行当前编辑前的数据。

- 写入：每调节一次，下一次调节时，调节滑块在上一次调节后的位置。在Premiere Pro CS5中，调音台默认为自动记录状态，选择"写入"即可。

03 选择完命令之后单击█（播放）按钮，"时间线"面板中的音频素材开始播放，拖动音量控制滑杆进行调节，调节完毕后，系统自动记录调节结果，"调音台"面板如图8-21所示。

04 "时间线"面板中音频效果如图8-22所示。

图8-21　自动记录音频

图8-22　音频记录的效果

8.4 录音和子轨道

在Premiere的"调音台"中提供了录音和轨道调节的功能，可以直接在计算机上完成解说或者配乐的工作。

8.4.1 制作录音

在计算机的音频输入装置被正确连接时，可以使用MIC或MIDI设备在Premiere中录制声音，录制的声音会成为音频轨道上的一个音频素材，这个音频素材可以被输出保存为一个兼容格式的音频文件。

单击"调音台"面板中要录制音频轨道的 （激活录制轨）按钮使其在开启状态，上方会出现音频输入设备的选项，然后再单击面板下方的 （录制）按钮激活录制状态，如图8-23所示。

激活状态时 （录制）按钮闪烁显示，单击面板下方的 （播放）按钮，进行解说或演奏即可开始录制，单击 （停止）按钮时将停止录制，当前音频轨道上将产生刚录制的声音素材，如图8-24所示。

图8-23　激活录制状态

图8-24　录制素材效果

8.4.2 添加与设置子轨道

可以在音频轨道中添加子轨道，用来制作复杂的声音效果。子轨道依附于主轨道存在，并不能添加音频素材，只作为辅助调节使用。

单击"调音台"面板左侧的 （显示/隐藏效果与发送）按钮，展开效果和子轨道设置栏。单击子轨道区域中的"发送任务选择"中的小三角按钮，在弹出的子轨道下拉列表中选择要添加的子轨道种类，如图8-25所示。

可以为音频素材添加"单声道子混合"、"立体声子混合"或"5.1子混合"三种子轨道，并能切换到不同的子轨道对音频进行调节控制。在Premiere中可以为每个音频轨道最多设置5个子轨道对其进行辅助调节，如图8-26所示。

图8-25 设置子轨道种类

图8-26 子轨道

8.5 时间线面板合成音频

可以使用时间线面板合成音频效果，包括调整音频的持续时间和速度以及增益音频等
处理方式。

8.5.1 调整速度/持续时间

音频的持续时间指的是音频的入点与出点之间的素材长度。调整音频素材的持续时间
有多种方法，在调节时通常会使用鼠标右键快捷菜单中的命令进行调节。

其设置方法如下：

01 在"序列"面板的音频轨道中选择需要调节的音频素材片段，然后单击鼠标右键，在
弹出的菜单中选择"速度/持续时间"命令，如图8-27所示。

02 执行"速度/持续时间"命令会弹出"素材速度/持续时间"对话框，在该对话框中可以
对速度值进行设置，如图8-28所示。

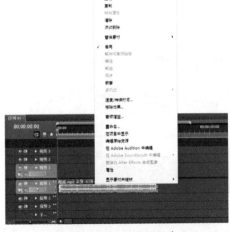

图8-27 速度/持续时间命令

图8-28 素材速度/持续时间

在调整音频素材的速度时需要注意，设置速度值会影响到音频的音调。在调节音频速度时调节的幅度不宜过大，因为过大的调节幅度会使音频的变调特别严重，使调节过后的素材的声音与原始声音差别过大而达不到预期的效果。

8.5.2　音频增益

音频增益可以对音频信号的声调做高低处理。由于设备的不同，捕获音频信号设置也不同，音频的音量会过低或过高，通过音频增益可以对音频素材进行调整。音频增益在音量、摇摆/平衡和音频效果的调整之后，可以对整个音频素材进行增益，也可以对局部音频片段进行增益。

如果要为音频素材调整增益，可以在"时间线"面板中使用▶选择工具选择一个音频片段，或者使用▦▦轨道选择工具选择多个音频片段，然后选择【素材】→【音频选项】→【音频增益】命令，并在弹出的对话框中设置增益数值，如图8-29所示。

在Premiere中，很多功能都可以通过在"序列"面板中素材片段上单击鼠标右键并在弹出的菜单中进行选择。当需要执行"音频增益"命令时，同样也可以在"序列"面板中的素材片段上单击鼠标右键，在弹出的菜单中进行选择。

图8-29　音频增益对话框

8.6　解除和链接视音频

视频与音频的链接关系包含硬链接和软链接。如果链接的视频和音频在导入Premiere之前已经建立完成，并来自于同一个影片文件，就是硬链接。

在工作中，经常需要完全打断或暂时释放链接素材的链接关系并重新放置其各部分。Premiere中的音频与视频一般在导入或采集素材时都是链接在一起的，当链接的音频素材与视频素材来自于同一个影片文件，此种硬链接在导入时"项目"面板中只显示为一个影片文件，在"项目"面板中显示为相同的颜色，如图8-30所示。

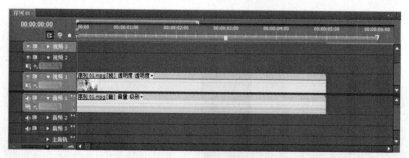

图8-30　显示视频素材

在编辑过程中，如果需要对视频与音频进行分离并单独进行编辑，可以在"序列"面板的轨道中单击鼠标右键，在弹出的菜单中选择"解除视音频链接"命令即可将该素材的视频与音频进行分离，如图8-31所示。

图8-31　解除视音频链接

8.7　添加音频特效

Adobe Premiere Pro CS5提供了多种音频特效，可以通过特效产生音调的变化效果，还可以产生和声、回声以及去除噪声等效果，并能通过安装插件的方式获得更多的音频效果。

8.7.1　为素材添加特效

添加音频特效的方法与添加视频特效的方法相同，都是在"效果"面板中拖拽添加。但不同的是，不同的音频模式文件夹中的音频特效只可以添加到相应的音频素材上。例如，不能对一个单声道的音频素材添加立体声的音频特效，如图8-32所示。

在Premiere中还为音频素材提供了简单的切换方式，可以通过这些音频切换得到音频素材片段之间的过渡效果，如图8-33所示。

图8-32　音频特效

图8-33　音频过渡

中文版

8.7.2　设置轨道特效

在Premiere中可以对音频轨道添加特效，在轨道中添加音频特效时将对整条轨道中的音频素材产生影响。添加轨道特效时先要切换至"调音台"面板，如图8-34所示。

在"调音台"面板中可以对不同的音频轨道的音量进行设置，并通过拖拽"音量"滑块设置音频轨道的音量，如图8-35所示。

图8-34　调音台面板

图8-35　调节轨道音量

在"调音台"面板中可以对立体声音频的左右平衡进行设置，并通过拖拽"左/右平衡"旋钮对音频声道的左右平衡进行设置，如图8-36所示。

在"调音台"面板中可以通过单击▶（显示/隐藏效果与发送）按钮将"调音台"面板展开，在其中可以为音频轨道添加音频特效与发送任务选择，如图8-37所示。

图8-36　调节音频左/右平衡

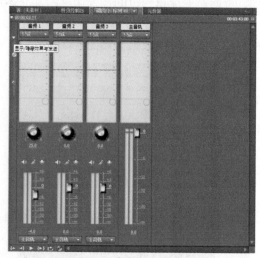

图8-37　展开/隐藏效果

当需要为音频轨道添加音频特效时可以单击音频选项的下箭头按钮为音频轨道添加音频特效，如图8-38所示。

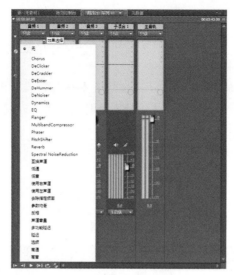

图8-38 添加轨道音频特效

8.7.3 音频特效

音频特效下有三个特效文件夹,分别是"5.1""立体声"与"单声道",每个文件夹的特效中有部分内容基本相同。

"5.1"特效文件夹中的特效是针对5.1声道的音频文件而设定的音频特效,如图8-39所示。

"立体声"特效文件夹中的特效是针对立体声的音频文件而设定的音频特效,如图8-40所示。

"单声道"特效文件夹中的特效是针对单声道的音频文件而设定的音频特效,如图8-41所示。

图8-39 5.1音频特效

图8-40 立体声音频特效

图8-41 单声道音频特效

1. 选项

"选项"音频特效可以增大或减小与中心频率接近的频率。可以在"特效控制台"面板中对该特效进行设置，如图8-42所示。

- 旁路：当勾选该选项时将音频以原始的状态播放，在该特效中的调节参数值将不会对原始的音频产生效果。在其他的音频特效中都有该选项而且其作用都相同。
- 中置：设置特定范围的中心频率。
- Q：指定受影响的频率范围。低设置产生窄的波段，而高设置产生宽的波段。调整频率的量以分贝为单位。

2. 多功能延迟

"多功能延迟"音频特效可以为原始的音频添加4次回声，设置面板如图8-43所示。

图8-42　选项音频特效　　　　　　　图8-43　多功能延迟特效

- 延迟1-4：设置原始音频与其产生回声之间的时间量，最大的值为2秒，就是第一次延迟到最后一次延迟之间的时间差值。
- 反馈1-4：指定延时信号叠加延迟以产生多重衰减回声的百分比。
- 级别1-4：分别控制每一个回声的音量。
- 混合：控制延迟和非延迟回声的音量。

3. DeNoiser除噪

DeNoiser除噪声频特效可以自动检测音频素材中的噪声并将其消除。可以在"特效控制台"面板中对该特效进行设置，如图8-44所示。

- Reduction：指定消除在−20dB～0dB范围内噪音的数量。
- Offset：设置自动消除噪声和用户指定基线的偏移量。这个值限定在−10dB～10dB之间，当自动降噪不充分时，偏移允许附加的控制。
- Freeze：将噪声基线停止在当前值，使用这个控制来确定素材消除的噪声。

4. Dynamics动态特性

Dynamics（动态特性）音频特效提供了一套可以组合或独立调节音频的控制器。在"特效控制台"面板中单击"自定义设置"选项前的▶（箭头）按钮可以将该设置选项展开，在自定义设置选项中可以通过调节面板中的旋钮对参数进行调节，如图8-45所示。

图8-44　除噪音频特效

图8-45　自定义设置

在下方的个别设置中同样可以调节相关的参数，其中的参数分别对应着自定义设置中的旋钮，并能对该音频特效进行调节，如图8-46所示。

5. EQ均衡

EQ（均衡）音频特效可以对音频多频段的频率、带宽以及电平进行控制，还可以对三个全变量的中波段、一个高波段与一个低波段进行控制。在"特效控制台"面板中单击"自定义设置"选项前的 ▶（箭头）按钮可以将该设置选项展开，在自定义设置选项中可以通过调节面板中的旋钮对参数进行调节，如图8-47所示。

图8-46　个别参数设置

图8-47　自定义设置

在下方的个别设置中同样可以调节相关的参数，其中的参数分别对应着自定义设置中的旋钮，并能对该音频特效进行调节，如图8-48所示。

6. 低音

"低音"音频特效可以增加或减少较低的频率，其设置面板如图8-49所示。

图8-48　个别参数设置　　　　　　　　　　图8-49　低音音频特效

7. PitchShifter音调变调

PitchShifter（音调变调）音频特效可以调整输入信号的变调。使用这个特效可以加强高音。在"特效控制台"面板中单击"自定义设置"选项前的▶（箭头）按钮可以将该设置选项展开，在"自定义设置"选项中可以通过调节面板中的旋钮对参数进行调节，如图8-50所示。

8. Reverb混响

Reverb（混响）音频特效可以为音频素材模拟室内播放音频的声音。在"特效控制台"面板中单击"自定义设置"选项前方的▶（箭头）按钮可以将该设置选项展开，在"自定义设置"选项中可以通过调节面板中的旋钮对其参数进行设置，在下方的"个别参数"中可以使用参数调节音频特效的效果，如图8-51所示。

图8-50　音调变调特效　　　　　　　　　　图8-51　混响音频特效

9. 使用右声道/使用左声道

"使用右声道"音频特效可以将右声道中的音频信息复制到左声道中,使两个声道中的音频都使用右声道中的音频信息。而"使用左声道"音频特效正好与"使用右声道"音频特效相反,是将左声道中的音频信息复制到右声道中。该特效在"特效控制台"面板中如图8-52所示。

10. 互换声道

"互换声道"音频特效可以将左右声道的信息进行交换,该特效在"特效控制台"面板中如图8-53所示。

图8-52 使用右声道/使用左声道音频特效

图8-53 互换声道音频特效

11. 去除指定频率

"去除指定频率"音频特效可以删除指定范围波段的频率,该特效在"特效控制台"面板中如图8-54所示。

12. 声道音量

"声道音量"音频特效可以分别控制左声道与右声道的音量,该特效在"特效控制台"面板中如图8-55所示。

图8-54 去除指定频率音频特效

图8-55 声道音量音频特效

13. 延迟

"延迟"音频特效可以为音频素材添加回声,该特效在"特效控制台"面板中如图8-56所示。

- 延迟:设置回声与原始声音延迟的时间。
- 反馈:设置延迟信号反馈叠加的百分比。

● 混合：设置回声音的量。

14. 音量

"音量"音频特效可以增大或减小音频电平，该特效在"特效控制台"面板中如图8-57
所示。

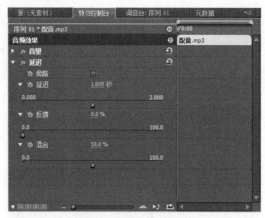

图8-56　延迟音频特效

图8-57　音量音频特效

15. 高音

"高音"音频特效可以增大或减小音频
素材中的高频，该特效在"特效控制台"面
板中如图8-58所示。

图8-58　高音音频特效

8.8　声音组合形式及作用

在影视作品中，不只是通过画面来表达影片的寓意。如果单纯地通过画面进行表达，
在进行播放时观看者往往会感到过于乏味，并且在单纯地使用画面进行表达时，往往会表
达不清楚内容。

8.8.1　声音处理方式

当为画面添加声音后，可以通过声音的混合模拟出不同的场景，添加背景音乐烘托影
片的整体气氛，还可添加解说词对内容进行说明。

1. 声音的混合

在影视作品中通常会使用到声音的混合，对不同的场景音效进行模拟，但在模拟音效时需要注意声音有主次之分，需要根据画面对声音进行适度调节，使其更具表现力。

2. 声音的对比

将不同含义的声音按照需要同时安排出现，使它们在鲜明的对比中产生反衬效应。

3. 声音的遮罩

在场景中并列出现多种同类的声音，在一种声音突出于其他声音之上，引起人们对其发生的注意。

4. 接应式声音交替

同一声音在为同一动作或事物进行此起彼伏，前赴后继的渲染，经常用这种有规律有节奏的接应式声音交替来渲染某一场景的气氛。

5. 转换式声音交替

分别采用在音调或节奏上近似的两种声音，从一种声音转换为另一种声音，如果转换为节奏上近似的音乐，既能在观众的印象中保持音响效果所营造的环境真实性，又能充分发挥出音乐的感染作用，形象表达一定的内在情绪。同时由于节奏上的相近，在转换过程中给人以一气呵成的感觉，这种转换效果有一种韵律感，容易记忆。

6. 声音与"静默"的交替

"无声"可以与有声在情绪上和节奏上形成明显的对比，具有强烈的艺术感染力。"无声"是一种具有积极意义的表现手法，通常在影片中作为恐惧、不安、寂寞、孤独以及人物内心空白等气氛和心情的烘托。例如，暴风雨后的寂静无声，会使人感到时间的停顿、生命的静止，给人以强烈的情感冲击。但这种无声的场景在影片中不能太多，否则会降低节奏，失去原有的感染力，让观众产生烦躁的情绪。

8.8.2 声音类别

节目中的声音包括人声、解说、背景音乐与音响四个部分。

1. 人声

人声是指画面中出现人物所发出的声音，分为对白、独白和心声等几种形式。

对白也称对话，即指影片中人物相互之间的交谈。在一个相对静止的画面中，其中的人物开口说话，观众的注意力会立即被其所吸引，也就不会对画面中的其他元素太过注意。对白不宜过长，否则会妨碍其他视听元素的表现，而造成影片画面的沉闷。

独白是节目中人物潜在心理活动的表述，他只能采用第一人称。独白常用于人物幻想、回忆或披露自己心中鲜为人知的秘密，是一种比较直接的表达方式，可以塑造人物形象与性格。

心声主要是通过画外音的形式表现出人物内心活动的自白，心声可以在人物处于运动或静止状态默默思考时使用，或者在出现人物特写时使用。它既可以披露人物发自肺腑的声音，也可以表达人物对往昔的回忆或对未来的憧憬。心声作为人物内心的轨迹，不管是

303

直露的还是含蓄的，都将使画面的表现力丰富厚重，让画面中形象的含糊含义趋于清晰和明朗。用于心声时，应对音调和音量有所控制。

2. 解说

解说一般采用解说人不出现在画面中的旁白形式，它所起到的作用是强化与补充说明画面信息，串联整体的内容、转场，表达某种情绪。解说与画面的配合关系分为三种，即"声、话同步"、"解说先于画面"和"解说后于画面"。

3. 音响

音响是指与画面相配合的除人声、解说和音乐以外的声音。音响在运用上可采用将前一镜头的效果延伸到后一个镜头的延伸法，也可以采用画面上未见发声体而先闻其声的预示法，还可采用强化、夸张某种声音的渲染法，以及不同音响效果的交替混合法。音响的有助于揭示事物的本质，增加画面的真实感，扩大画面的表现力。音响只能给人以听觉上的感受，并反映事物的一部分特点，因此它反映事物往往是不清晰的、不准确的。

4. 音乐

音乐是影视作品中不可缺少的重要元素。在影视作品中音乐不再属于纯音乐的范畴，而成了一种既适应画面内容的需要，又保留了自身某种特性与规律的影视音乐。音乐的主要作用是作衬底音乐、段落划分和烘托气氛。

在配乐的过程中，注意不要只追求音乐的完整、旋律的优美，而游离与主体之外，分散注意力。格调要和谐，调试风格差别较大的乐曲，不要混杂在一起。同时也不要从头到尾反复用一首曲子。音乐应该与解说、音响在情绪上相配合，音乐不宜太多太满。

8.8.3 声画组接技巧

现代影视艺术是声、画艺术的结合物，离开两者其中的任何一个都不能称为现代影视艺术。在观看影片时眼睛与耳朵两个器官是第一时间接收信息的，所以声音与画面的组接非常重要。在观看者欣赏时是否能被其影片所吸引，画面与声音给观看者的第一感觉是非常重要的。

1. 影视声音的特点和作用

影视语言有其特殊的规律，随着时代的发展影视语言的表达方式也不尽相同，在早期的有声片中作者和观众对复制人声非常着迷，但是很快制作者发现了这种方法的局限性，大量的人物对话使影片过于单调。他们开始在影片中添加不可见的声音，即声音不是来自画面内而是来自画面以外。总之在制作影片时声音能独立地具有十分丰富的表现力。

2. 录音

影视节目中的录音包括对白、解说、旁白、独白、杂音、环境音。必须注意解说员的素质、录音技巧与录音方式。

作为一名解说员首先需要对剧本有充分的了解，这样才可以对剧本内容重点做到心中有数，对其中一些比较专业的词语必须理解。在朗读剧本时还要紧扣主题，确定语音基调。在配音风格上要符合人物的形象、心里以及情绪的变化。解说时语音要流利，不能含糊不清。

录音在技术上要求尽量创造有利的环境条件，保证良好的声音质量，尽量在专业的录音棚进行录制。在录音的现场，要有录音师的统一指挥，默契配合。在进行解说录音的时候，需要先对画面进行编辑，然后再让配音演员同步观看，确保影片的配音准确无误。

在影视节目中，解说的形式多种多样，解说的形式需要根据影片的内容而定。大致可以将解说分为三类，第一人称解说、第三人称解说以及第一人称与第三人称交替解说的自由形式等。

3. 影视音乐

为影视作品而创作的音乐是影视节目中一个重要的组成部分，它的演奏通过录音技术与对白、音响效果共同组成的一条声带。随着影片的播放而被观看者所感知。

影视配乐有音乐的一般共性，但又有其自己的特性。影视音乐与对白、旁白、音响效果等其他声音因素结合后并与画面配合得当，能使观众在接受影片的视觉感受时补充和深化对影片的艺术感受。

音画同步：音乐与画面吻合，情绪、节奏一致，视听统一，观众在观看画面时，不知不觉地接受音乐，这是最常见的一种音画关系。

音画平行：音乐并不解释画面，而以自己独特的方式将画面贯穿起来，营造一种完整的形象。

音画对位：音乐与画面形成类似音乐中两个声部的对位关系，时而同步，时而错位。甚至与画面在情绪、气氛、节奏、格调与内容上造成对立、对比。从侧面来丰富画面含义，使观众得到更深的审美享受。

音画游离：不直接对影片剧情服务，而是起到扩大空间延续时间的作用，它并不渲染影片细节，而是以相当独立的姿态存在，以自身的音乐力量来解释或发掘影片的内涵，观看者可以在音乐与画面游离的情况下，自己领悟影片的真谛，得到丰富的联想与感受。

8.9 5.1声道音效设置

在DVD视频中5.1声道的应用已经非常普及。通过使用5.1声道，分别在左、右放置两个环绕音箱，并后置一个重低音音箱，可以分别输出音频并产生更为身临其境的逼真音效。

在Premiere Pro CS5中支持5.1声道的音效制作，使用5.1声道的音频技术分别有AC-3与DTS两个音频标准。在Premiere Pro CS5中可以直接刻录具有5.1声道的AC-3技术的DVD光盘。在制作与使用5.1声道音频之前，先要确保该计算机的声卡支持该技术，并且配备5.1声道音箱，以便正确地播放音频效果。在建立5.1声道的序列时，将其音频主轨道设置为5.1声道模式，并且根据使用的声道数目设置其他轨道，如图8-59所示。

在将主音频轨道设为5.1声道模式后，可以在"调音台"面板中对其进行设置，如图8-60所示。

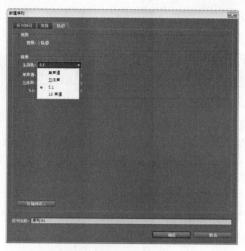

图8-59 设置音频主轨道

图8-60 调音台面板

在"调音台"面板中每个音频轨道下方都会出现一个音频分布栏,这个分布栏直观地显示了音响的分布状态,可以通过鼠标左键单击中间的小圆点调节音频的分布,如图8-61所示。

在"调音台"面板中分别将不同轨道中的音频分布到不同的位置,即可在相应部位的音响发声,产生现场的环绕声效果,如图8-62所示。

图8-61 调节音频分布

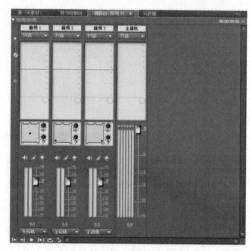

图8-62 环绕声设置

8.10 本章小结

本章主要讲解了认识音频、调音台、调节音频、录音、子轨道、时间线面板合成音频、解除视音频、链接视音频、添加音频特效、声音组合形式及作用、5.1声道音效设置,使读者在影片制作中完全控制音频的各种处理,得到更加理想的影音作品。

8.11 习题

1. 调音台的作用有哪些?
2. 音频特效有哪些分类?

第9章
字幕与字幕特效

本章主要介绍Premiere Pro CS5中的字幕与字幕特效，包括新建字幕、字幕面板分布、建立与编辑文字素材、创建与编辑图形对象、标记的应用、设置文字效果、应用与创建风格化效果、字幕模板，最后通过滚动字幕案例综合介绍字幕特效的制作。

字幕是影片中不可缺少的元素，一般情况下字幕主要显示影片的名称以及影片中的对话内容、说明词、人物介绍与演职人员表等众多内容。

9.1 新建字幕

在默认的软件工作区内"字幕"面板是不显示的,在创建字幕时会自动弹出并可以在其中进行创建与设置。

创建字幕的步骤如下:

01 在菜单栏中选择【字幕】→【新建字幕】→【默认静态字幕】命令,如图9-1所示。

02 执行该命令会弹出"新建字幕"对话框,在该对话框中可以对字幕文件的尺寸、时基、像素纵横比与名称等进行设置。一般情况下,不需要对其进行设置,因为默认会与新建的编辑文件相匹配,如图9-2所示。

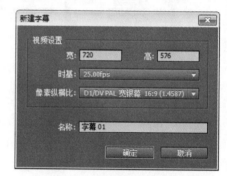

图9-1 选择字幕命令   图9-2 新建字幕对话框

03 单击"确定"按钮会弹出"字幕"面板,在该面板中可以进行文字的创建与设置,如图9-3所示。

04 完成字幕的创建与设置后,可以将该面板直接关闭,在"项目"面板中即可创建"字幕"素材,如图9-4所示。

图9-3 字幕面板   图9-4 字幕素材

9.2 字幕面板分布

"字幕"面板分别将不同的创建与设置工具集成到了不同的小块面板中,包括"字幕工具"、"字幕动作"、"字幕样式"与"字幕属性"等,如图9-5所示。

图9-5 字幕面板

9.2.1 字幕工具面板

"字幕工具"面板中包括所有的创建与操作文字的工具。可以创建不同类型的文字与不同形状的图形,还可以通过其中的工具对创建对象进行简单操作,如图9-6所示。

- ▶ (选择) 工具:可以选择一个创建的图形或文字,还可以进行移动和通过拖拽文字句柄改变文字的大小。

- ◖ (旋转) 工具:可以调节选定对象的旋转角度。

- T (输入) 工具:可以创建并编辑文字。

- IT (垂直输入) 工具:可以创建并编辑垂直排列的文字。

- 圖 (区域文字) 工具:可以建立段落文本,与 T (输入) 工具不同的是 圖 (区域文字) 工具必须制定输入的区域,并只在指定的区域内输入文字,输入的文字数量受指定区域大小的限制。

- 圖 (垂直区域文字) 工具:与 圖 (区域文字) 工具同样需要设置输入区域,不同的是输入的文字是垂直排列的。

图9-6 字幕工具面板

- ↗ (路径文字) 工具:可以创建一段沿路径排列的文字。

- ◣ (垂直路径文字) 工具:与 ↗ (路径文字) 工具同样可以创建沿路径排列的工具,但 ◣ (垂直路径文字) 工具创建的文字都是垂直于路径的。

- ◆ (钢笔) 工具:可以用于创建复杂的曲线。

- ◆ (删除定位点) 工具:可以删除使用 ◆ (钢笔) 工具创建曲线上的定位点。

- ◆ (添加定位点) 工具:可以在使用 ◆ (钢笔) 工具创建曲线上添加定位点。

- ▶ (转换定位点) 工具:可以转换定位点的属性。

- □ (矩形) 工具:可以创建出矩形图形。

- □ (圆角矩形) 工具:可以创建出带有圆角效果的矩形图形,并可以控制圆角大小。

- ▢（切角矩形）工具：可以创建出一个切角矩形，并可以控制切角的大小。
- ▭（圆矩形）工具：可以创建两端带有圆角效果的矩形图案。
- ◣（楔形）工具：可以创建出三角形图形。
- ◪（弧形）工具：可以创建出类似扇形的圆弧图形。
- ⬭（椭圆形）工具：可以创建出椭圆形图形。
- ◣（直线）工具：可以绘制一条直线。

9.2.2　字幕创建面板

　　"字幕创建"面板是创建与修改文字的操作区域，可以在其中预览字幕效果，"字幕创建"面板如图9-7所示。

　　"字幕创建"面板中包括许多设置按钮与设置选项，在其中可以对字体、字体样式、排列方式以及字体大小等进行设置。

图9-7　字幕创建面板

9.2.3　字幕属性面板

　　在"字幕属性"面板主要设置创建文字或图形的属性，当创建不同类型的文字与图形时，其中的设置选项会有差异。"字幕属性"面板如图9-8所示。

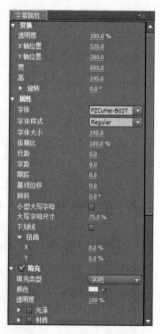

图9-8　字幕属性面板

9.2.4 字幕动作面板

"字幕动作"面板中主要提供了众多的对齐与排列方式，根据创建的文字类型不同提供了不同类型的设置按钮，如图9-9所示。

1. 对齐

"对齐"工具主要对多个横向文字或图形进行设置。

- ■■（水平靠左）：可以设置选择的多个对象向左对齐，对齐方式是以选择对象的最左边为基准进行对齐。
- ■■（水平靠上）：可以设置选择的多个对象向上对齐，对齐方式是以选择对象的最上边为基准进行对齐。
- ■（水平居中）：可以设置选择的多个对象水平中心对齐，居中的方式是以多个对象之间的中点进行对齐。
- ■■（垂直居中）：可以设置多个对象的垂直中心对齐，居中的方式是以多个对象之间的中点进行对齐。
- ■■（水平靠右）：可以设置选择的多个对象向右对齐，对齐方式是以选择对象的最右边为基准进行对齐。
- ■■（垂直靠下）：可以设置选择的多个对象向下对齐，对齐方式是以选择对象的最下边为基准进行对齐。

图9-9 字幕动作面板

2. 居中

"居中"工具主要对单个或多个对象进行居中设置。

- ■■（垂直居中）：可以设置选中对象的垂直位置居中。
- ■■（水平居中）：可以设置选中对象的水平位置居中。

3. 分布

"分布"工具主要对两个以上的文字或图形进行分布设置。

- ■■（水平靠左）：可以设置多个对象以水平靠左的方式进行分布。
- ■■（垂直靠上）：可以设置多个对象以垂直靠上的方式进行分布。
- ■■（水平居中）：可以设置多个对象以水平居中的方式进行分布。
- ■■（垂直居中）：可以设置多个对象以垂直居中的方式进行分布。
- ■■（水平靠右）：可以设置多个对象以水平靠右的方式进行分布。
- ■■（垂直靠下）：可以设置多个对象以垂直靠下的方式进行分布。
- ■■（水平等距间隔）：可以设置多个对象间水平方向的等距间隔。
- ■■（垂直等距间隔）：可以设置多个对象间垂直方向的等距间隔。

9.2.5 字幕样式面板

"字幕样式"面板中主要提供了各种各样的预设文字样式，通过这些预设文字样式可以快速创建相应的文字效果。字幕样式面板如图9-10所示。

图9-10　字幕样式面板

9.3 建立与编辑文字素材

本节将对创建与编辑文字的方式进行讲解，其中创建一些比较特殊的文字时其创建方式会有差异。

9.3.1 建立水平与垂直的基本文字

水平与垂直排列的文字是在编辑中最常用的文字形式。创建的方式也相对简单，下面对其创建方式进行介绍。

01 在"字幕工具"面板中选择  （输入）工具或 （垂直）输入工具。

02 在"字幕创建"面板中直接输入文字即可，如图9-11所示。

图9-11　创建基本文字

9.3.2 创建区域文字

区域文字主要用于在限定区域内创建文字，且文字的字数受文字大小与限定区域的影响，下面对创建区域文字的方式进行介绍。

01 在"字幕工具"面板中选择 （区域文字）工具或 （垂直区域文字）工具。

02 在"字幕创建"面板中拖拽指定输入区域，如图9-12所示。

03 在指定的区域内输入文字，如图9-13所示。

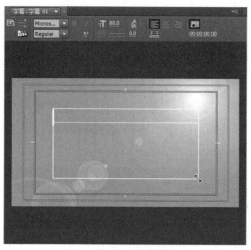

图9-12　指定文字区域 　　　　　　　　 图9-13　创建区域文字

9.3.3　创建路径文字

路径文字主要用于创建沿路径排列的文字，一般在使用时都是用于制作特殊的文字效果，下面对创建路径文字的方式进行介绍。

01 在"字幕工具"面板中选择 ⬚（路径文字）工具或 ⬚（垂直路径文字）工具。

02 在"字幕创建"面板中绘制文字路径，如图9-14所示。

03 输入文字，文字即可按照绘制的路径进行排列，如图9-15所示。

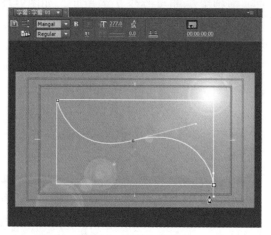
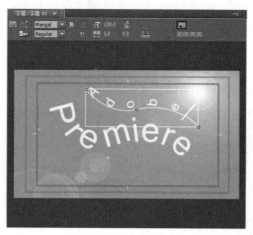

图9-14　绘制文字路径 　　　　　　　　 图9-15　创建路径文字

9.3.4　修改与设置文字对象

文字在创建完成后，一般需要对文字进行修改，包括对文字的字体、大小、字距以及对齐方式等进行设置。

1. 文字对象的选择与移动

单击▶（选择）工具将其激活，再单击对象即可选择。在对象处于选择状态下时，对象四周将出现带有定位点的矩形框，拖动鼠标左键即可移动对象，也可以使用键盘的方向键对其进行移动，如图9-16所示。

2. 文字对象的旋转

可以使用"选择"工具旋转文字对象。单击▶（选择）工具将其激活并选择文字，在文字的选择状态下可以将鼠标移动到文字定位点的外侧，鼠标光标将变为 图标，通过拖拽鼠标即可改变文字角度，如图9-17所示。

图9-16　移动文字　　　　　　　　　　　　　　图9-17　旋转文字对象

使用"旋转"工具可以旋转文字对象。单击▶（选择）工具将其激活并选择文字，在文字的选择状态下选择 （旋转）工具，通过拖拽鼠标即可改变文字角度，如图9-18所示。

在"字幕属性"面板中可以调节文字角度。单击▶（选择）工具将其激活并选择文字，在"字幕属性"面板中的"变换"卷展栏下设置"旋转"值即可调整文字的角度，如图9-19所示。

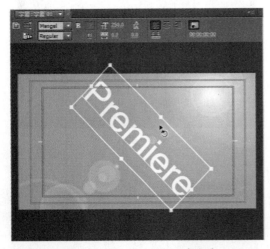 

图9-18　旋转工具控制文字角度　　　　　　　　图9-19　字幕属性面板设置文字角度

3. 文字对象的缩放

可以使用"选择"工具缩放文字对象。单击 (选择) 工具将其激活并选择文字，在文字的选择状态下可以将鼠标移动到文字定位点处，鼠标光标将变为 图标，通过拖拽鼠标即可对文字进行自由缩放，配合"Shift+鼠标左键"进行拖拽可以将文字对象等比缩放，如图9-20所示。

在"字幕属性"面板中可以调节文字大小。单击 (选择) 工具将其激活并选择文字，在"字幕属性"面板的"变换"卷展栏下设置"宽"值与"高"值即可调整文字的大小，如图9-21所示。

图9-20　拖拽调整文字大小　　　　　　　图9-21　字幕属性面板设置文字大小

在"字幕创建"面板中还可以调节文字大小。单击 (选择) 工具将其激活并选择文字，设置 大小值即可调节文字的整体大小，如图9-22所示。

4. 改变文字字体

文字的字体可以在"字幕创建"面板中进行调节。单击 (选择) 工具将其激活并选择文字，在"字幕创建"面板中可以单击上方的 (下箭头) 按钮，在弹出的下拉列表中选择字体，如图9-23所示。

图9-22　调节文字大小　　　　　　　　图9-23　字幕创建面板修改字体

可以在"字幕属性"面板中调节文字字体。单击 ▶ (选择) 工具将其激活并选择文字, 在"字幕属性"面板中的"属性"卷展栏下单击"字体"后的 ▼ (下箭头) 按钮, 在弹出的下拉列表中选择字体, 如图9-24所示。

图9-24　字幕属性设置字体

9.4 创建与编辑图形对象

在Premiere中可以为影片添加文字, 还可以绘制各种图形物体, 如矩形、椭圆形、多边形等。

9.4.1 创建图形对象

图形对象的创建相对简单, 只需要在"字幕工具"面板中选择相应的图形工具, 然后在"字幕创建"面板中进行拖拽创建即可, 如图9-25所示。

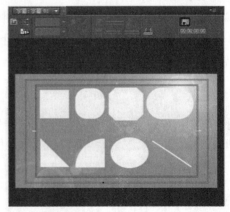

图9-25　创建图形

9.4.2 修改图形对象

修改图形的操作都是在"字幕属性"面板中完成的, 而且修改方式与修改文字的方式大致相同, 但可以在"字幕属性"面板中修改图形类型。通过"图形类型"可以在不同的图形中进行切换, 如图9-26所示。

在创建图形时可以设置该图形的"扭曲"值，通过控制该图形的"X"轴和"Y"轴的扭曲值来控制图形的扭曲，如图9-27所示。

设置扭曲值后矩形效果将产生变化，如图9-28所示。

图9-26 修改图形类型

图9-27 设置扭曲值

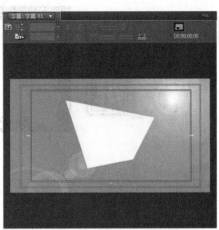
图9-28 扭曲矩形效果

9.5 标记的应用

在节目的制作过程中，经常会在影片的字幕中插入标记，即插入Logo。在Premiere Pro CS5中提供了导入图像为标记和添加标记到文本中的功能。

9.5.1 插入标记

一般情况下导入的Logo都是图片格式，在Premiere Pro CS5中支持多种图片格式，包括AI File、Bitmap、EPS File、PCX、Tara、TIFF、PSD、PNG及Windows Metafile。

当需要插入图像作为标记时，可以在菜单栏中执行【字幕】→【标记】→【插入标记】命令，在弹出的"导入图像为标记"对话框中选择需要导入的标记并单击确定按钮即可将标记导入，如图9-29所示。

当导入的图像包含透明通道信息时，例如tga文件Premiere Pro CS5能完美识别这些透明信息，可以使Logo与影片很好地合成在一起，需要插入的标记如图9-30所示。

当导入的图片包含Alpha通道时，在导入时Premiere Pro CS5将自动识别Alpha通道，导入的效果如图9-31所示。

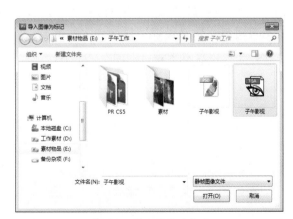
图9-29 导入图像为标记

图9-30　要插入的标记

图9-31　标记与影片合成效果

9.5.2　插入标记到文字

在插入标记时，还可以将标记插入到文字中。可以在"字幕工具"面板中选择 **T**（输入）工具并单击文字对象，在菜单栏中执行【字幕】→【标记】→【插入标记到文字】命令，然后在"导入图像为标记"对话框中选择图像并进行导入，效果如图9-32所示。

在对文本进行修改的时候，也会影响到插入到文本中Logo的属性，可以使用文字输入工具单独选择Logo，对其进行修改。

图9-32　插入标记到文字

9.6　设置文字效果

在"字幕属性"面板中可以对文字所有的效果进行自定义设置，包括文字的位置、大小、字体以及效果等，如图9-33所示。

图9-33　字幕属性面板

9.6.1 文字基本设置

1. 变换卷展栏

在"变换"卷展栏中主要可以对文字的"透明度"、"位置"与"大小"等属性进行设置，下面对其中的设置进行介绍。

- 透明度：设置字幕或图形的透明度。
- X位置：设置字幕或图形在X轴上的位置。
- Y位置：设置字幕或图形在Y轴上的位置。
- 宽度：设置字幕或图形的宽度。
- 高度：设置字幕或图形的高度。
- 旋转：设置字幕或图形旋转的角度，最大值360度。

2. 属性卷展栏

在"属性"卷展栏中主要可以对文字的"字体"、"纵横比"、"字距"等效果进行设置，下面对其中的设置进行介绍。

- 字体：设置文字所使用的字体类型。
- 字体样式：设置该文字的预设样式。
- 字体大小：设置文字整体的大小。
- 纵横比：设置文字宽度与高度的横纵比。
- 行距：设置文字行与行之间的距离。
- 字距：设置文字之间的距离。
- 跟踪：与"字距"效果相同都是调节文字与同行文字之间的距离。
- 基线位移：设置文本与基线之间的位置。
- 倾斜：设置文本中文字的倾斜角度，如果文本中插入过图片标记，在设置倾斜时图片不会产生倾斜效果。
- 小型大写字母：激活该选项，将无法在文本中使用小写字母，所有字母都将以大写显示。
- 大写字母尺寸：设置将小写字母转换为大写字母后的文字尺寸比例。
- 下画线：激活该选项，将为文本添加下画线。
- 扭曲：设置该参数可以对文本进行扭曲变形设定，调节"扭曲"参数栏下的"X轴"与"Y轴"值可以使文字产生多种多样的变化效果，原图与扭曲的效果对比如图9-34所示。

图9-34 扭曲效果对比

9.6.2 文字效果设置

可以通过"填充卷展栏"、"描边卷展栏"与"阴影卷展栏"对文字效果进行设置。

1. 填充卷展栏

通过"填充"卷展栏中的各项设置，可以为文本或图形设置填充状态，包括填充类型、填充颜色以及填充纹理等，如图9-35所示。

● 填充类型：在"填充类型"的下拉列表中，包括众多填充类型，不同的填充类型都会产生不同的文字效果，可以根据需要进行选择，如图9-36所示。

图9-35　填充卷展栏

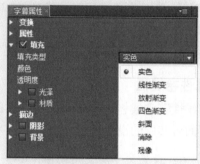

图9-36　填充类型

● 实色：通常默认的填充方式为"实色"，可以使用 ![] (吸管) 工具在画面中吸取颜色作为对象的颜色，也可以单击颜色块，在弹出的"颜色拾取"对话框中指定颜色作为对象的填充颜色，如图9-37所示。

　　➢ 线性渐变：可以将两种颜色以直线的方式渐变填充对象，可以在"颜色"项指定渐变开始的颜色，在"色彩到色彩"项指定渐变结束的颜色；也可以在颜色项的色块上双击两个颜色滑块指定颜色，拖动滑块改变位置来决定颜色在整个渐变中所占的比例，如图9-38所示。"线性渐变"效果如图9-39所示。

　　➢ 放射渐变：以放射的形式使颜色渐变来填充对象，使用方法与"线性渐变"相似。它不同于"线性渐变"从一种颜色以直线的形式发射到另一种颜色，"放射渐变"通过圆心的一种颜色向外发射，渐变成另一种颜色，其设置面板与"线性渐变"面板相同，效果如图9-40所示。

图9-37　颜色拾取对话框

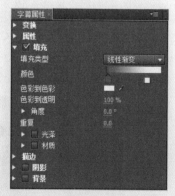

图9-38　线性渐变参数设置

图9-39 线性渐变效果

图9-40 放射渐变效果

➢ 四色渐变：它的使用方法与以上两种渐变方式相似，不同的是它可以在四角位置设置颜色块进行渐变，如图9-41所示。"四色渐变"效果如图9-42所示。

图9-41 四色渐变参数设置

图9-42 四色渐变效果

➢ 斜面：可以为对象产生一个立体的浮雕效果。当"填充类型"设置为"斜面"时，"填充"卷展栏中的参数将发生变化。在设置斜面效果时是通过设置"高光色"与"阴影色"使文字产生立体效果，如图9-43所示。"斜面"效果如图9-44所示。

图9-43 斜面参数设置

图9-44 斜面效果

➢ 消除：在此填充方式下不会显示对象，当为对象设置了"阴影"属性后，可以对齐阴影进行显示，但其阴影必须大于文字对象，否则将不会显示。为文字设置"描边"属性后，其"描边"效果也将独立进行显示。

➢ 残像：其填充方式与"消除"填充方式类似，将不会显示对象，但"文字"或

"图形"对象将作为阴影的一部分。

> 光泽：设置对象的"光泽"效果，可以配合其他的设置使对象产生更好的三维效果。

> 材质：设置文字的"材质"可以在其中添加图片作为文字的材质并可对其进行设置。

2. 描边卷展栏

"描边"卷展栏中提供了为对象设置描边效果的功能。描边包括内侧边和外侧边两种形式，两种方式可同时使用。"描边"卷展栏如图9-45所示。

在设置描边选项时其中的"内侧边"与"外侧边"的设置选项相同，下面对其进行介绍。

● 类型：设置不同的描边效果，包括"深度"、"凸出"与"凹进"三种方式。

● 大小：设置描边的大小。

● 填充类型：设置阴影的填充类型，与文字的填充类型的设置相同。

3. 阴影卷展栏

通过勾选"阴影"卷展栏可以为对象添加阴影效果，并可以在其中对阴影效果进行设置，如图9-46所示。

在"阴影"卷展栏中可以对阴影的"颜色"、"透明度"、"角度"与"距离"等进行设置。阴影效果如图9-47所示。

图9-45 描边卷展栏

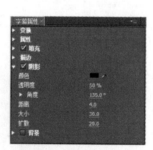

图9-46 阴影卷展栏

图9-47 阴影效果

9.7 应用与创建风格化效果

在日常工作中，通常使用Premiere系统中的字体样式即可，但是，有时为了配合影片的整体效果，字体样式也需要做出调整或设计新的字体样式。

9.7.1 应用风格化效果

在"字幕样式"面板中提供了众多的字体样式，并在"字幕样式"面板中提供了效果的预览。在创建与修改时，可以在"字幕样式"面板中单击字体样式进行风格化效果的选择，如图9-48所示。

选择"字幕样式"后在创建时将直接创建出该样式的文字；在修改文字时只需要选中需要修改的文字，然后选择"字幕样式"选中的文字效果就会进行修改，效果如图9-49所示。

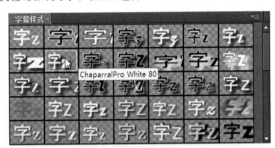

图9-48 选择字幕样式

图9-49 字幕样式效果

"字幕"面板由多个不同功能的面板组合而成，可以将其独立并作为一个浮动面板，通过单击"字幕样式"右上角的 按钮可以打开下拉菜单，在其中提供了众多的实用命令，如图9-50所示。

- 新建样式：可以将当前创建的文字效果作为字幕样式进行保存并形成新的字幕样式。执行该命令会弹出"新建样式"对话框，在其中可以对字幕样式的名称进行设置，如图9-51所示。
- 应用样式：可以将选择的字幕样式应用到选择的对象。
- 应用带字体大小的样式：可以将"字幕样式"与"大小"应用到选择的文字。
- 仅应用样式颜色：可以将选择"字幕样式"的颜色应用到选择的对象。
- 复制样式：可以将选择的字幕样式进行复制。
- 删除样式：可以将选择的字幕样式进行删除。
- 重命名样式：可以将选择的字幕样式进行重新命名。
- 重置样式库：可以还原默认的字幕样式库。
- 追加样式库：可以拾取样式库文件来获取更多的字幕样式。执行该命令会弹出"打开样式库"对话框，在其中可以对字幕样式文件进行选择，单击"打开"按钮即可进行追加，如图9-52所示。

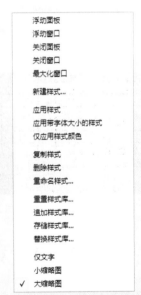

图9-50 快捷菜单

图9-51 新建样式

- 储存样式库：可以将当前的字幕样式进行保存，执行该命令会弹出"储存样式库"对话框，在其中可以对储存路径与文件名称进行设置，单击"确定"按钮即可对其进行保存，如图9-53所示。

图9-52　追加样式库

图9-53　储存样式库

- 替换样式库：可以对当前的样式库进行替换。
- 仅文字：设置"字幕样式"的显示方式为文字显示，效果如图9-54所示。
- 小缩略图：设置"字幕样式"的显示方式以小缩略图的方式显示，效果如图9-55所示。

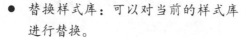

图9-54　文字显示

- 大缩略图：设置"字幕样式"的显示方式以大缩略图的方式显示，效果如图9-56所示。

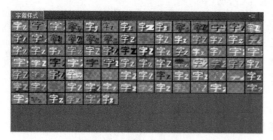

图9-55　小缩略图显示

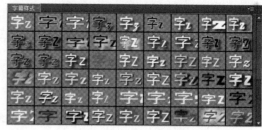

图9-56　大缩略图显示

9.7.2　创建风格化效果

为对象设置了满意的效果后，为了方便工作中随时使用这个效果，可以将其保存下来并为其命名。

选择设置完成的文字效果，在"字幕样式"面板中单击▤按钮，在弹出的下拉菜单中选择"新建样式"命令；执行该命令后会弹出"新建样式"对话框，如图9-57所示。

在其中可以对自定义的文字样式命名，单击"确定"按钮，在"字幕样式"面板中将会添加一个新的字幕样式，在以后需要使用时可以快速进行选择，如图9-58所示。

图9-57 新建样式

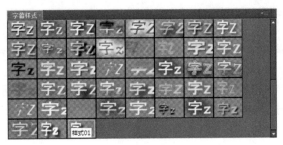

图9-58 新建样式位置

9.8 字幕模板

Premiere Pro CS5中提供了许多预设的字幕模板，可以应用这些模板以及修改部分元素来提高工作效率。

使用字幕模板的方法如下：

01 在菜单栏中执行【字幕】→【模板】命令打开模板对话框，快捷键为"Ctrl+J"，如图9-59所示。

02 展开其中的文件夹选择一个模板文件，在预览窗口中可以预览到模板的样式，选择需要的样式，单击"确定"按钮即可，然后再对其中的文字进行修改，就可以快速创建文字版式，效果如图9-60所示。

图9-59 模板对话框

图9-60 应用模板的效果

03 单击"模板"对话框的预览窗口左上角的 按钮，在弹出的菜单中选择"导入当前字幕为模板"命令，可以将当前字幕窗口的内容保存为模板文件，方便以后的工作使用，如图9-61所示。

图9-61 保存为模板

9.9 滚动字幕案例

在影视节目的制作过程中，一般在影片的最后都会添加演职人员表，而演职人员表一般都以滚动字幕的方式出现。在Premiere Pro CS5中提供了创建默认滚动字幕的命令，可以方便快捷地创建字幕滚动效果。

9.9.1 新建项目文件

01 打开Adobe Premiere Pro CS5软件会弹出"欢迎使用Adobe Premiere Pro"对话框，在对话框中单击"新建项目"按钮，如图9-62所示。

02 单击"新建项目"按钮会弹出"新建项目"对话框，在该对话框中对项目文件的保存路径以及项目名称进行设置，如图9-63所示。

图9-62　新建项目

图9-63　设置项目名称及路径

03 设置完成后单击"确定"按钮会弹出"新建序列"对话框，在"新建序列"对话框中需要对序列进行自定义设置，在Premiere Pro CS5提供的常用序列预设中选择所需的"序列预设"，如图9-64所示。

04 单击"确定"按钮即可在"项目"面板中创建序列，如图9-65所示。

图9-64　选择序列预设

图9-65　创建序列

9.9.2 导入素材与创建字幕

01 因为在影片最后播放演职人员表时，大多播放影片花絮，所以下面将编辑好的影片花絮进行导入。在项目面板中单击鼠标右键，在弹出的菜单中选择"导入"命令，如图9-66所示。

02 在打开的"导入"对话框中选择花絮素材并单击"打开"按钮，即可将素材导入到"项目"面板中，如图9-67所示。

图9-66 选择导入命令

图9-67 选择文件

03 在"项目"面板中可以对导入的素材进行预览与管理，如图9-68所示。

04 在菜单栏中执行【字幕】→【新建字幕】→【默认静态字幕】命令，在弹出的"新建字幕"对话框中可以对所创建字幕的属性进行设置，如图9-69所示。

图9-68 导入素材

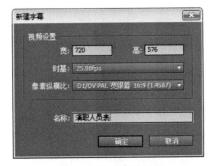

图9-69 设置字幕属性

05 设置完成后单击"确定"按钮，在弹出的"字幕"面板中可以对所需的文字进行创建，如图9-70所示。

06 在"字幕工具"面板中选择**T**（输入）工具，然后在"字幕创建"面板中输入需要创建的文字并调节大小值为40，如图9-71所示。

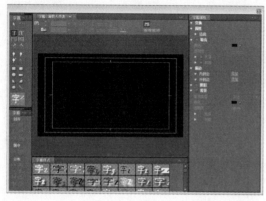

图9-70　字幕面板

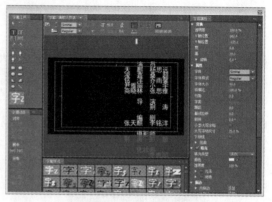

图9-71　创建文字

07 文字创建完成后可关闭"字幕"面板，在"项目"面板中即可显示出字幕的素材，如图9-72所示。

08 执行【字幕】→【新建字幕】→【默认静态字幕】命令，在"字幕"面板中创建最终的定板文字，如图9-73所示。

图9-72　面板显示

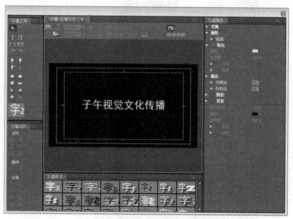

图9-73　创建定板文字

9.9.3　文字动画设置

01 将花絮素材拖拽到序列面板中的视频1轨道中，如图9-74所示。

02 在"序列"面板中选择素材并切换至"特效控制台"面板，单击"运动"栏下"位置"与"缩放大小"项前方的（切换动画）按钮，记录该素材的开始帧，如图9-75所示。

图9-74　导入素材

03 将（时间标记）移到"时间标尺"2秒的位置，然后设置"位置"值为250、288，"缩放比例"值为60，如图9-76所示。

图9-75 记录素材关键帧

图9-76 调节运动参数

04 设置完成后可以播放观察动画效果，如图9-77所示。

图9-77 花絮素材动画效果

05 将创建的演职人员表字幕文件拖拽到"序列"面板中的视频2轨道中，并设置该素材的起始位置为"时间标尺"2秒的位置，然后设置该素材的结束位置为"时间标尺"25秒的位置，如图9-78所示。

06 在"节目"监视器中观察导入文字的效果，如图9-79所示。

图9-78 调节文字素材

图9-79 字幕效果

07 通过观察可以发现文字的位置与大小并不是十分匹配，可以通过在"项目"面板或"序列"面板中双击字幕素材文件，进入"字幕"面板进行修改。在当前的 ▥（时间标记）位于字幕素材与视频素材上时，进入"字幕"面板中修改并可对背景进行显示，如图9-80所示。

08 在字幕面板中可以调节文字的大小值为25、X轴位置值为870，如图9-81所示。

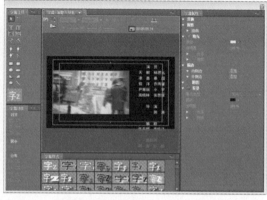

图9-80 文字效果　　　　　　图9-81 调节文字效果

09 在"字幕"面板中单击■（滚动/游动选项）按钮，在弹出的"滚动/游动选项"对话框中选择字幕类型为"滚动"并勾选"开始于屏幕外"与"结束于屏幕外"选项，如图9-82所示。

10 单击"确定"按钮后即可关闭"字幕"面板，并可以通过播放预览滚动字幕效果，如图9-83所示。

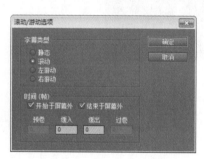

图9-82 设置滚动字幕

图9-83 滚动字幕效果

11 将创建的最终定板文字拖拽到"序列"面板中，并设置该素材的起始位置为"时间标尺"27秒的位置，然后设置该素材的结束位置为"时间标尺"32秒的位置，如图9-84所示。

12 在"节目"监视器中观察导入文字的效果，如图9-85所示。

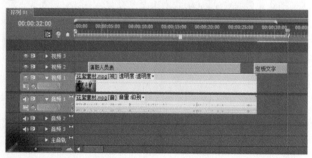

图9-84 导入定板文字　　　　　　图9-85 定板文字效果

9.9.4 定板文字效果设置

01 视频素材结束位置与定板文字之间的过渡会显得生硬，可以通过制作视频素材的透明度动画来进行过渡。选择视频素材并切换至"特效控制台"面板中，将 （时间标记）移动到"时间标尺"25秒位置，并单击"透明度"项前方的 （切换动画）按钮，然后将 （时间标记）移动到该素材的结束位置，并设置透明度值为0，如图9-86所示。

02 在"效果"面板的"视频特效"下选择"模糊与锐化"文件夹中的"快速模糊"视频特效，然后将其拖拽至定板文字上，为其添加"快速模糊"视频特效，如图9-87所示。

图9-86 设置透明度动画

图9-87 添加快速模糊视频特效

03 在"序列"面板中选择定板文字素材，然后切换至"特效控制台"面板中，将 （时间标记）移动到"时间标尺"27秒的位置，并单击"快速模糊"项中"模糊量"前方的 （切换动画）按钮，再调节模糊量值为100。继续将 （时间标记）移动到"时间标尺"29秒的位置，并调节模糊量值为0，记录27秒至29秒位置的模糊动画，如图9-88所示。

04 设置完成后可以进行播放，观察动画效果，如图9-89所示。

图9-88 设置模糊动画

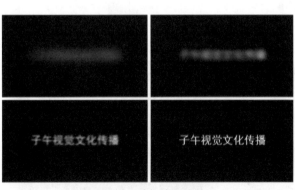

图9-89 模糊动画效果

05 通过在"序列"面板中添加关键帧设置素材片段的透明度动画。将 （时间标记）

移动到"时间标尺"27秒的位置，即定板文字的起始位置，然后单击视频轨道中的 ![]
（折叠-展开轨道）按钮将轨道展开，如图9-90所示。

06 在"序列"面板中单击选择素材，然后单击 ![]（添加-移除关键帧）按钮，在当前 ![]
（时间标记）处添加透明度关键帧，如图9-91所示。

图9-90 展开视频轨道

图9-91 添加透明度关键帧

07 分别在时间标尺28秒、30秒、32秒处添加透明度关键帧，如图9-92所示。

08 添加关键帧后可以使用 ![]（选择）工具拖拽调节透明度关键帧的位置，分别将素材开
头与结尾的关键帧拖拽至素材的底部，如图9-93所示。

图9-92 添加透明度关键帧

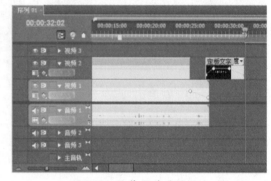

图9-93 拖拽调节关键帧

09 设置完成后可以播放观看整体效果，如图9-94所示。

10 在"节目"监视器中单击 ![]（安全框）按钮可以观察影片效果，如图9-95所示。

图9-94 观察影片效果

图9-95 观察画面布局

11 对画面布局进行调节，最终效果如图9-96所示。

图9-96　最终字幕效果

9.10　本章小结

　　本章内容主要讲解了新建字幕、字幕面板分布、建立与编辑文字素材、创建与编辑图形对象、标记的应用、设置文字效果、应用与创建风格化效果与字幕模板等，并通过滚动字幕案例使读者对字幕有更好的理解与掌握。

9.11　习题

　　1. Premiere可以建立多少种字幕类型?
　　2. 如何插入标记图像?
　　3. 如何加载字幕模板?

第10章
编码与文件导出

本章主要介绍Premiere Pro CS5中的编码与文件导出，包括导出文件、导出视频文件、导出影片到磁带和导出素材时间码记录表等。

10.1 文件导出

Premiere Pro CS5的文件导出是整个视频编辑过程中的最后一步，Premiere Pro CS5支持许多文件格式，在导出不同格式时相应的设置也各不相同，而且在文件导出时的设置选项是不可以发生错误的。当设置错误时就会发生所输出的文件在相应的设备上不可以播放或编辑的情况。

由于Premiere Pro CS5支持水银引擎，所以在对视频的导出上占有更大的优势，特别是在编辑高清的视频素材时，可以更快地编辑、预览与输出。而且Premier Pro CS5几乎支持所有常用的格式，还可以导出EDL、OMF与AAF等交互格式。

10.1.1 导出基本选项

在Premiere Pro CS5中将影片编辑好后，一般都会将其转化为其他媒体可以播放格式，虽然视频文件的格式各有不同，但在导出时都需要对其中的一些选项进行设置。例如，都需要对其中的格式、输出名称与视频编解码器等选项进行设置，如图10-1所示。

在"导出设置"对话框中可以对导出媒体影片的所有选项进行设置，并可以在该对话框中对所要导出的影片进行预览。

1. 格式

在导出数字媒体时可以设置不同的媒体格式，以便在不同的媒体上播放或满足不同的需求，可以在"格式"选项的下拉列表中对格式进行选择，如图10-2所示。

图10-1 导出设置选项

图10-2 导出格式设置

2. 预设

Premiere Pro CS5为所要输出的不同格式提供了多种不同的预设模式。在改变输出格式时，软件所提供的预设也不相同，如图10-3所示。

在预设的下拉列表中可以对输出视频的尺寸大小、帧数与画面品质进行选择设置。在设置文件格式时，软件中没有提供相应的预设。

3. 注释

可以为所输出的文件添加文字注释，以便后期的整理与查找更加方便快捷。

4. 输出名称

单击"输出名称"后的文件名称即可弹出"另存为"对话框，在该对话框中可以设置导出文件的保存路径与文件名等，如图10-4所示。

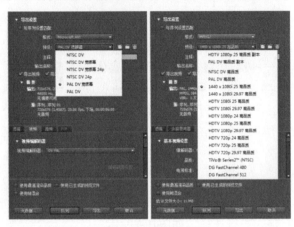

图10-3　预设模式

图10-4　另存为对话框

5. 导出视频

勾选"导出视频"选项时，文件将导出影像文件。取消选择时，将不能导出影像文件。

6. 导出音频

勾选"导出音频"选项时，文件将导出声音文件。取消选择时，将不能导出声音文件。

7. 滤镜

在Premiere Pro CS5中导出影片时，可以为整个影片添加"高斯模糊"特效。效果与在编辑过程中添加的"高斯模糊"特效类似，若想预览添加"高斯模糊"后的效果，可以切换至"输出"选项卡查看模糊效果，如图10-5所示。

图10-5　滤镜效果

10.1.2　裁剪输出视频尺寸

如果需要在导出时去掉一些画面中不需要的部分，可以对画面进行裁剪。Premiere Pro

CS5在导出设置时可以对视频的画面进行裁剪，但经过裁剪的视频画面在导出时不会影响到最终画面的大小，裁剪掉的部分软件将会自动为其添加黑边填充。

01 单击"导出设置"对话框预览区域左上角的▣（裁剪输出视频）按钮，开启裁剪画面的模式，如图10-6所示。

02 在开启了裁剪模式后，在画面边缘位置会出现裁剪区域的设置框，可以通过设置左侧、顶部、右侧与底部的值来控制画面的裁剪区域，如图10-7所示。

图10-6　开启裁剪模式

图10-7　设置裁剪区域

03 还可以通过鼠标拖拽裁剪区域的设置框来调节画面的裁剪区域，如图10-8所示。

除了以上两种方式进行设置裁剪区域外，还可以使用电脑预设的裁剪比例进行裁剪，操作步骤如下：

01 在"导出设置"对话框预览区域右上角设置所要裁剪区域的画面比，如图10-9所示。

02 通过拖拽裁剪区域的设置框来调节画面的裁剪区域，当拖拽调节时设置框将按照所设定的比例进行缩放，如图10-10所示。

图10-8　拖拽调节裁剪区域

图10-9　设置画面比

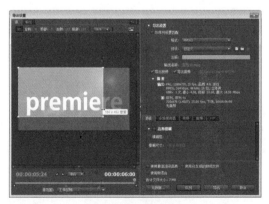

图10-10　调节剪裁区域

10.1.3 设置视频导出方法

在设置视频导出时，由于需要导出的格式与视频编解码器不同，在设置视频选项卡时其中的选项也会有所不同。下面主要对Microsoft AVI与MPEG2这两种最常用的视频格式进行讲解。在设置视频导出时先要进入视频选项卡，如图10-11所示。

图10-11 视频选项卡

1. Microsoft AVI视频导出设置

（1）视频编解码器

在该设置项的下拉列表中可以选择导出影片所使用的编码解码器。在一般情况下不会对编码解码器进行设置，使用默认的编码解码器，因为在改变编码解码器时会影响到其他的参数，从而会影响所导出文件的整体质量。

（2）基本设置

- 品质：该设置选项在默认的"视频编解码器"下不可以进行设置，当切换至其他一些支持其功能的视频编解码器时才可以对其进行设置，主要是对画面质量的设置。
- 帧速率：设置每秒钟的视频帧数。
- 场类型：一般情况下需要按照相关视频硬件显示奇偶场的顺序进行设置。
- 纵横比：设置导出视频文件画面的宽高比。
- 以最大深度渲染：设置导出视频的颜色深度，确定导出影片所能使用的颜色数。

（3）高级设置

- 关键帧：设置是否渲染影片中的动画关键帧。
- 优化静帧：优化长度超过一帧的静止图像。选择了该项后，只会对静止图像的第一帧进行压缩。

2. MPEG2视频导出设置

（1）基本视频设置

- 品质：设置该选项可以调节导出视频画面的质量，当使用高品质时所导出的视频文件将变大。
- 电视标准：该选项可以选择输出视频使用的电视制式。
- 帧速率：设置每秒钟的视频有多少帧，但一般不会对帧速率进行更改，因为固定的电视制式都有相应的帧速率。
- 场序：设置视频硬件显示奇偶场的顺序。
- 像素横纵比：设置视频画面的宽高比例。
- 配置文件：可以根据所设的"配置文件"约束某些功能。例如压缩算法、色度格式、DVD使用标准等主配置文件。
- 级别：约束最大比特率、最大帧大小等编码参数。

- 以最大深度渲染：以影片所能使用最大的颜色数导出视频。

（2）比特率设置

- 比特率编码：设置在视频压缩时使用的比特率编码。
- 最小比特率：设置视频在压缩时使用的最小比特率。
- 目标比特率：设置使用的"编码解码器"允许的比特率。
- 最大比特率：设置视频在压缩时使用的最大比特率。

（3）GOP设置

- M帧：设置连续I帧与P帧之间的距离。
- N帧：设置连续I帧之间的距离，M场的倍数。
- 封闭GOP的间距：设置封闭GOP的距离，封闭GOP可以自行解码，不参考任何以前的GOP。设置为1则封闭每个GOP。
- 自动放置GOP：指定当场景更改时，编码器是否启动新的GOP。

（4）高级设置

- 宏块量化：设置宏块的量化值。
- VBV缓冲区大小：设置产生上溢或下溢的解码序列所需的最小VBV缓冲区大小。
- 噪声控制：设置对噪声控制的方式。
- 写入SDE：设置是否将序列显示扩展写入每个GOP。
- 内部DC精度：设置在内部编码宏块中指定DC系数的精度。较高的值在数据速率高时可以提高品质，但在数据速率较低时会损坏品质。
- 写入序列结束代码：设置是否在视频流中写入序列结束代码。
- 嵌入SVCD用户块：设置是否在视频流中嵌入SVCD用户数据块。
- 忽略帧间距：设置隔多少帧忽略一帧，但一般情况下不会对其进行设置，因为一般忽略的帧过多会使画面不够连续。

10.1.4　设置音频导出方法

在设置视频导出时，由于需要导出的格式不同，相对应的音频设置也各不相同，下面主要对Microsoft AVI与MPEG2这两种最常用的视频格式的音频设置进行讲解。在设置音频时先要进入音频选项卡，如图10-12所示。

图10-12　音频选项卡

1. Microsoft AVI音频导出设置

- 采样率：设置导出音频文件时使用的采样速率。采样率越高播放质量越好，但采样率高导出文件需要的磁盘空间就越大，并会占用更多的时间进行处理。
- 声道：设置导出音频所使用的声道类型，可以选择单声道或立体声。
- 采样类型：设置导出文件所使用的音频采样类型或位数深度，采样类型的位数越高获得的音频质量就越高。
- 音频交错：设置音频数据如何插入到视频帧中间。增加该值会使程序储存更长的声音片段，也需要更大的内存容量。

2. MPEG2音频导出设置

（1）音频格式设置

- 音频格式：设置导出文件所使用的音频格式，在其中可以选择杜比数字与MPEG。

（2）基本音频设置

- 音频层：设置用于VCD与DVD等的音频层设置。
- 音频模式：设置导出音频使用的声道类型，可以在下拉列表中选择立体声、混合立体声、双通道模式与单通道模式。
- 频率：指一秒钟对音频信号的采样次数，采样频率越高声音的质量越高。

（3）比特率设置

- 比特率：设置每秒钟传输的比特的数量，数量值越大，音频的品质越高。

（4）高级设置

- 心里声学模式：设置用于编码的心里声学模式类型。
- 去加重：设置用于编码的去加重类型。
- 启用CRC：设置打开或关闭嵌入式CRC错误保护信息。
- 设置私有位：设置打开或关闭私有位。
- 设置版权位：设置打开或关闭版权位。
- 设置原始位：设置打开或关闭原始位。

10.2 导出视频文件

当需要将编辑的视频文件录制到磁带或其他媒介上时，一般情况下用户需要将制作的影片合并为一个文件然后进行导出操作，因为导出为视频文件后可以将文件以数据的形式进行保存。

10.2.1 合成节目方法

01 选择需要导出节目的序列。

02 在菜单栏中选择【文件】→【导出】→
【媒体】命令，弹出导出设置对话框，
如图10-13所示。

03 在弹出的导出设置对话框中可以设置视
频文件的导出路径、文件名称与视频音
频选项，设置完成之后单击"确定"按
钮，弹出"编码"对话框，在该对话框
中可以查看导出进度。

图10-13　导出设置对话框

10.2.2　导出字幕

01 在"项目"面板选中需要导出的字幕
文件。

02 在菜单栏中选择【文件】→【导出】→
【字幕】命令，在弹出的"存储字幕"
对话框中设置字幕文件的储存路径与名
称，如图10-14所示。

03 单击"保存"按钮，字幕文件将保存到
指定的文件路径。导出的字幕文件也方
便在其他的项目文件中使用。

图10-14　存储字幕对话框

10.2.3　导出序列文件

01 选择需要导出节目的序列。

02 在菜单栏中选择【文件】→【导出】→【媒体】命令，在弹出的"导出设置"对话框
中指定合成文件的储存路径与文件名称。

03 在"导出设置"选项卡中对文件格式进行设置，只有当导出的文件为图片格式时才可
以将影片导出为序列文件。

04 设置完文件格式后，在"基本设置"选项卡中勾选"导出为序列"选项，然后对视频
的宽度与高度进行设置，并指定场类型与画面的纵横比，单击"导出"按钮将导出为
图片序列。

10.2.4　导出流媒体视频文件

01 选择需要导出节目的序列。

02 在菜单栏中选择【文件】→【导出】→【媒体】命令，在弹出的"导出设置"对话框

中设置导出文件的格式为"FLV | F4V",并设置预设品质、文件名称与储存路径。

03 单击"导出"按钮进行流媒体文件的导出。

10.3 导出影片到磁带

在一些比较重要的视频资料需要保存时,通常会将视频文件录制到录像带上,需要使用一块视频卡与一台录像机才能完成录制操作,而且需要使用视频卡将RGB信号转换为NTSC或PAL信号后才可以将影片导入到磁带上。

将影片导入到磁带的操作步骤如下:

01 选择需要录制的影片所在的序列。

02 在菜单栏中选择【文件】→【导出】→【磁带】命令,在弹出的对话框中进行设置。

03 单击"确定"按钮进行录制。

10.4 导出素材时间码记录表

使用Premiere Pro CS5编辑视频素材时,在"素材片段"面板中使用的详细信息,可以通过Premiere Pro CS5导出为一个EDL格式的文档,其中可以记录导出的序列、轨道、素材与时间等信息。可以在后期的制作过程中使用该文档作为参考。

导出EDL记录表的方法如下:

01 选择需要导出EDL记录表的信息素材所在的序列。

02 选择【文件】→【导出】→【EDL】命令,弹出"EDL输出设置"对话框,在其中可以设置文件名称与音视频等信息,如图10-15所示。

03 设置完成后单击"确定"按钮,弹出"存储序列为EDL"对话框,在该对话框中可以设置文件的保存路径,单击"保存"按钮即可将EDL记录表文件导出到当前的位置,如图10-16所示。

04 可以在"我的电脑"中找到刚保存的文件,使用记事本将该文件打开并查看其中保存的序列信息,如图10-17所示。

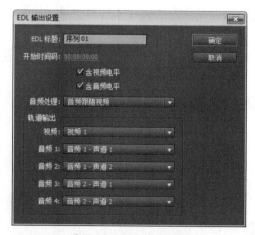

图10-15　EDL输出设置

图10-16　储存EDL文件

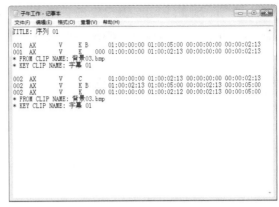

图10-17　查看EDL文件

10.5　本章小结

　　本章主要对文件导出、导出视频文件、导出影片到磁带、导出素材时间码记录表进行讲解，为编辑影片的预览与观看提供保障。

10.6　习题

　　1. 如何设置输出格式？
　　2. 如何只输出视频或音频？

参 考 答 案

第1章 非线性编辑基础知识

1. "线性编辑"是由传统的磁带到磁带进行对编影片，而"非线性编辑"需借助计算机来进行数字化的编辑与制作。

2. 硬件设备不仅能支持采集与输出功能，支持编辑的影片在监视器上显示，还会提高和加深编辑影片的运算能力。

3. 主要有电视节目制作、企业专题制作、会议影像制作、微电影制作、婚礼MV制作等影音编辑的工作。

4. 在中国最常用到的制式分辨率是PAL制式，电视的分辨率为720×576、DVD为720×576、VCD为352×288、SVCD为480×576、小高清为1280×720、大高清为1920×1080。

5. Premiere支持的常用视频格式有AVI、MPEG、MOV等。

6. AVI已成为PC机上最常用的视频数据格式，并且还成为了一个基本标准，支持DV-AVI压缩格式、无压缩AVI格式、DivX AVI压缩格式等。

第2章 Premiere Pro CS5基本操作

1. Premiere是Adobe公司基于Windows和Macintosh平台开发的视频编辑软件。

2. 新增功能主要提升回放引擎的优化，非磁带格式和DVD素材导入，水银引擎可以更快地预览与渲染速度，还新增加了Ultra Key抠像等功能。

3. Premiere Pro CS5需要运行在64位的操作系统上，可以在Windows XP、Windows Vista或Windows 7的64位版本上应用。

4. 因为编辑影片所使用的各项指标是不同的，比如在编辑高清与标清影片时分辨率存在差异，所以要根据自己将要制作影片的标准对项目进行设置。

5. 在菜单中选择【项目】→【项目设置】→【常规】命令，并在弹出的"项目设置"中进行自定义设置。

6. 快速导入文件与素材的方式主要有文件拖拽、右键导入、双击导入和浏览导入。

第3章 菜单命令

1. 当需要导入图片序列时需要勾选"序列图像"选项，如果没有勾选该选项导入的将是单张图片文件。

2. 硬件设备不仅能支持采集与输出功能，支持编辑的影片在监视器上显示，还会提高和加深编辑影片的运算能力。

3. "首选项"是对常规、界面、音频与音频硬件、音频输出映射、自动存储、采集、设备控制器、标签色、默认标签、媒体、内存、播放设置、字幕及修整参数进行设置，从而控制计算机硬件与Premiere Pro CS5的系统性能。

4. 主要可以建立静态字幕、滚动字幕、游动字幕三种字幕样式。

第4章 常用面板与区域设置

1. "源素材"监视器面板主要提供了对

素材的浏览与粗略的编辑，"节目"监视器面板主要提供了对在"序列"面板中编辑节目的预览。

2.第一种添加方式需要在"序列"中添加轨道，首先在菜单栏中选择【序列】→【添加轨道】命令；第二种添加方式在视频或音频轨道前方的轨道名称位置单击鼠标右键，在弹出的快捷菜单中选择"添加轨道"命令；第三种添加方式需要在视音频轨道或"项目"面板中选择素材，然后将选择的视音频素材向序列空白位置拖拽，即可添加新的轨道。

3.在"序列"中的影音素材上单击鼠标右键，然后在弹出的菜单中选择"解除视音链接"命令即可。

4.在"序列"中的影音素材上单击鼠标右键，然后在弹出的菜单中选择"速度持续时间"命令即可。

第5章 编辑与动画设置

1. 监视器分为"源素材"监视器与"节目"监视器。"源素材"监视器面板用来显示与预览"项目"面板中的素材，同时也可以对源素材进行简单的编辑；"素材"监视器面板中主要用于显示导入到"序列"面板中的素材，还可以为序列设置入点与出点以及标记等。

2. 常用的操作方法有监视器剪裁与工具剪裁两种，监视器剪裁是靠设置"入点"与"出点"编辑素材，而工具剪裁则是使用工具箱中的工具进行编辑。

3. 在选择的素材片段上单击鼠标"右"键，在弹出的菜单中选择"解除视音频链接"命令，即可将视频与音频进行分离。

4. 在编辑过程中可以创建多个"序列"，将所编辑节目中的不同部分在不同的"序列"中进行编辑，可以将一个"序列"嵌套到另一个"序列"中，作为一整段素材使用，从而合成最终节目。

5. 一种创建字幕的方法是在"项目"面板中单击新建分项按钮，在弹出的菜单中选择"字幕"命令进行创建；另一种需要在"项目"面板中单击鼠标"右"键，在弹出的菜单中选择【新建分项】→【字幕】命令进行创建；再一种是在"字幕"菜单中进行创建。

第6章 视频切换与特效

1. 在"效果"面板中选择需要的视频切换类型，然后单击鼠标"左"键将视频拖拽至"序列"面板中所需要添加视频切换的素材片段上即可。

2. 在"序列"面板中被添加视频切换素材上会出现重叠区域，该重叠区域即视频切换的区域，通过调整这段区域的长度即可调节视频切换的长度。

3. 先将"效果"面板中选择的视频特效拖拽到"序列"面板中的素材片段上，添加完成视频特效后，就可以在"特效控制台"中对该视频特效进行设置。

第7章 高级视频处理

1.一种是点击"输出"按钮，另一种是单击鼠标右键在弹出的快捷菜单中进行选择。

2.在正确安装Looks插件后，选择【视频特效】→【Magic Bullet】→【Looks】命

令并拖拽至"序列"面板中的素材上，然后再将该视频特效展开并单击"Edit"按钮进行调节。

3.因为人体皮肤的颜色与蓝色或绿色区别较大，如果颜色相同的话在后期制作时将相同颜色都会一起键出。

第8章　音频效果

1."调音台"面板可以实时混合各轨道的音频对象，还可以控制播放音频与录制音频的操作。

2.音频特效下有三个特效文件夹，分别是"5.1"、"立体声"与"单声道"，每个文件夹中的特效都必须对应同种类型的音频素材。

第9章　字幕与字幕特效

1.可以建立静态文字、水平文字、垂直文字、区域文字和路径文字这几种字幕类型。

2.当需要插入图像作为标记时，在菜单栏中执行【字幕】→【标记】→【插入标记】命令，在弹出的"导入图像为标记"对话框中选择需要导入的标记并单击确定按钮即可将标记导入。

3.使用字幕模板的方法需要在菜单栏中执行【字幕】→【模板】命令打开模板对话框，快捷键为"Ctrl+J"。

第10章　编码与文件导出

1.在"导出设置"对话框中可以对导出媒体影片的所有选项进行设置，并在"格式"选项的下拉列表中对格式进行选择。

2.在输出操作时，勾选"导出视频"选项时，在导出文件时将导出影像文件；勾选"导出音频"选项时，在导出文件时将导出声音文件。

读者回函卡

亲爱的读者：

感谢您对海洋智慧IT图书出版工程的支持！为了今后能为您及时提供更实用、更精美、更优秀的计算机图书，请您抽出宝贵时间填写这份读者回函卡，然后剪下并邮寄或传真给我们，届时您将享有以下优惠待遇：

- 成为"读者俱乐部"会员，我们将赠送您会员卡，享有购书优惠折扣。
- 不定期抽取幸运读者参加我社举办的技术座谈研讨会。
- 意见中肯的热心读者能及时收到我社最新的免费图书资讯和赠送的图书。

姓　名：＿＿＿＿＿＿　性　别：□男 □女　　年　龄：＿＿＿＿＿＿

职　业：＿＿＿＿＿＿＿＿＿＿　爱　好：＿＿＿＿＿＿＿＿＿＿

联络电话＿＿＿＿＿＿＿＿＿　电子邮件＿＿＿＿＿＿＿＿＿

通讯地址：＿＿＿＿＿＿＿＿＿＿＿＿＿＿　邮编：＿＿＿＿＿＿＿＿

1　您所购买的图书名：＿＿＿＿＿＿＿＿＿＿　购买地点：＿＿＿＿＿＿＿

2　您现在对本书所介绍的软件的运用程度是在：□ 初学阶段 □ 进阶／专业

3　本书吸引您的地方是：□ 封面 □ 内容易读 □ 作者　价格 □ 印刷精美

　　□ 内容实用　□ 配套光盘内容　其他＿＿＿＿＿＿＿＿＿

4　您从何处得知本书：□ 逛书店　□ 宣传海报　□ 网页　□ 朋友介绍

　　□ 出版书目　□ 书市　□ 其他＿＿＿＿＿＿＿

5　您经常阅读哪类图书：

　　□ 平面设计　□ 网页设计　□ 工业设计 □ Flash 动画　□ 3D 动画　□ 视频编辑

　　□ DIY　□ Linux　□ Office　□ Windows　□ 计算机编程　其他＿＿＿＿＿

6　您认为什么样的价位最合适：

7　请推荐一本您最近见过的最好的计算机图书：＿＿＿＿＿＿＿＿

8　书名：＿＿＿＿＿＿＿＿＿＿　出版社：＿＿＿＿＿＿＿＿

9　您对本书的评价：＿＿＿＿＿＿＿＿＿＿＿＿＿＿＿＿

＿＿＿＿＿＿＿＿＿＿＿＿＿＿＿＿＿＿＿＿＿＿＿

您还需要哪方面的计算机图书，对所需的图书有哪些要求：

＿＿＿＿＿＿＿＿＿＿＿＿＿＿＿＿＿＿＿＿＿＿＿

社址：北京市海淀区大慧寺路 8 号　网址：www.wisbook.com　技术支持：www.wisbook.com/bbs

编辑热线：010-62100088　010-62100023　传真：010-62173569

邮局汇款地址：北京市海淀区大慧寺路 8 号海洋出版社教材出版中心　邮编：100081

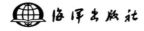 海洋出版社　　 海洋智慧图书